Word+Excel+PPT+PS+云办公+思维导图+故障处理

完全自学视频教程7合1

一点课堂◎编著

北京理工大学出版社
BEIJING INSTITUTE OF TECHNOLOGY PRESS

内 容 简 介

本书以"职场商务办公应用技能"为线索，以职场商务人士的办公需求为出发点，科学地安排内容并系统地讲解了职场中最常用的 7 大商务办公技能，包括：❶Word 文字处理；❷Excel 电子表格；❸PowerPoint 幻灯片制作；❹Photoshop 图像处理；❺手机云办公指南；❻思维导图的应用与绘制；❼计算机故障排查。

全书分为 7 部分共 16 章。主要内容包括：如何用 Word 进行办公文档的编辑与排版；如何使用 Excel 制作电子表格及进行数据统计分析；如何使用 PowerPoint 制作幻灯片；如何使用 Photoshop 进行图像处理；商务办公中的手机云办公技能、思维导图的制作与计算机常见故障排查等相关内容。

本书既适合零基础又想快速掌握商务办公技能的读者学习，又可以作为广大职业院校教材参考用书或企事业单位办公培训教材。

图书在版编目（CIP）数据

Word、Excel、PPT、PS、云办公、思维导图、故障处理完全自学视频教程7合1 / 一点课堂编著. --北京：北京理工大学出版社，2022.1

ISBN 978-7-5763-0879-2

Ⅰ. ①W… Ⅱ. ①—… Ⅲ. ①办公自动化 - 应用软件 - 教材 Ⅳ. ①TP317.1

中国版本图书馆CIP数据核字（2022）第016374号

出版发行 / 北京理工大学出版社有限责任公司

社　　址 / 北京市海淀区中关村南大街 5 号

邮　　编 / 100081

电　　话 /（010）68914775（总编室）

　　　　　（010）82562903（教材售后服务热线）

　　　　　（010）68944723（其他图书服务热线）

网　　址 / http://www.bitpress.com.cn

经　　销 / 全国各地新华书店

印　　刷 / 三河市中晟雅豪印务有限公司

开　　本 / 710 毫米 × 1000 毫米　1 / 16

印　　张 / 20.5　　　　　　　　　　　　　　　　责任编辑 / 张晓蕾

字　　数 / 523 千字　　　　　　　　　　　　　　文案编辑 / 张晓蕾

版　　次 / 2022 年 1 月第 1 版　2022 年 1 月第 1 次印刷　　责任校对 / 周瑞红

定　　价 / 89.00 元　　　　　　　　　　　　　　责任印制 / 李志强

图书出现印装质量问题，请拨打售后服务热线，本社负责调换

前　言

如今，商务办公技能几乎成为职场人士和商务精英必备的一项基本技能。日常工作中人们经常会写工作计划、工作总结、活动策划方案、合同文件、招 / 投标书、产品宣传文案、项目展示报告等，这些都离不开职场商务办公技能。

可以说，无论从事行政文秘、财务会计、市场营销、人力资源工作，还是从事设计、软件编程等工作；无论是一线员工，还是公司管理人员，在工作中都离不开各类办公软件的应用。

本书的最大特点就是，结合当前职场人士在工作中经常面对的工作内容和需要掌握的日常办公技能，进行职场案例的讲解与技巧传授。如文字编辑排版、表格数据处理、PowerPoint 幻灯片制作、Photoshop 图像处理、手机云办公、思维导图绘制、计算机日常故障排查这 7 大商务办公技能。

本书既适合即将毕业走向工作岗位的广大毕业生，也适合已经参加工作但缺乏职场办公技能的相关人员学习。一书在手，职场办公无忧！掌握本书的实用技能，让你早做完，不加班，升职加薪不是梦！

一、本书的内容结构

本书以"商务办公"为出发点，以短时间内"提高工作效率"为目标，充分考虑到职场人士和商务精英的实际需求，系统并全面地讲解职场中最常用的 7 大商务办公技能。全书分为 7 部分共 16 章，具体如下。

第 1 部分：用 Word 高效做文档（第 1~4 章），主要讲解了 Word 办公文档的录入与编排、样式与模板的应用、表格编辑与图文排版等技能。

第 2 部分：用 Excel 高效制表格（第 5~8 章），主要讲解了 Excel 表格的制作与数据计算、统计图表与透视图表、数据预算与分析等技能。

第 3 部分：用 PowerPoint 高效做幻灯片（第 9~10 章），主要讲解了 PowerPoint 幻灯片的编辑与设计、动画设计与放映等技能。

第 4 部分：用 Photoshop 高效处理图像（第 11~13 章），主要讲解了 Photoshop 数码照片后期处理、图像特效与创意合成、广告设计三个方面的技能。

第 5 部分：高效云办公（第 14 章），主要讲解了使用手机云办公相关的应用技能。

第 6 部分：思维导图的绘制与应用（第 15 章），主要讲解了当前职场中最流行的思维导图绘制方法与技巧。

第 7 部分：计算机故障排查（第 16 章），主要讲解了计算机和周边设备使用过程中常见的故障与排查方法。

二、本书的内容特色

（1）以职场案例形式讲解知识技能的应用。本书精选了 45 个职场案例和技能类别，这些案例的参考性和实用性都很强。这种以职场真实案例贯穿全书的讲解方法，学完马上就能应用。

（2）使用思维导图进行思路解析。本书每一章的章首页都配有一幅知识技能的思维导图，以及 45 个案例制作的思维导图。所有案例在讲解时都有细致的思维导图说明，这样学习时先通过思维导图厘清案例思路，明白案例的制作要点和步骤，让学习的逻辑更连贯，学习目标更有效。

（3）不仅讲解案例的制作方法，还传授相关的技能技巧。本书除了包含案例制作的详细讲解外，还在相关步骤及内容中合理安排了"小技巧"和"小提示"板块，以及 26 个"多学一点"的知识拓展技能，是学习或操作应用中的避坑指南。

（4）全程图解操作，并配有案例教学视频。本书在进行案例讲解时，为每一步操作都配套对应的操作截图，并清晰地标注了操作步骤的序号。本书相关内容的讲解都配有同步的多媒体教学视频，用微信扫一扫相应的二维码，即可观看学习。

三、本书的配套资源及赠送资料

本书同步学习资料

❶ 素材文件：提供本书所有案例的素材文件，打开指定的素材文件可以同步练习操作并对照学习。

❷ 结果文件：提供本书所有案例的最终效果文件，可以打开文件参考制作效果。

❸ 视频文件：提供本书相关案例制作的同步教学视频，扫一扫书中知识标题旁边的二维码即可观看学习。

额外赠送学习资料

❶《电脑新手必会：电脑文件管理与系统管理技巧》电子书。

❷《Word、Excel、PPT 高效办公快捷键速查》电子书。

❸《Photoshop 快捷键速查表》电子书。

❹《五笔打字速成手册》电子书。

❺ 220 分钟共 12 集《新手学电脑办公综合技能》视频教程。

❻ 2000 个 Word、Excel、PPT 高效办公模板。

备注：以上资料扫描下方二维码，关注公众号，输入"qhyx01"，即可获取配套资源下载方式。

本书由一点课堂策划并组织相关老师编写，他们具有多年的一线商务办公教学经验和办公实战应用技巧。在此感谢各位老师的辛苦付出。

由于计算机技术发展较快，书中疏漏和不足之处在所难免，恳请广大读者指正。

读者信箱：2315816459@qq.com

读者学习交流 QQ 群：431474616

目 录

✎ 读书笔记

第1章 Word 快速入门：
办公文档的录入与编排

重点索引

微软公司最新推出的Office 2019办公软件中，Word是一款强大的文字处理软件，在日常工作中我们经常需要使用该软件来输入和编排文档。本章通过制作采购合同和员工入职培训方案两个案例，让读者学会并掌握Word办公文档的录入、编辑与排版知识。

知识技能

本章相关案例及知识技能如下图所示。

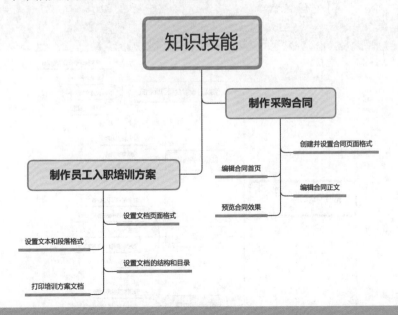

1.1 制作采购合同

案例介绍

扫一扫，看视频

　　采购合同是商务性的契约文件，没有固定的格式内容，一般由企业（需求方）与分供方谈判，经协商一致而签订，其中的主要内容为协商好的各种条款。本节使用 Word 的文档编辑功能，详细介绍制作采购合同类文档的具体步骤。本案例制作完成后的效果如下图所示。（结果文件参见：结果文件 \ 第 1 章 \ 采购合同 .docx ）

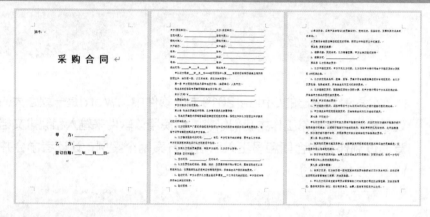

思路分析

　　采购合同属于法律性文件，相关人员在制作合同文档时，首先要正确创建 Word 文档，设置合适的页面格式，最好制作一个封面页，便于后期查阅和管理。此外，对于文档的正文内容需要字斟句酌地进行审读，避免出现经济纠纷。所以，制作完成后要多次进行预览审读，确认无误后才可打印。本案例的具体制作思路如下图所示。

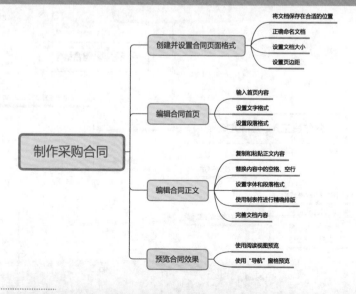

具体操作步骤及方法如下。

1.1.1 创建并设置合同页面格式

在编排采购合同前，首先需要创建一个合同文档，并准确设置文档的格式以符合规范。

1. 新建空白文档

在编排文档前要养成习惯，在合适的位置创建文档并命名，后期才能快速地找到该文档。

步骤 01 ❶ 在要保存文档的文件夹中右击；❷ 在弹出的快捷菜单中选择"新建"命令；❸ 在弹出的子菜单中选择"DOCX 文档"命令。

步骤 02 为成功创建的 Word 文档输入文档名称，按 Enter 键确认。再双击该文件图标，即可在 Word 2019 中打开该文件了。

2. 设置页面大小

不同的文档对页面大小有不同的要求，在文档创建完成后，首先应根据需求对页面大小进行设置。通常情况下，使用的页面大小为 A4。下面为采购合同设置 A4 页面大小。

❶ 单击"布局"选项卡中的"纸张大小"按钮；❷ 在弹出的下拉菜单中选择"A4"选项。

3. 设置页边距

页边距指的是页面中文字能显示的位置与页面边线的距离。设置好页边距后，嵌入式的文字或图形内容就只能显示在页边距内了。一般来说，采购合同的上、下页边距为2.5 厘米，左、右页边距为 3 厘米。

步骤 01 ❶ 单击"页边距"按钮；❷ 在弹出的下拉菜单中选择"自定义页边距"命令。

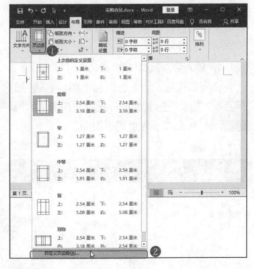

步骤 02 打开"页面设置"对话框，❶ 在"页边距"选项卡中输入页边距的数值，上、下页边距为 2.5 厘米，左、右页边距为 3 厘米；❷ 单击"确定"按钮。

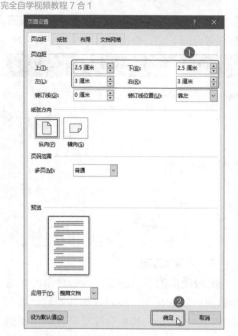

1.1.2 编辑合同首页

采购合同文档的页面格式设置完成后，就可以开始编辑合同内容了。如果涉及的此类合同比较多，可以制作一个合同首页，方便后期查阅。合同首页内容通常比较简洁，因此采用大字号。

1. 输入合同首页内容

合同首页应说明这份文档的内容、签订的甲乙双方信息、签订时间等，格式应当简洁大气。

步骤 01 将文本插入点置于页面左上方，输入第一行文字。

步骤 02 第一行文字输入完成后，❶ 按 Enter 键，将文本插入点换行；❷ 输入第二行文字；❸ 按照同样的方法，继续输入其他内容，完成合同首页内容的输入。

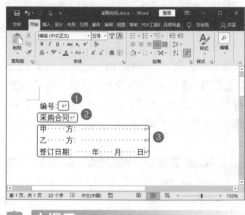

🌱 小提示

按 Enter 键换行的效果是分段，换行后新输入的将是另一段内容。如果只是需要换行而不换段，可以按 Enter+Shift 组合键（称为"软回车"）来实现。但是类似于首行缩进这样的段落格式，对软回车后输入的文字是无效的。

2. 设置文字格式

录入合同首页内容后，还需要设置合适的文字格式，包括对字体、字号、字形、字体颜色等进行设置。

步骤 01 ❶ 选择合同首页中的所有文本；❷ 在"开始"选项卡的"字体"组中的下拉列表中单击，将字体设置为"宋体"。

步骤 02 ❶ 选择"编号："文本；❷ 在"开始"选项卡的"字体"组中将字号设置为"四号"。

步骤 03 ❶ 选择标题文本；❷ 设置字体为"黑体"；❸ 单击"字体"组中的"加粗"按钮 **B**；❹ 设置字号为"初号"。

步骤 04 ❶ 选择标题下方的所有文本；❷ 单击"加粗"按钮 **B**；❸ 多次单击"增大字号"按钮 **A**，直到设置为合适的字号大小。

🔔 小技巧

为文档设置格式时，可以先统一设置一种用得最多的格式，然后为局部特殊内容单独设置格式，这样会提高设置的效率。

步骤 05 ❶ 选择"甲方："文本右侧的空格；❷ 单击"字体"组中的"下画线"按钮 **u**，即可为选中的空格加下画线。

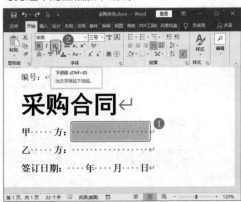

步骤 06 ❶ 按住 Ctrl 键选中所有需要添加下画线的空格；❷ 单击"下画线"按钮 **u**，为所有的空格添加下画线。

📌 小提示

选择文本后，单击"开始"选项卡的"字体"组中右下角的"对话框启动器"按钮 ⏷，在打开的"字体"对话框中可以设置更多的字体格式。

3. 设置段落格式

由于合同首页的内容比较少，所以应设置较宽的段落间距、行距，另外，还需要根据内容设置合适的对齐方式，如居中对齐、右对齐等。如果有些大字号的文字感觉太挤了，还可以适当地加宽文字宽度。

步骤 01 ❶ 选择"编号："文本；❷ 在"开始"选项卡的"段落"组中单击"行和段落间距"按钮；❸ 在弹出的下拉菜单中选择"3.0"选项，此时即可将所选文本的行距设置为3倍行距。

步骤 02 ❶ 选择标题文本；❷ 在"开始"选项卡的"段落"组中单击右下角的"对话框启动器"按钮。

步骤 03 打开"段落"对话框，默认切换到"缩进和间距"选项卡。❶ 在"常规"栏中的"对齐方式"下拉列表中选择"居中"选项；❷ 将行距设置为"1.5倍行距"；❸ 将段前、段后间距均设置为"4行"；❹ 单击"确定"按钮。

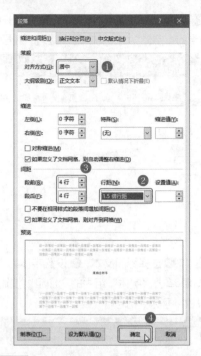

步骤 04 ❶ 单击"段落"组中的"中文版式"按钮；❷ 在弹出的下拉菜单中选择"调整宽度"命令。

步骤 05 打开"调整宽度"对话框，❶ 将"新文字宽度"数值框设置为"7字符"；❷ 单击"确定"按钮。

步骤 06 ❶ 选择标题下的所有段落；❷ 在"段

落"组中多次单击"增加缩进量"按钮，即可每次以一个字符为单位向右侧缩进。

步骤 07 ❶ 在"段落"组中单击"行和段落间距"按钮；❷ 在弹出的下拉菜单中选择"2.5"选项，此时即可将所选文本的行距设置为2.5倍行距。

步骤 08 ❶ 选择标题下方第一行文字（"甲方"所在的行）；❷ 在"布局"选项卡的"段落"组中将段前间距设置为"18行"。

步骤 09 ❶ 选中"签订日期："文字；❷ 单击"段落"组中的"中文版式"按钮；❸ 在弹出的下拉菜单中选择"调整宽度"命令。

步骤 10 打开"调整宽度"对话框，❶ 将"新文字宽度"数值框设置为"5.5字符"；❷ 单击"确定"按钮，即可让这三行文字的左侧部分对齐。操作到这里，采购合同的首页就设置完成了。

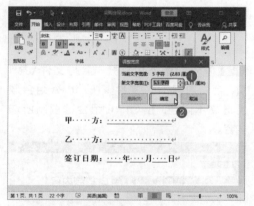

1.1.3 编辑合同正文

采购合同的首页制作完成后，就可以录入文档内容了。在录入内容时，需要对内容进行排版设置。

采购合同的内容条款一般应包括供方与分供方的全名、法人代表、联系方式等；采购货品的名称、型号、规格；采购的数量、价格；交货期、交付方式和交货地点；质量要求和验收方法，以及不合格品的处理；违约责任。

1. 复制和粘贴文本

在录入和编辑文档内容时，有时需要从外部文件或其他文档中复制一些文本内容。例如，采购合同中涉及的内容条款较多，本案例提前将这些内容准备在文本文件中了。现在需要从素材文本文件中复制采购合同的内容到 Word 中进行编辑，这就涉及文本内容的复制与粘贴操作，具体操作如下。

步骤 01 ❶ 将文本插入点定位在文档最末尾处；❷ 在"插入"选项卡的"页面"组中单击"分页"按钮，重新插入一页。

步骤 02 在记事本中打开"素材文件\第1章\合同内容.txt"文件。按 Ctrl+A 组合键全选文本内容，按 Ctrl+C 组合键复制所选内容。

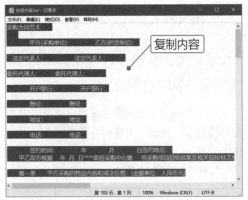

复制内容

步骤 03 返回 Word 文档，按 Ctrl+V 组合键，即可将复制的内容粘贴到文档中。

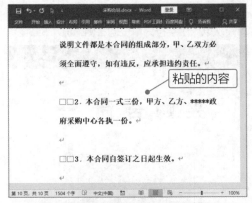

粘贴的内容

🔊 **小提示**

在 Word 中粘贴完复制的内容后，根据复制源内容的不同，自带的格式也会不同。为了避免复制源内容的格式，在复制内容后，可单击内容附近出现的 📋 (Ctrl)▼ 按钮，在弹出的下拉列表中单击 📋 按钮，以"只保留文本"的方式粘贴。

2. 查找和替换空格、空行

将其他文件内容（尤其是网页内容）复制到 Word 文档中时，经常出现许多空格和空行。此时，可以使用"查找和替换"命令批量替换或删除这些空格、空行。

步骤 01 ❶ 复制文档中的任意一个汉字符空格" "；❷ 将文本插入点定位在文档最开始处；❸ 在"开始"选项卡的"编辑"组中单击"替换"按钮。

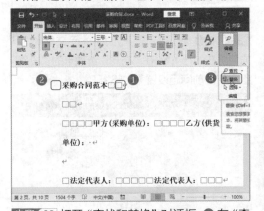

步骤 02 打开"查找和替换"对话框，❶ 在"查找内容"文本框中粘贴复制的汉字符空格" "；❷ 在"替换为"文本框中什么都不输入；❸ 单击"全部替换"按钮。

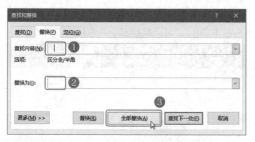

步骤 03 弹出 Microsoft Word 对话框，提示已经完成了替换操作，单击"确定"按钮即可。此时就将文档中的多余空格删除了。

步骤 04 返回"查找和替换"对话框，❶ 将文本插入点定位在"查找内容"文本框中；❷ 单击"更多"按钮，展开"查找和替换"对话框的扩展设置项；❸ 单击"特殊格式"按钮；❹ 在弹出的下拉菜单中选择"段落标记"命令。

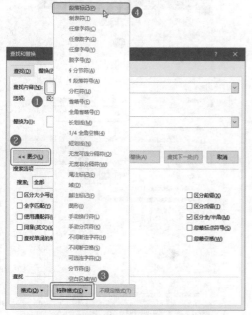

小技巧

如果要查找或要替换为的内容中包含特殊格式，如段落标记、手动换行符、制表位、分节符等编辑标记之类的内容，均可使用"查

找和替换"对话框中"特殊格式"按钮的下拉菜单进行选择。

步骤 05 经过上步操作，可以看到段落标记的指代符号为"^p"。❶ 在"查找内容"文本框中再输入一个"^p"，即"^p^p"；❷ 在"替换为"文本框中输入"^p"；❸ 单击"全部替换"按钮。

步骤 06 弹出 Microsoft Word 对话框，提示已经完成了替换操作，单击"确定"按钮即可。此时就将文档中的多余空行删除了。

步骤 07 返回"查找和替换"对话框，单击"关闭"按钮，关闭该对话框。

3. 设置字体和段落格式

常规文档的正文内容一般采用宋体、等线字体，用首行缩进两个字符的方式排列。本案例中的正文因采用了首页末尾段落的格式，需要重新统一设置字体和段落格式。

步骤 01 ❶选择所有正文内容；❷在"开始"选项卡的"字体"组中单击第一个下拉列表右侧的下拉按钮；❸在弹出的下拉列表中选择"宋体"选项，将字体设置为"宋体"。

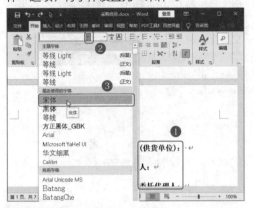

步骤 02 ❶在"字体"组中单击第二个下拉列表右侧的下拉按钮；❷在弹出的下拉列表中选择"五号"选项，将字号设置为"五号"。

步骤 03 单击"字体"组中的"加粗"按钮 B，取消之前设置的加粗效果。

步骤 04 在"开始"选项卡的"段落"组中单击右下角的"对话框启动器"按钮 ⬚。

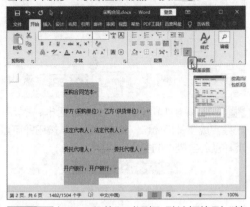

步骤 05 打开"段落"对话框，默认切换到"缩进和间距"选项卡。❶在"常规"栏的"对齐方式"下拉列表中选择"左对齐"选项；❷在"缩进"栏的"特殊"下拉列表中选择"首行"，在其后的"缩进值"数值框中会自动显示为"2 字符"；❸将行距设置为"1.5 倍行距"；❹单击"确定"按钮。

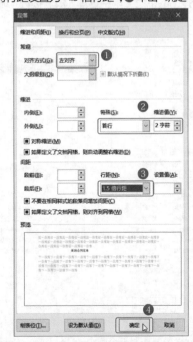

步骤 06 由于之前在设置首页内容时增加了段落的缩进量，所以，即使设置为左对齐也是对齐到缩进后的左侧。在"布局"选项卡的"段落"组中设置左缩进为"0"。

4. 使用制表符进行精确排版

对 Word 文档进行排版时，如果要对不连续的文本列进行整齐排列，可以使用制表符进行快速定位和精确排版。

步骤 01 ❶ 选择正文中需要进行精确排版的前面几行文本；❷ 在"视图"选项卡下选中"标尺"复选框，即可在界面中显示出标尺。

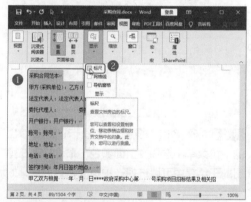

步骤 02 拖动界面中标尺上方的左缩进标尺 ▽，即可设置段落的缩进值。

步骤 03 选中标尺上的点，按住鼠标左键，左右拖动确定制表符的位置，从而实现文字的位置调整。❶ 在标尺上单击或拖动鼠标，会出现一个"左对齐式制表符"符号"L"；❷ 选择并删除第一行文本。

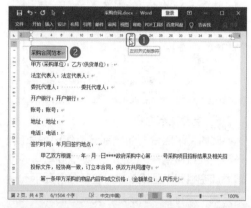

步骤 04 ❶ 将文本插入点定位到第一行正文的文本"乙方"之前，然后按 Tab 键，此时，插入点之后的文本会自动与制表符对齐；❷ 用同样的方法定位其他文字的位置。

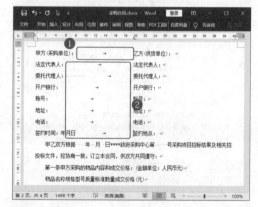

步骤 05 ❶ 使用相同的方法为第二列文本添加靠页面右侧的"左对齐式制表符"符号"L"；❷ 用同样的方法定位该列文字的位置；❸ 在"年月日"文本之间添加合适的空格，并将其他多余的空格删除；❹ 依次选择用 Tab 键生成的各制表位，在"开始"选项卡的"字体"组中单击"下画线"按钮 u，即可为需要填写的部分添加下画线。

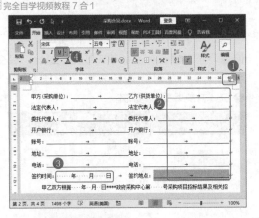

5. 完善文档内容

此时，采购合同的大部分操作已经完成，还需要细致检查各个部分，并为需要填写的位置添加空格和下画线效果。这部分需要手动逐一完成，没有太多的技巧，完成后的效果如下图所示。

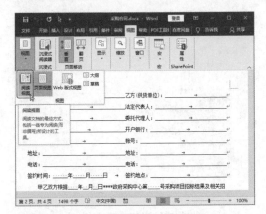

1.1.4 预览合同效果

在编排完文档后，通常需要对文档排版后的整体效果进行查看。本节将以不同的方式对采购合同文档进行查看。

1. 使用阅读视图预览合同

在 Word 2019 提供的阅读视图模式下，单击页面两侧的左、右箭头按钮可完成翻屏。此外，Word 2019 阅读视图模式中提供了三种页面背景色，方便用户在各种环境下舒适阅读。

步骤 01 在"视图"选项卡的"视图"组中单击"阅读视图"按钮。

步骤 02 进入阅读视图模式，单击左、右箭头按钮即可完成翻屏。

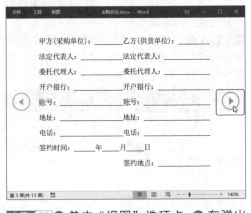

步骤 03 ❶单击"视图"选项卡；❷在弹出的下拉菜单中选择"页面颜色"命令；❸在弹出的子菜单中可以选择一种页面背景颜色，如"褐色"。

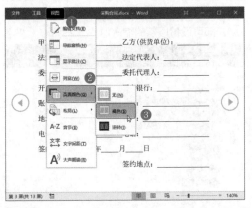

步骤 04 此时背景颜色将显示为褐色，单击状

态栏中的"页面视图"按钮▤，可以返回页面视图模式。

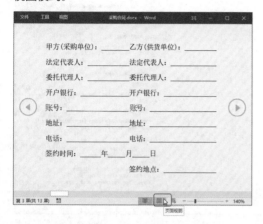

　　在阅读视图下预览完毕后，还可以按 Esc 键快速退出预览模式。

2. 使用"导航"窗格预览合同

　　Word 2019 提供了可视化的导航窗格功能。使用"导航"窗格可以快速查看文档结构图和页面缩略图，从而帮助用户快速定位文档位置。

步骤 01 在"视图"选项卡的"显示"组中选中"导航窗格"复选框，即可调出"导航"窗格。

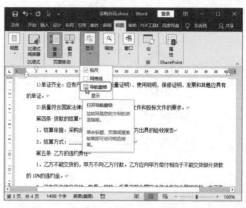

步骤 02 在"导航"窗格中，❶ 单击"页面"选项卡，即可查看文档的页面缩略图；❷ 在查看缩略图时，可以拖动右边的滑块查看文档，如下图所示。

1.2 制作员工入职培训方案

🎥 **案例介绍**

　　培训方案是公司人才培养的重要举措之一。员工入职培训方案的内容主要包括培训目的、培训周期或时间安排、培训对象、培训课程、培训讲师、培训方式、培训内容以及培训预算等。本节在 Word 文档中编排公司的员工入职培训方案，主要讲解如何在文档中设置页眉、页码、生成目录等内容。

扫一扫，看视频

　　本案例制作完成后的效果如下图所示。（结果文件参见：结果文件\第 1 章\员工入职培训方案 .docx）

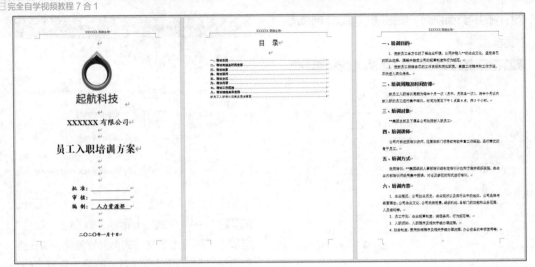

思路分析

　　员工入职培训方案是企业人力资源部为对培训员工而专门设计的一类文书，是企业内部常用的一种文档。作为相对正式的文档内容，需要为其设置合适的页面格式，如添加页眉页脚等。在制作培训文档时，需要根据企业的实际情况，罗列需要给新员工培训的内容。培训文档内容一般较长，通常需要设置目录，方便阅览。文档制作完成后，多数情况下需要打印出来，发给参与培训的员工，此时就要注意打印的相关事项了。本案例的具体制作思路如下图所示。

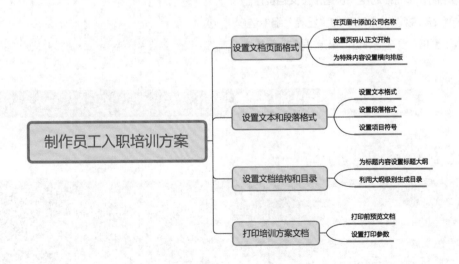

具体操作步骤及方法如下。

1.2.1 设置文档页面格式

企业的正式文档，一般会在建立文档后在文档的封面、页眉页脚处添加公司的名称、Logo等信息，以显示文档的专业性。

本案例中制作的员工入职培训方案就属于企业的正式文档。下面在一个已经完成内容输入与基本设置的"员工入职培训方案"文档中进行编辑，本节主要讲解文档页面格式的设置。

1. 在页眉中添加公司名称

为"员工入职培训方案"文档的全文插入页眉"XXXXXX有限公司"，具体步骤如下。

打开"素材文件\第1章\员工入职培训方案.docx"文件，❶在页眉位置双击，此时即可进入页眉编辑状态，并在页眉下方出现一条横线；❷输入页眉内容"XXXXXX有限公司"，并将字体格式设置为"宋体，五号"；❸完成页眉文字输入后，单击"关闭页眉和页脚"按钮，退出页眉编辑状态。

小提示

公司特有的文档通常会在页眉处写上公司的名称等信息。也可以在页眉处添加图片类信息作为公司文档的标志，方法是进入页眉编辑状态，插入图片到页眉位置即可。

2. 设置页码

为了使多页的Word文档便于浏览和管理，可以在页脚处插入页码。默认情况下，在Word 2019中添加的页码都是在文档首页从"1"开始的。如果只想为文档的某个部分插入页码，需要进行分页设置，利用分页符设置页码的开始位置。此外，还可以设置页码的编号方式及具体从数值几开始编号。具体操作步骤如下。

步骤 01 ❶将文本插入点定位在第2页"目录"文字的后面；❷在"布局"选项卡的"页面设置"组中单击"分隔符"按钮；❸在弹出的下拉菜单中选择"下一页"命令。目的是将封面、目录页与正文分开，方便后面为正文单独设置页码。

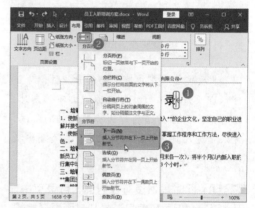

步骤 02 ❶在第2页的正文下方双击，进入页脚编辑状态；❷在"页眉和页脚工具-设计"选项卡的"导航"组中单击"链接到前一节"按钮。目的是将正文与封面、目录页的链接取消，方便单独设置页码。

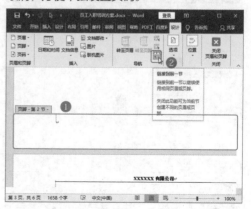

步骤 03 ❶单击"页眉和页脚工具-设计"

选项卡中的"页码"按钮；❷ 在弹出的下拉菜单中选择"页面底端"命令；❸ 在弹出的子菜单中选择"普通数字 2"。

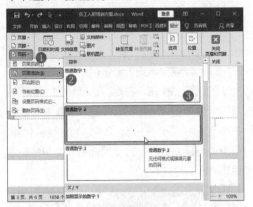

小提示

小提示

想要突出公司特有文档的专业性，除了可以在页眉处添加公司名称等文字信息外，还可以添加图片信息作为公司文档的标志，方法是进入页眉页脚编辑状态，在页眉中插入图片即可。

步骤 04 此时虽然没有在封面、目录页中显示出页码，但页码编号还是从封面页开始的。❶ 选中添加的页码；❷ 单击"页眉和页脚工具 - 设计"选项卡中的"页码"按钮；❸ 在弹出的下拉菜单中选择"设置页码格式"命令。

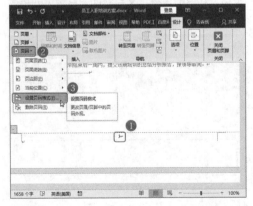

步骤 05 打开"页码格式"对话框，❶ 选中"起始页码"单选按钮，并设置起始页码的编号为

"1"；❷ 单击"确定"按钮。

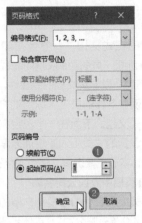

步骤 06 经过上步操作，就成功将正文的起始页码设置为"1"了。单击"关闭页眉和页脚"按钮，退出页眉页脚编辑状态。

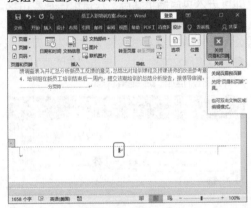

3. 设置横向排版

日常使用的文档多是纵向排版的，但在排版过程中，可能遇到一些特殊情况（如特别宽的表格），不能用普通的纵向版面来显示。此时，可以设置页面版式为横向。像设置页码一样，也可以为文档中的部分页面设置横向版面，具体就是使用分节符功能来实现。例如，本案例中要设置横排的页面位于最末尾处，只需要在要设置页面版式内容的前面添加分页符（不需要在后面添加分页符），然后设置页面的横向排版即可。具体操作步骤如下。

步骤 01 ❶ 将文本插入点定位在要设置横向排版页面内容的最前方，这里在包含表格的第 5 页前定位文本插入点；❷ 在"布局"选项卡的"页面设置"组中单击"分隔符"按钮；❸ 在弹出的下拉菜单中选择"下一页"命令。

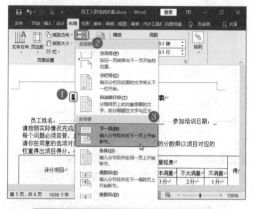

小提示

不同的分隔符的作用有所不同，常用的分页符的作用是为特定内容分页；分栏符的作用是让内容在恰当的位置自动分栏，如让某内容出现在下栏顶部；换行符的作用是结束当前行，并让内容在下一个空行继续显示。

步骤 02 ❶ 将文本插入点定位在表格所在页中；❷ 在"布局"选项卡的"页面设置"组中单击"纸张方向"按钮；❸ 在弹出的下拉菜单中选择"横向"命令。

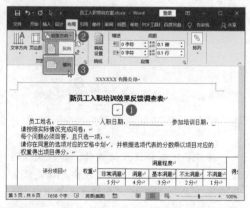

步骤 03 此时，即可看到横向排版效果，表格经过调整页面方向后，可以让其中的内容显示得不再拘谨了。

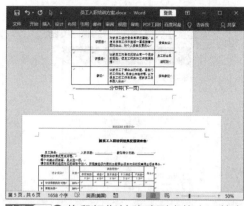

步骤 04 ❶ 将鼠标指针移动到表格上，单击表格左上角显示出的"全选"按钮，全选整个表格，并在其上右击；❷ 在弹出的快捷菜单中选择"自动调整"命令；❸ 在弹出的子菜单中选择"根据窗口自动调整表格"，让表格内容根据页面宽度调整各列宽度。

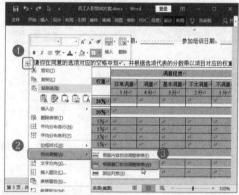

步骤 05 因为插入了分页符，导致该页内容又从"1"开始编号。❶ 选中页码；❷ 单击"页眉和页脚工具 - 设计"选项卡中的"页码"按钮；❸ 在弹出的下拉菜单中选择"设置页码格式"命令。

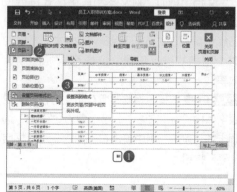

步骤 06 打开"页码格式"对话框，❶ 选中"续前节"单选按钮；❷ 单击"确定"按钮。

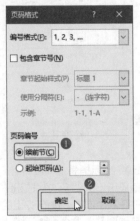

步骤 07 经过上步操作，正文的页码编号就连贯起来了。单击"关闭页眉和页脚"按钮，退出页眉页脚编辑状态。

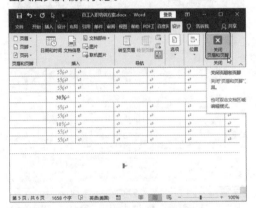

1.2.2 编排文档正文内容格式

文档编排时，对文本和段落格式进行设置是最常见的操作。设置规则在上个案例中已经讲解过了，先设置统一的格式，再单独对个别格式进行设置，这样可以提高编辑效率。

步骤 01 ❶ 选择表格前的所有正文内容；❷ 设置字体格式为"宋体，小四"；❸ 在"开始"选项卡的"段落"组中单击右下角的"对话框启动器"按钮 ◪。

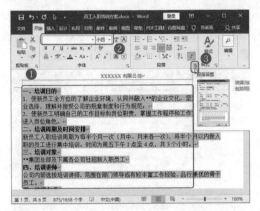

步骤 02 打开"段落"对话框，❶ 在"缩进"栏中设置首行缩进 2 字符；❷ 将行距设置为"1.5倍行距"；❸ 单击"确定"按钮。

小技巧

在设置字体和段落格式时，如果能找到设置好的范本，那么可以通过格式刷灵活地把范本上的格式复制到目标文本或段落中，实现格式的快速调整。

步骤 03 ❶ 选择横排页面中表格上方的 3 行文字；❷ 在"开始"选项卡的"段落"组中单击"项目符号"按钮 ☷▾；❸ 在弹出的下拉菜

单中选择一种项目符号样式，即可快速地为所选段落应用该项目符号。

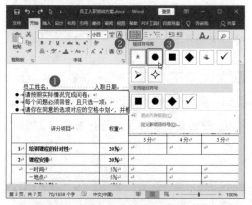

🔔 小技巧

选择段落后，在"开始"选项卡的"段落"组中单击"编号"按钮 ☰ ，可以自动为所选段落编号。单击"编号"按钮 ☰ 右侧的下拉按钮，还可以改变编号的样式。

1.2.3　设置文档的结构与目录

文档创建完成后，为了便于阅读，可以为文档添加一个目录。使用目录可以使文档的结构更加清晰，便于阅读者对整个文档内容进行定位。

1. 设置标题大纲级别

生成目录之前，先要为文本的标题部分设置大纲级别，然后才能在文档中插入自动目录。

步骤 01 ❶ 选中文档中的第一个标题"一、培训目的"；❷ 在"开始"选项卡的"段落"组中单击右下角的"对话框启动器"按钮 ❑ 。

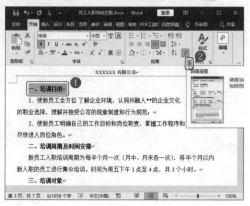

步骤 02 打开"段落"对话框，❶ 在"常规"栏中的"对齐方式"下拉列表中选择"左对齐"选项；❷ 在"大纲级别"下拉列表中选择"1级"选项；❸ 在"缩进"栏中设置无缩进；❹ 在"间距"栏中设置段前、段后间距均为"0.5 行"；❺ 在"行距"下拉列表中选择"1.5 倍行距"选项；❻ 单击"确定"按钮，此时便完成第一个标题的大纲级别设置。

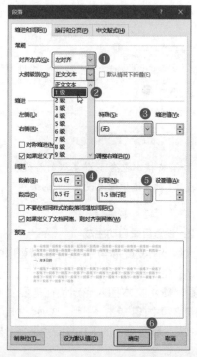

步骤 03 ❶ 选择完成了大纲级别设置的标题；❷ 双击"剪贴板"组中的"格式刷"按钮 🖌 。

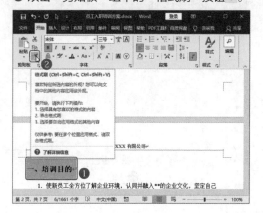

步骤 04 ❶ 此时鼠标变成刷子形状，拖动鼠标选择同属于一级大纲的标题，即可将大纲级别格式进行复制；❷ 用同样的方法，设置其他一级标题的格式，完成文档中所有一级标题的设置。

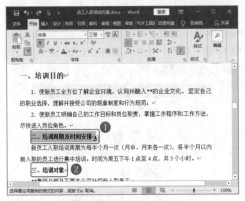

小提示

如果文档中包含多个层级的标题，可以在"段落"对话框中依次设置"大纲级别"为"1级""2级""3级"等。

2. 设置目录自动生成

大纲级别设置完毕后，接下来就可以生成目录了。生成自动目录的具体步骤如下。

步骤 01 ❶ 将文本插入点定位在需要生成目录的第 2 页中；❷ 单击"引用"选项卡中的"目录"按钮；❸ 在弹出的下拉菜单中选择"自定义目录"命令。

小技巧

在"目录"下拉菜单中选择"手动目录"或"自动目录"，会按照样式自动生成目录。

步骤 02 打开"目录"对话框，❶ 选中"显示页码"复选框；❷ 设置目录中制表符前导符的样式；❸ 设置目录的显示级别；❹ 单击"确定"按钮。

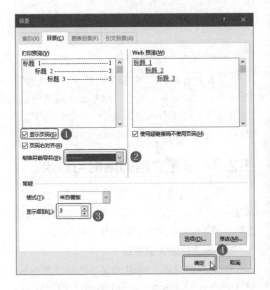

步骤 03 此时就完成了文档目录的自动生成，效果如下图所示。

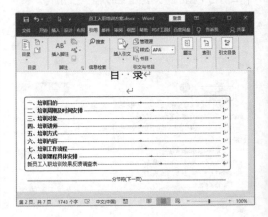

1.2.4 正确打印培训方案文档

"员工入职培训方案"文档内容制作完成后，往往需要打印出来给领导、同事或参与培训计划的员工看，让他们知道具体的培训安排事项。在打印前最好预览整个文档，防止发生错误，再根据需要设置打印参数，最后打印输出。

1. 打印前预览文档

为了保证一次性打印成功，避免因打印内容、格式有误而浪费资源，最好在打印前对文档进行预览。

步骤 01 单击"文件"选项卡，如下图所示。

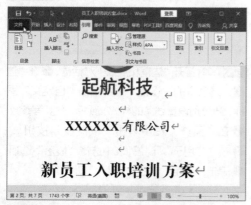

步骤 02 ❶ 选择"打印"命令；❷ 此时可以在界面最右边看到当前页的预览视图。单击下方的翻页按钮 ▶ ，可以预览整个文档的页面。

步骤 03 在预览文档时，要注意看文档的页边距、文字内容是否恰当，然后进行调整。

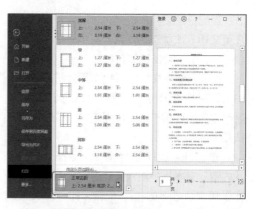

2. 进行打印设置

打印预览确定文档准确无误后，就可以进行打印份数、打印范围等参数的设置了，设置完成后便开始打印文档。

❶ 在"份数"数值框中根据需要设置打印份数；❷ 设置打印的范围，可以选择打印所有页，或者打印当前页面，以及自定义打印范围；❸ 完成打印设置后，单击"打印"按钮，开始打印文档。

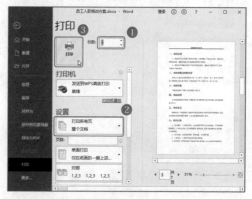

多学一点

001 使用通配符模糊查找文档内容

扫一扫，看视频

在 Word 中查找内容时，如果需要查找的内容不是特别具体，而只是模糊知道其中的内容，可以使用通配符代替一个或多个真正的字符进行模糊查找。

通配符主要有"?"与"*"两个，并且要在英文输入法状态下输入。其中，"?"代表一个字符，"*"代表多个字符。

例如，要在文档中查找某某公司，但具体的公司名称不记得了，只知道由两个字组成，就可以使用通配符进行模糊查找，具体操作方法如下。

❶打开"查找和替换"对话框，在"查找内容"文本框中输入查找内容，不清楚的内容以英文状态下的"?"代替，即"?? 公司"；❷单击"更多"按钮，在展开的对话框中选中"使用通配符"复选框；❸单击"查找下一处"按钮即可，如下图所示。

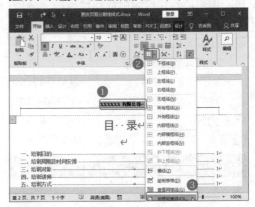

002 页眉上有条横线，如何美化处理

通过双击进入页面和页脚编辑状态时，会默认添加一条页眉分隔线。Word 默认的页眉分隔线是一条实心的黑色线条，有些不美观，不知道的还以为是多余的线条。此时，可以修改页眉分隔线的样式，具体操作方法如下。

步骤 01 打开"素材文件 \ 第 1 章 \ 更改页眉分隔线样式 .docx"文件，❶在页眉区域双击，进入页眉页脚编辑模式，并选中页眉的文本内容；❷在"开始"选项卡的"段落"组中单击"边框"按钮 右侧的下拉按钮；❸在弹出的下拉菜单中选择"边框和底纹"命令。

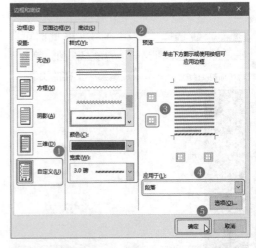

步骤 02 打开"边框和底纹"对话框，❶在"边框"选项卡的"设置"栏中单击"自定义"图标；❷分别设置线条的样式、颜色、宽度等参数；❸在"预览"栏中单击"下框线"按钮 ；❹在"应用于"下拉列表中选择"段落"选项；❺单击"确定"按钮。

步骤 03 设置完成后退出页眉和页脚编辑状态，查看效果，如下图所示。

小技巧

如果要删除页眉中的这条横线，可以在页眉和页脚编辑状态下选择页眉的文本内容，然后在"边框"下拉列表中选择"无边框"；或将文本插入点定位到页眉中，然后在"开始"选项卡的"字体"组中单击"清除所有格式"按钮 。

第2章 Word 办公高效处理：
样式与模板的应用

重点索引

"样式"与"模板"是Word 2019快速制作办公文档的两个强大功能。利用这两个功能可以大大提高Word文档的编辑与排版效率。本章通过两个案例介绍Word中应用、修改、编辑样式，以及下载、制作、使用模板的方法。

知识技能

本章相关案例及知识技能如下图所示。

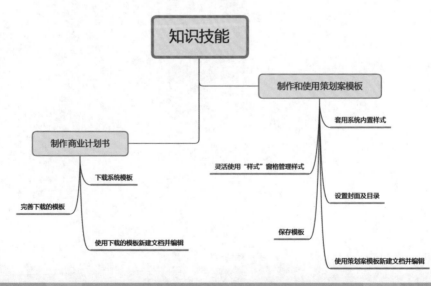

2.1　制作和使用策划案模板

案例介绍

　　策划案也称策划书，属于目标规划类的文档，常常用于对某个未来的活动或者事件进行策划。策划案一般分为商业策划案、创业策划案、广告策划案、活动策划案、营销策划案、网站策划案、项目策划案、公关策划案、婚礼策划案等。不同的策划案关注的内容有所不同，包含的内容项目也会不同。本案例制作完成后的效果如下图所示。（结果文件参见：结果文件 \ 第 2 章 \ 策划案模板 .dotx、冷锅鱼项目策划书 .docx）

扫一扫，看视频

思路分析

　　企业的中高级管理人员都可能需要制作策划案。策划案中涉及的内容一般较多，为了让文档整体更加美观，内容层次分明，可以利用 Word 的样式功能快速实现文档格式的初步调整，再灵活调整细节样式，并插入封面效果，制作目录，最后保存为模板文件，以方便后期快速创建类似的文档。本案例的具体制作思路如下图所示。

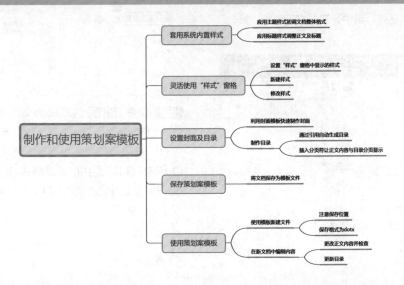

具体操作步骤及方法如下。

2.1.1　套用系统内置样式

Word 2019 系统自带了一个样式库，在制作策划案时，可以快速应用样式库中的样式来设置段落、标题等格式。

1. 应用主题样式

Word 2019 拥有自带的主题，每一个主题都是一套字体、颜色和图形对象的效果设置集合。应用主题可以快速调整文档的基本样式。此外，还可以单独设置字体、颜色和图形对象的效果等。

步骤 01 打开"素材文件\第 2 章\策划案模板 .docx"。❶ 单击"设计"选项卡中的"主题"按钮；❷ 在弹出的下拉列表中选择一种主题样式，如"平面"。

步骤 02 此时文档就应用了选择的主题样式。单击"文档格式"组中列表框右下角的"其他"按钮。

步骤 03 在弹出的下拉列表中选择一种样式

集，如"基本（简单）"样式，即可看到文档中对应内容应用该样式的效果。

2. 应用标题样式

在策划案中，不同级别的标题有多个。为了提高设置字体和段落格式的效率，可以为每级标题设置一个样式，然后为同级标题应用相同的样式。

步骤 01 ❶ 标题前面带有大写序号的是一级标题，选中这个标题；❷ 在"开始"选项卡的"样式"组中单击标题样式，这里选择"标题 1"，所选中的标题就套用了这种样式。

步骤 02 ❶ 用相同的方法为文档中的所有一级标题文本应用"标题 1"样式；❷ 标题前面带有括号序号的是二级标题，选中这个标题；❸ 单击"样式"组中的标题样式，这里选择"标题 2"，所选中的标题就套用了这种样式。

步骤 03 保持选中 2 级标题，双击"剪贴板"组中的"格式刷"按钮。

步骤 04 此时鼠标变成刷子形状，拖动鼠标选择其他的 2 级标题，即可将该样式进行复制。

小提示

在设置标题样式时，可以按住 Ctrl 键，选中所有相同级别的标题，再进行样式设置。

2.1.2　灵活使用"样式"窗格

想要更灵活地使用样式，可以打开 Word 2019 中的"样式"窗格。在其中可以看到当前文档的所有样式，方便进行设置、新建和修改样式。

1. 设置"样式"窗格中显示的样式

默认情况下，"样式"窗格中总是显示了很多样式，不便于操作和管理。可以通过设置使其只显示当前文档应用的样式。

步骤 01 在"开始"选项卡的"样式"组中单击右下角的"对话框启动器"按钮。

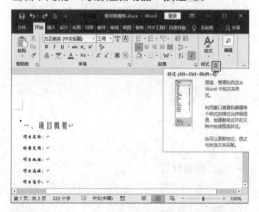

步骤 02 在打开的"样式"窗格下方单击"选项"按钮。

步骤 03 打开"样式窗格选项"对话框，❶选择要显示的样式为"正在使用的格式"；❷选中"选择显示为样式的格式"栏下方的所有复选框；❸单击"确定"按钮。

步骤 04 此时可以看到"样式"窗格中仅显示了文档中使用的样式。

2. 新建样式

Word 的"样式"窗格中的样式有限，并不能满足所有情况下的样式需求。此时用户可以新建样式。

步骤 01 ❶ 选中"项目名称："文本所在的段落；❷ 单击"样式"窗格下方的"新建样式"按钮 。

步骤 02 打开"根据格式化创建新样式"对话框，❶ 在"名称"文本框中为新样式命名；

❷ 在"格式"栏中设置样式的字体格式；❸ 单击"格式"按钮；❹ 在弹出的下拉菜单中选择"段落"命令。

步骤 03 打开"段落"对话框，❶ 在"缩进"栏中设置首行缩进 2 字符；❷ 在"间距"栏中设置段前、段后间距均为"6 磅"；❸ 在"行距"下拉列表中选择"1.5 倍行距"选项；❹ 单击"确定"按钮。

步骤 04 返回"根据格式化创建新样式"对话框，单击"确定"按钮，即可新建该样式。

步骤 05 此时，"项目名称："文本所在的段落成功应用了新样式。❶ 选择需要应用该样式的所有段落；❷ 在"样式"窗格中选择新建的样式，可快速为它们应用这个样式。

小提示

在创建的样式上进行了段落格式的重新设置，所以在"样式"窗格中产生了两个样式。一个是根据原文本格式创建的样式"概述内容"，另一个是在原文本格式上进行了段落格式设置的样式"概述内容＋首行缩进"。

3. 修改样式

已经设计好的样式，如果还存在不满意的地方，可以进一步调整。修改样式后，所有应用该样式的文本都会自动调整。这也是使用样式的根本原因，不用对同一种格式的修改重复进行调整。

步骤 01 ❶ 将文本插入点定位在文本中，在"样式"窗格中就会选中该处应用的对应样式，这里定位在需要修改样式的正文中；❷ 在"样式"窗格中单击"正文"样式右侧的下拉按钮；❸ 在弹出的下拉菜单中选择"修改"命令。

步骤 02 打开"修改样式"对话框，❶ 在"格式"栏中设置样式的字体格式；❷ 单击"格式"按钮；❸ 在弹出的下拉菜单中选择"段落"命令。

步骤 03 打开"段落"对话框，❶ 在"缩进"栏中设置首行缩进 2 字符；❷ 在"行距"下拉列表中选择"1.5 倍行距"选项；❸ 单击"确定"按钮。

步骤 04 返回"修改样式"对话框，单击"确定"按钮，就完成了对"正文"样式的修改操作。

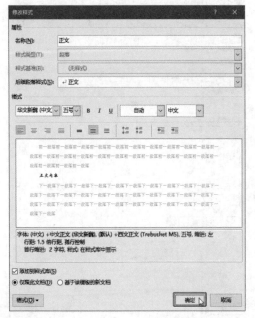

步骤 05 使用相同的方法，❶ 修改"标题 1"样式的字体格式；❷ 单击"格式"按钮；❸ 在弹出的下拉菜单中选择"段落"命令；❹ 设置段落格式为无缩进，段前、段后间距为"16 磅"，行距为"1.5 倍行距"，如下图所示。

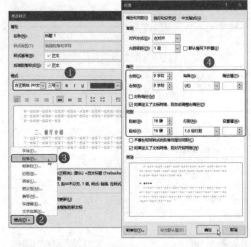

步骤 06 ❶ 将文本插入点定位在应用了"标题 1"样式的段落中；❷ 在"样式"窗格中单击所选样式右侧的下拉按钮；❸ 在弹出的下拉菜单中选择"选择所有 6 个实例"命令。此时，文档中所有应用了"标题 1"样式的段落都会被选中。

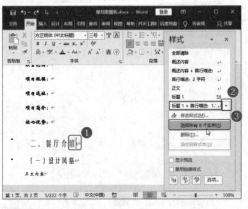

步骤 07 在"样式"窗格中，选择刚刚修改过的"标题 1"样式，即可快速对所有应用"标题 1"样式的文本进行更新。

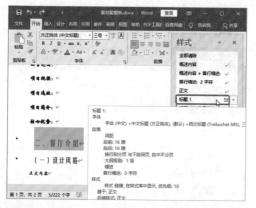

步骤 08 ❶ 将文本插入点定位在标题 2 段落中；❷ 在"样式"窗格中单击所选项目右侧的下拉按钮；❸ 在弹出的下拉菜单中选择"修改样式"命令。

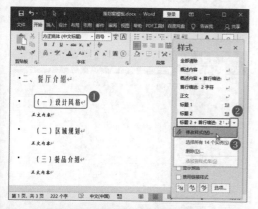

🎙 小提示

从案例中不难看出，如果针对某个样式进行修改，就会导致很多样式的名称基本相同。为了不至于选择错误的样式，最好将文本插入点定位在需要修改的文本之间，在"样式"窗格中自动跳转到所选择的选项，即为当前段落所应用的样式。

步骤 09 使用相同的方法，❶ 修改"标题 2"样式的字体格式；❷ 单击"格式"按钮；❸ 在弹出的下拉菜单中选择"段落"命令；❹ 设置段落格式为无缩进，段前、段后距离为"4 磅"，行距为"1.5 倍行距"，如下图所示。

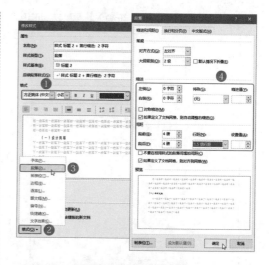

2.1.3 设置封面及目录

Word 2019 中系统自带的样式主要针对内容文本，策划案通常还需要有一个大气美观的封面、一定样式的目录，这时可以使用系统内置的封面模板和目录样式来快速完成。

1. 制作封面

策划案的封面显示了这是一份什么样的文档，以及文档的制作人等相关信息。只需要添加简单的形状进行美化，即可让封面兼具美观与实用性。

步骤 01 ❶ 将文本插入点定位在文档最开始处；❷ 单击"插入"选项卡中的"封面"按钮；❸ 在弹出的下拉列表中选择一种封面样式，如"花丝"。

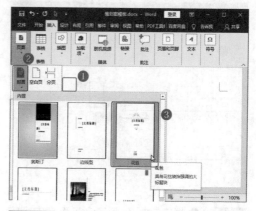

步骤 02 在文档最前方即可看到新建的封面页

效果，在标题占位符中重新输入标题名称即可。

2. 制作目录

如果已经为文档中的相关标题设置了标题大纲级别，就可以提取各标题内容，自动生成目录。制作目录过程中及添加目录后，还可以对目录样式进行设置和调整，使其符合实际需要。

步骤 01 ❶ 将文本插入点定位在封面页的后面；❷ 单击"引用"选项卡中的"目录"按钮；❸ 在弹出的下拉列表中选择一种目录样式，如"自动目录1"，即可根据该目录样式提取目录。

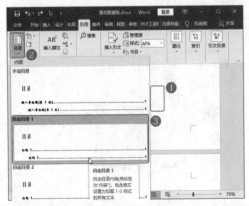

步骤 02 ❶ 将文本插入点定位在正文内容的

前面；❷ 单击"插入"选项卡中的"分页"按钮，让目录与正文内容分页显示。

步骤 03 ❶ 按住鼠标左键，拖动鼠标选择"目录"文本；❷ 在"开始"选项卡中设置段落的对齐方式为"居中对齐"。此时便完成了目录页的设置。

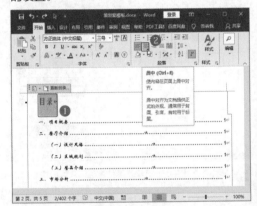

2.1.4 保存策划案模板

此前，已经将策划案的框架制作完成了，只需要在合适的部分填充内容即可。为了便于后期制作同类型的文档，可以将这个文档保存为模板文件，然后下一次直接打开模板输入内容即可，免去了调整样式的过程。

Word 2019 创建的模板文件的后缀是".dotx"。模板创建成功后需要正确保存文件格式，具体操作方法如下。

步骤 01 ❶ 在"文件"选项卡中选择"另存为"命令；❷ 选择"浏览"命令。

步骤 02 打开"另存为"对话框，❶选择正确的位置来保存模板文件；❷输入文件名，并选择文件的保存类型为"Word 模板（*.dotx）"；❸单击"保存"按钮。

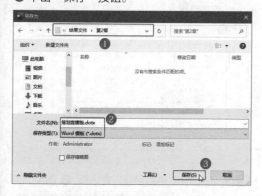

2.1.5 使用策划案模板

利用事先创建好的模板可以快速创建一个相同的文档，然后添加文档内容即可。内容添加完成后，只需要更新目录，目录便与现有文档一致了。

1. 使用模板新建文件

双击打开保存的模板文件，可以根据模板新建一份文档。这时的文档和新建的空白文档一样，虽然包含了一些内容，但是还没有保存。所以，需要先保存文档再进行内容的输入，避免丢失文档的内容。

步骤 01 打开模板文件所在的文件夹，双击该文件图标，便能利用模板文件新建一个文档。

步骤 02 根据模板新建文件后，❶选择"文件"选项卡中的"保存"命令；❷在最右侧显示了最近使用的文件夹列表，选择需要保存的文件夹选项。

步骤 03 打开"另存为"对话框，❶输入要保存的新文档的名称；❷单击"保存"按钮。

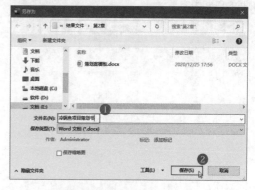

2. 在新文档中编辑内容

利用模板生成的新文档，其样式和内容与模板一致。只需要在其中添加内容，并更新目录，便可快速形成新的文档。

步骤 01 选择封面页中"标题"占位符中需要修改的内容。

步骤 02 重新输入需要修改的标题内容即可。

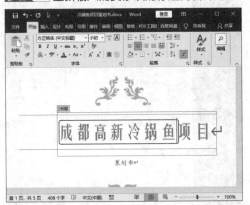

步骤 03 在封面页的"日期"占位符中输入需要的日期内容。

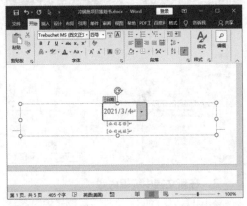

步骤 04 根据提示，输入正文内容，对文档内容进行完善。

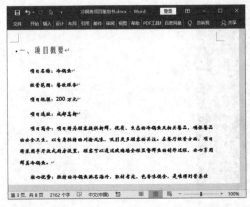

步骤 05 ❶ 选中目录；❷ 单击目录上方的"更新目录"按钮。

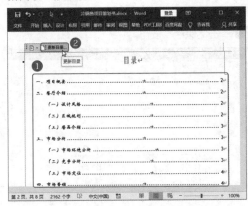

步骤 06 打开"更新目录"对话框，❶ 选中"更新整个目录"单选按钮；❷ 单击"确定"按钮，目录更新后便完成了文档的制作。

🔔 **小提示**

如果只是在新文档中添加了目录标题以外的内容，没有对目录要提取的标题内容进行更改，可以直接选中"只更新页码"单选按钮进行目录更新。

2.2 制作商业计划书

案例介绍

企业各部门几乎都会用到计划书，商业计划书也是一种常见的文档。当企业或项目单位需要达到招商融资或其他发展目标时，就需要拟定一份向受众全面展示公司和项目目前状况、未来发展潜力的书面材料，这就是商业计划书。商业计划书有相对固定的格式，它几乎包括投资商感兴趣的所有内容，从企业成长经历、产品服务、市场营销、管理团队、股权结构、组织人事、财务、运营到融资方案。只有内容翔实、数据丰富、体系完整、装订精致的商业计划书，才能吸引投资商，最终达成融资目的。

扫一扫，看视频

本案例制作完成后的效果如下图所示。（结果文件参见：结果文件\第 2 章\商业计划书 .dotx、婚纱摄影商业计划书 .docx ）

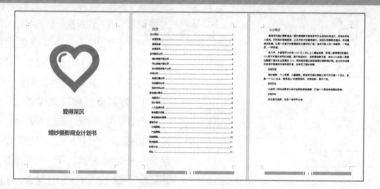

思路分析

用 Word 做计划书，对于没有排版功底的人来说比较费力，这种情况下可以直接下载 Word 2019 的模板，利用这些漂亮模板快速完成计划书的制作。利用模板制作计划书，大体步骤是对模板的基本内容进行删减，然后添加自己需要的内容。本案例的具体制作思路如下图所示。

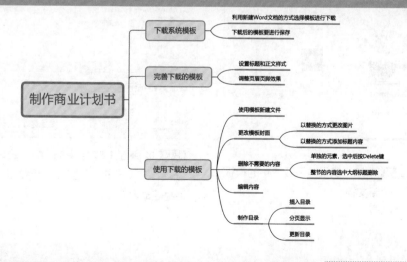

具体操作步骤及方法如下。

2.2.1 下载系统模板

Word 2019 提供了多种实用的 Word 文档模板，如商务报告、计划书、简历等类型的模板。用户可以直接下载这些模板创建自己的文档。例如，要下载一个与计划相关的模板文件，操作步骤如下。

步骤 01 打开 Word 文档，❶ 选择"文件"选项卡中的"新建"命令；❷ 在搜索文本框中输入搜索关键词，如"计划"；❸ 单击右侧的"开始搜索"按钮 ；❹ 在下方即可看到搜索到的相关模板文件，选择需要的模板。

步骤 02 此时将打开一个预览窗口，在其中可以看到所选模板文件的部分展示效果。确认下载该文档后，单击"创建"按钮，就能下载该模板了。

步骤 03 如下图所示，是根据下载成功的模板自动创建的一个新文档。

2.2.2 完善下载的模板

严格来说，一个制作完善的模板应该是页面格式、页眉页脚效果、封面、内容框架、样式等都设计好了的文档。但是，有太多模板并没有做到如此地步，所以需要完善，以后才能真正好用。模板下载成功后，需要查看其中的具体内容和格式是否符合需要。

1. 设置标题和正文样式

例如，在前面下载的模板中，配色和内容框架都有了，但是模板中的样式没有设计，标题大纲一个都没有，不方便后期进行目录引用。

步骤 01 ❶ 按 Ctrl+S 组合键，打开"另存为"对话框，选择文件的保存位置；❷ 输入文档名称；❸ 设置保存类型为"Word 模板（*.dotx）"；❹ 单击"保存"按钮。

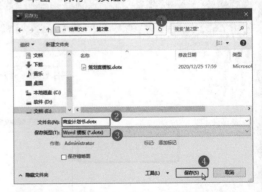

步骤 02 ❶ 选择文档中的 1 级标题段落；❷ 在"开始"选项卡的"段落"组中单击右下角的"对话框启动器"按钮 。

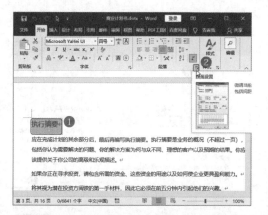

步骤 03 打开"段落"对话框，❶ 在"大纲级别"下拉列表中选择"1 级"选项；❷ 设置段后间距为"8 磅"；❸ 单击"确定"按钮。

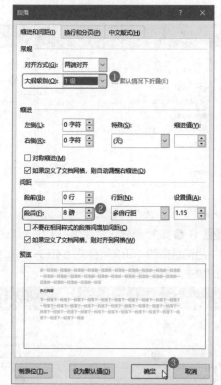

步骤 04 保持 1 级标题段落的选中状态，❶ 在"样式"组的下拉菜单中选择"创建样式"命令；❷ 在打开的"根据格式化创建新样式"对话框中输入样式名称；❸ 单击"确定"按钮，完成 1 级标题样式的创建。

步骤 05 ❶ 选择其他需要设置为 1 级标题的段落；❷ 在"样式"组中选择刚刚设置的"标题 1"样式。

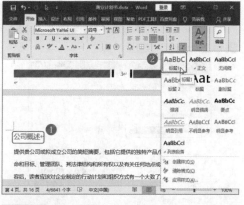

步骤 06 在"视图"选项卡的"显示"组中选中"导航窗格"复选框，在打开的"导航"窗格中即可看到所有的 1 级标题列表。

步骤 07 ❶ 调整并选择要作为 2 级标题的段落；

❷ 在"开始"选项卡的"段落"组中单击右下角的"对话框启动器"按钮 ⌐。

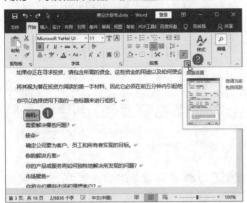

步骤 08 打开"段落"对话框，❶ 在"大纲级别"下拉列表中选择"2 级"选项；❷ 设置缩进为首行缩进 2 字符；❸ 设置段后间距为"8 磅"；❹ 单击"确定"按钮。

步骤 09 保持 2 级标题段落的选中状态，❶ 在"样式"组的下拉菜单中选择"创建样式"命令；❷ 在打开的"根据格式化创建新样式"对话框中输入样式名称；❸ 单击"确定"按钮，完成

2 级标题样式的创建。

步骤 10 ❶ 选择其他需要设置为 2 级标题的段落；❷ 在"样式"组中选择刚刚设置的"标题 2"样式。

步骤 11 ❶ 选择部分正文段落；❷ 在"样式"组中当前选择的"正文"样式上右击；❸ 在弹出的快捷菜单中选择"修改"命令。

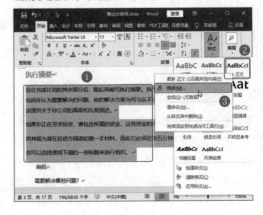

步骤 12 打开"修改样式"对话框，❶ 在"格式"栏中设置样式的字体格式；❷ 单击"格式"按钮；❸ 在弹出的下拉菜单中选择"段落"命令；❹ 打开"段落"对话框，在"缩进"栏中设置首行缩进 2 字符；❺ 设置段后间距为"6 磅"；❻ 单击"确定"按钮。

2. 调整页眉页脚效果

这个文档中的页码装饰线条都是浮于文字上方的，会随着段落中内容的增加而改变显示的位置。这给排版带来了困难，所以需要调整到页眉页脚区域。

步骤 01 ❶ 选择第 1 页中的页码装饰线；❷ 单击"开始"选项卡中的"复制"按钮。

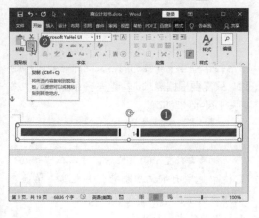

步骤 02 ❶ 双击页脚区域，进入页眉页脚编辑状态；❷ 将复制的图形粘贴到页脚中，调整其与页码对齐；❸ 单击"关闭页眉和页脚"按钮，退出页眉页脚编辑状态。

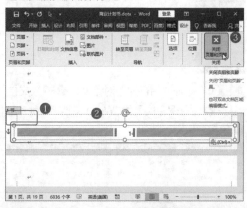

步骤 03 返回文档中，将多余的装饰图形删除。并用相同的方法对其他节中的页码装饰条进行调整，完成后单击"保存"按钮进行保存。

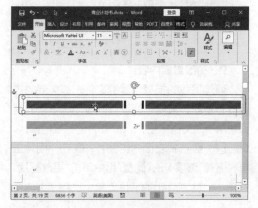

2.2.3　使用下载的模板

完成模板制作后，就可以通过它来创建文档了。本节主要是对新文档中的内容进行删减、录入内容，让文档符合实际需求。

1. 使用模板新建文件

将制作的模板另存为普通的文档，就可以开始具体商业计划书的内容制作了。

步骤 01 ❶ 选择"文件"选项卡中的"另存为"命令；❷ 在最右侧选择保存在最近使用的文件夹中。

步骤 02 打开"另存为"对话框，❶ 输入文档名称；❷ 设置保存类型为"Word 文档（*.docx）"；❸ 单击"保存"按钮。

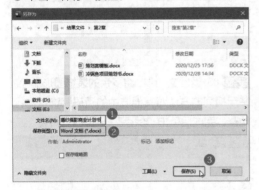

2. 更改封面内容

通过下载的模板创建的文件，都需要对内容进行更改，最终才能被实际应用。下载的封面通常涉及文档标题、Logo 图片的替换等操作。

步骤 01 ❶ 选择封面中的图片；❷ 在"图片工具 - 格式"选项卡的"调整"组中单击"更改图片"按钮 🖼；❸ 在弹出的下拉菜单中选择"来自文件"命令。

步骤 02 打开"插入图片"对话框，❶ 按照路径"素材文件\第 2 章\爱得深沉.jpg"找到 Logo 图片；❷ 单击"插入"按钮，即可用选择的图片替换原来的图片。

步骤 03 ❶ 选中标题文本框，输入标题内容，并设置居中对齐；❷ 用同样的方法选中副标题，输入副标题内容。最后进行段落删减和调整，完成封面的制作。

3. 删除不需要的内容

下载的模板中，内容页与封面页不一样，常常会有一些不需要的内容，此时需要进行删除。只需要根据需求选择这些多余的内容，然后按 Delete 键即可。

小提示

如果要将整个小节删除，可以在"导航"窗格中选中大纲级别标题，并在其上右击，从弹出的快捷菜单中选择"删除"命令，达到快速删除内容的目的。

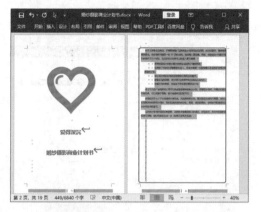

4. 编辑内容

将不需要的内容删除后，就可以针对留下的内容进行编辑替换，以完成符合需求的商业计划书。内容编辑完成后，根据需要应用对应的样式即可快速完成排版。最后，可以将每个一级标题安排在新的页面中开始录入内容。

❶ 在需要换页显示的内容以及标题前定位文本插入点；❷ 在"插入"选项卡的"页面"组中单击"分页"按钮。

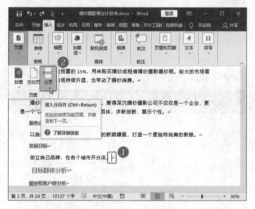

5. 制作目录

商业计划书中包含的内容比较多，为了方便他人查阅，可以添加一个目录。

步骤 01 ❶ 将文本插入点定位在正文开始处；❷ 单击"引用"选项卡中的"目录"按钮；❸ 在弹出的下拉列表中选择一种目录样式，如"自动目录 1"，即可提取出文档目录。

步骤 02 ❶ 将文本插入点定位在正文内容的前面；❷ 单击"插入"选项卡中的"分页"按钮，让目录与正文内容分页显示。

步骤 03 因为添加了目录，所以内容的具体页码变了，需要更新目录。❶ 选中目录；❷ 单击目录上方的"更新目录"按钮；❸ 打开"更新目录"对话框，选中"只更新页码"单选按钮；❹ 单击"确定"按钮，此时便完成了婚纱摄影商业计划书的制作。

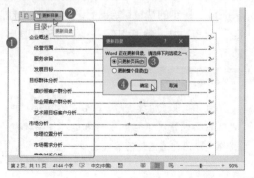

多学一点

001 为样式设置快捷键：一键应用

扫一扫，看视频

如果在编辑文档时需要频繁使用样式，为样式设置快捷键可以更快地应用样式，提高工作效率。为样式添加快捷键的具体操作方法如下。

步骤 01 ❶ 在"样式"组的下拉菜单中需要设置快捷键的样式上右击；❷ 在弹出的快捷菜单中选择"修改"命令。

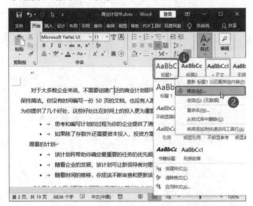

步骤 02 打开"修改样式"对话框，❶ 单击"格式"按钮；❷ 在弹出的下拉菜单中选择"快捷键"命令；❸ 打开"自定义键盘"对话框，将文本插入点定位到"指定键盘顺序"栏中的"请按新快捷键"文本框中，然后按下要设置的快捷键，该快捷键将显示在文本框中；❹ 单击"指定"按钮即可设定快捷键，指定的快捷键会显示在"当前快捷键"列表框中；❺ 单击"关闭"按钮退出即可。

小提示

为样式设置快捷键后，以后在不打开"样式"窗格的情况下可以方便地通过按快捷键将样式应用到选定的段落或文本中。

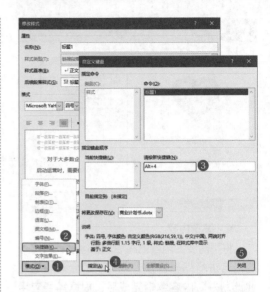

002 创建自己更个性化的样式集

如果对 Word 内置的样式不满意，在文档中重新设置样式后，可以将当前文档的样式保存到样式集中应用。新建样式集的具体操作方法如下。

步骤 01 打开"素材文件 \ 第 2 章 \ 软件销售合同 .docx"文件，❶ 为文档设置样式；❷ 完成后在"设计"选项卡的"文档格式"组中单击"样式集"右侧的下拉按钮，在弹出的下拉菜单中选择"另存为新样式集"命令。

步骤 02 打开"另存为新样式集"对话框，❶ "保存类型"自动选择"Word 模板（*.dotx）"，设置保存的文件名；❷ 单击"保存"按钮。

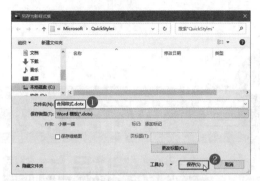

步骤 03 操作完成后在"设计"选项卡的"文档格式"组中单击"样式集"右侧的下拉按钮，在弹出的下拉菜单的"自定义"栏中即可查看新建的样式集。

小技巧

如果不再需要样式集中的某个样式，也可以删除样式集。只需要在该样式集上右击，在弹出的快捷菜单中选择"删除"命令，然后在弹出的提示框中单击"是"按钮即可。

第**3**章 Word 核心功能：
表格编辑与图文排版

重点索引

通常人们面对都是文字的文档会感觉很枯燥。现在很多文档都会添加一些图片、图形或表格进行辅助说明。对于那些使用场合不是特别严肃的文档，还可以制作得活泼一些，如添加图标、文本框等。Word 2019中可以方便地添加和编辑图片、形状、文本框、SmartArt图形、图标、表格等，从而增强页面的表现力。这些对象的存在让Word文档不再是简单的文字处理软件，而是一款图文排版的办公软件。

知识技能

本章相关案例及知识技能如下图所示。

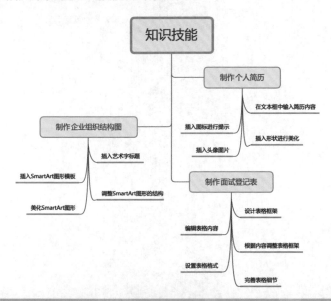

3.1　制作个人简历

案例介绍

　　个人简历是求职者给招聘单位发的一份简要介绍，尤其在通过网络找工作时，一份良好的个人简历对于获得面试机会至关重要。想让简历出彩，除了需要用心准备简历内容外，还需要设计整体的版式效果，让招聘者能快速注意到这篇文档。本节使用 Word 的文档排版功能，详细介绍制作个人简历类文档的具体步骤。 本案例制作完成后的效果如下图所示。（结果文件参见：结果文件 \ 第 3 章 \ 个人简历 .docx）

扫一扫，看视频

思路分析

　　个人简历文档的格式多样，越新颖越能引人注意。制作时，可以结合自己需要介绍的内容进行整体排版设计，然后在文本框中输入需要介绍的内容，再对文字、段落格式等进行设置，或添加图标进行可视化，最后通过添加图片或形状进行美化即可。本案例的具体制作思路如下图所示。

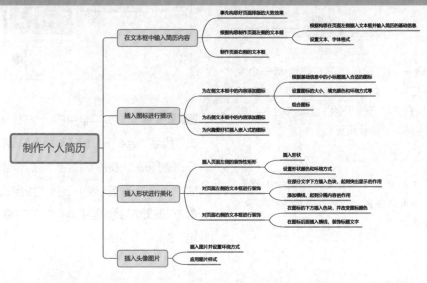

具体操作步骤及方法如下。

3.1.1 在文本框中输入简历内容

个人简历中需要包含自己的基本信息：姓名、性别、年龄、民族、籍贯、政治面貌、学历、联系方式，以及自我评价、工作经历、学习经历、荣誉与成就、求职愿望、对这份工作的简要理解等。这些内容可以通过不同的形式来表现，以简洁为最佳标准。如性别因为要贴个人照片，所以可以不罗列出来。

本案例打算在页面左侧显示基础信息，右侧用于放置大段的文字说明。所有内容以文本框的形式呈现。

步骤 01 ❶ 新建一个空白文档，并以"个人简历"为名进行保存；❷ 在"插入"选项卡的"文本"组中单击"文本框"按钮；❸ 在弹出的下拉菜单中选择"绘制横排文本框"命令。

步骤 02 ❶ 拖动鼠标在页面左侧绘制一个文本框，并在其中输入简历的基础信息；❷ 选择输入的所有文字，在"开始"选项卡的"字体"组中设置字体为"微软雅黑"。

小提示

一篇文档中最好不要使用过多种类的字体样式，如果需要区分，可以通过调整字号、加粗来实现。

步骤 03 ❶ 选择前面三行文字；❷ 单击"段落"组中的"居中"按钮 ≡，使其居中对齐；❸ 单击"字体颜色"按钮 A· 右侧的下拉按钮；❹ 在弹出的下拉菜单中选择"其他颜色"命令；❺ 打开"颜色"对话框，单击"自定义"选项卡；❻ 在下方的数值框中分别输入需要设置颜色的 RGB 值；❼ 单击"确定"按钮，即可为所选文本应用设置的颜色。

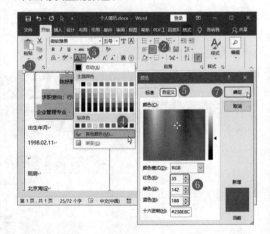

步骤 04 ❶ 选择文本框中的一个空白行；❷ 单击"段落"组右下角的"对话框启动器"按钮 ；❸ 打开"段落"对话框，在"间距"栏中的"行距"下拉列表中选择"固定值"选项；❹ 在"设置值"数值框中输入"5 磅"；❺ 单击"确定"按钮。

步骤 05 保持所选段落的选中状态，❶ 双击"剪贴板"组中的"格式刷"按钮；❷ 拖动鼠标选择需要复制该段落格式的所有空白行。

步骤 06 ❶ 选择所有基本信息文本；❷ 在"字体"组中设置字号为"小四"。

步骤 07 ❶ 依次选择基本信息文本的标题部分；❷ 单击"加粗"按钮，突出显示标题内容。

步骤 08 ❶ 选择姓名文本；❷ 设置字号为"二号"；❸ 单击"加粗"按钮，使其更加突出。

步骤 09 ❶ 选择文本框；❷ 在"绘图工具 - 格式"选项卡的"形状样式"组中单击"形状轮廓"按钮；❸ 在弹出的下拉菜单中选择"无轮廓"命令，取消文本框的轮廓线颜色。

步骤 10 ❶ 使用相同的方法在页面右侧绘制

一个文本框，并输入详细的教育背景、工作经历等内容；❷为不同的内容设置灰色和蓝色的字体颜色，为标题中的英文内容字体设置更浅的灰色。注意根据输入的内容调整文本框的大小及其中的文字和段落格式，让整个页面看起来信息饱满，又富有层次感，重点内容也能突出显示。

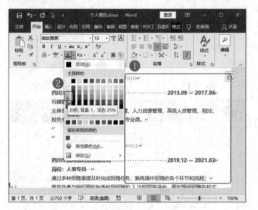

步骤 11 ❶选择工作经历中的相关文本；❷单击"段落"组中的"编号"按钮，❸在弹出的下拉列表中选择需要的编号样式。

步骤 12 ❶使用相同的方法为文档中的其他相关文本设置相同的编号样式；❷选择在校经历中的相关文本；❸单击"段落"组中的"项目符号"按钮，❹在弹出的下拉列表中选择需要的项目符号样式。至此，便完成了简历中文字信息的录入。

3.1.2 插入图标进行提示

个人简历中包含的信息很多，为了让阅读更加通顺，观感更加愉悦，可以为一些名词添加图标进行提示和美化。

步骤 01 ❶将文本插入点定位在正文段落中；❷在"插入"选项卡的"插图"组中单击"图标"按钮。

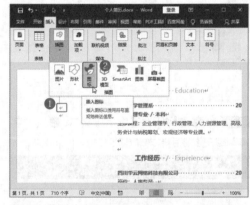

步骤 02 打开"插入图标"对话框，❶选择需要插入到基本信息文本框中的图标；❷单击"插入"按钮，即可在文档中插入选择的图标。

小提示

在"插入图标"对话框中，单击左侧的选项卡，可以快速切换到该类型的图标处；在"搜索图标"文本框中还可以输入关键字，查找符合条件的图标。

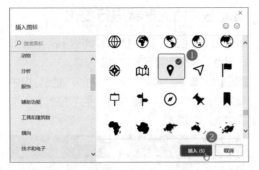

步骤 03 ① 选择第一个图标；② 在"绘图工具 - 格式"选项卡的"图形样式"组中单击"图形填充"按钮；③ 在弹出的下拉菜单中选择前面自定义的蓝色，即可将该图标调整为蓝色。

步骤 04 ① 在"大小"组中设置图标的高度为"0.6 厘米"，此时图标会等比例缩小；② 单击"环绕文字"按钮；③ 在弹出的下拉菜单中选择"浮于文字上方"命令，让图标浮于文字上方。

步骤 05 使用相同的方法调整其他图标的大小、填充颜色和环绕文字方式；① 选择左侧文本框中需要在前方添加图标的段落；② 单击"开始"选项卡"段落"组中的"增加缩进量"按钮，增加段落的缩进量。

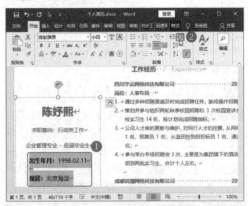

步骤 06 ① 将图标放置在合适的文字前，并选择所有图标；② 在"绘图工具 - 格式"选项卡的"排列"组中单击"对齐"按钮；③ 在弹出的下拉菜单中选择"左对齐"命令；④ 再次在"对齐"下拉菜单中选择"纵向分布"命令。这样就能让图标左右、上下间距都对齐了。

步骤 07 保持图标的选中状态，① 单击"排列"组中的"组合"按钮；② 在弹出的下拉菜单中选择"组合"命令。这样就将选择的图标组合为一个对象了，再也不怕它们乱移动了。如果后期需要对某个图标进行单独编辑，需要先取消组合。

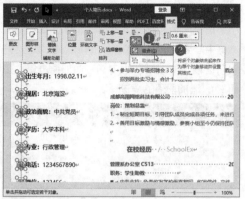

步骤 08 ❶ 使用相同的方法在页面右侧的文本框中插入合适的图标，设置环绕方式为"浮于文字上方"，并放置在合适的位置；❷ 设置高度为"1厘米"；❸ 选择这些图标，单击"排列"组中的"对齐"按钮；❹ 在弹出的下拉菜单中选择"左对齐"命令。

步骤 09 ❶ 使用相同的方法在页面左侧的文本框"兴趣爱好"文字后增加一行，插入对应的图标；❷ 设置高度为"1.9厘米"。

3.1.3　插入形状进行美化

制作文档时，可以插入形状进行适当美化，如用色块来突出显示某些重要内容。

步骤 01 ❶ 在"插入"选项卡的"插图"组中单击"形状"按钮；❷ 在弹出的下拉列表中选择"矩形"样式。

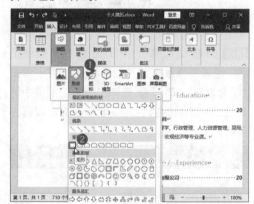

步骤 02 ❶ 拖动鼠标，在页面左侧绘制一个矩形；❷ 在"绘图工具 - 格式"选项卡的"形状样式"组中单击"填充颜色"按钮；❸ 在弹出的下拉菜单中选择"其他填充颜色"命令；❹ 打开"颜色"对话框，单击"自定义"选项卡；❺ 在下方的数值框中分别输入需要设置颜色的 RGB 值；单击"确定"按钮，即可为所选形状应用设置的颜色。

步骤 03 ❶ 单击"形状轮廓"按钮；❷ 在弹出的下拉菜单中选择"无轮廓"命令。

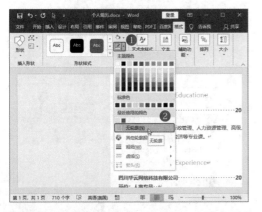

步骤 04 ❶ 单击"排列"组中的"下移一层"按钮；❷ 在弹出的下拉菜单中选择"置于底层"命令。

步骤 05 ❶ 选择形状上方的文本框；❷ 单击"填充颜色"按钮；❸ 在弹出的下拉菜单中选择"无填充"命令。

步骤 06 ❶ 选择文本框中的第 3 行文本；

❷ 设置字体颜色为白色。

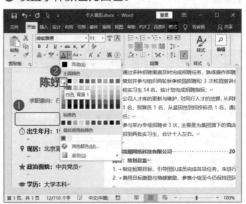

步骤 07 ❶ 绘制一个矩形，并填充为蓝色；❷ 在"绘图工具 - 格式"选项卡的"排列"组中单击"下移一层"按钮。

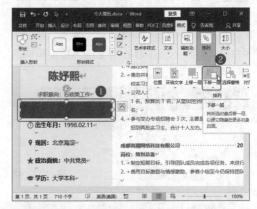

步骤 08 ❶ 在右侧文本框的图标处绘制一个矩形，并填充为蓝色，设置环绕方式，使其显示在图标下方；❷ 选择图标，填充为白色。

步骤 09 ❶ 在 "插入" 选项卡的 "插图" 组中单击 "形状" 按钮；❷ 在弹出的下拉列表中选择 "直线" 样式。

步骤 10 ❶ 按住 Shift 键的同时拖动鼠标，在矩形右侧绘制一条直线；❷ 同时选择绘制的直线和矩形；❸ 单击 "绘图工具 - 格式" 选项卡中的 "组合" 按钮；❹ 在弹出的下拉菜单中选择 "组合" 命令。

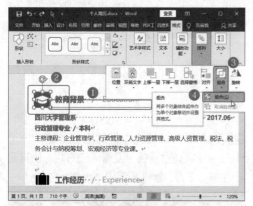

步骤 11 ❶ 选择组合后的图形；❷ 单击 "排列" 组中的 "下移一层" 按钮；❸ 在弹出的下拉菜单中选择 "置于底层" 命令。

🔔 **小技巧**

> 如果需要选择多个或细微的形状对象，可以善用 "选择对象" 工具来框选。在 "开始" 选项卡的 "编辑" 组中单击 "选择" 按钮，在弹出的下拉菜单中选择 "选择对象" 命令即可。

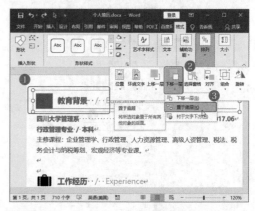

步骤 12 按住 Ctrl+Shift 组合键的同时，向下拖动鼠标，平行复制组合图形到其他标题处，再设置环绕方式，让组合图形显示在图标下方即可。

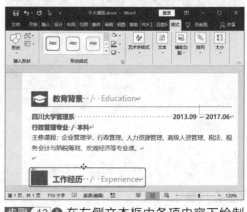

步骤 13 ❶ 在左侧文本框中各项内容下绘制一条直线并选中所有直线；❷ 单击 "对齐" 按钮；❸ 在弹出的下拉菜单中选择 "纵向分布" 命令。

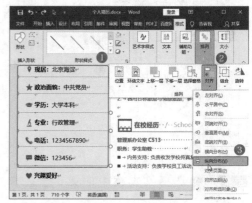

3.1.4　插入头像图片

个人简历中一般需要插入个人照片，准备一张电子版的照片即可。在 Word 中插入图片的具体方法如下。

步骤 01 ❶ 在"插入"选项卡的"插图"组中单击"图片"按钮；❷ 在弹出的下拉菜单中选择"此设备"命令。

步骤 02 打开"插入图片"对话框，❶ 选择需要插入图片的保存位置；❷ 选择需要插入的"证件照 .jpg"图片；❸ 单击"插入"按钮。

步骤 03 ❶ 在图片右下角的控制点上拖动，调整图片到合适大小；❷ 单击"图片工具 - 格式"选项卡中的"环绕文字"按钮；❸ 在弹出的下拉菜单中选择"浮于文字上方"命令。

步骤 04 ❶ 将图片放置在左侧文本框的上方；❷ 在"图片工具 - 格式"选项卡的"快速样式"组中选择一种简洁的图片样式，如"简单框架，白色"。至此，便完成了个人简历的制作。

3.2　制作企业组织结构图

 案例介绍

企业组织结构图用于表现企业、机构或系统中的层次关系，组织结构图可以使每个人清楚自己组织内的工作，加强其参与工作的欲望，其他部门的人员也可以明了，增强组织的协调性。企业组织结构图在办公中有着广泛的应用。在 Word 2019 中为用户提供了用于体现组织结构、关系或流程的图表——SmartArt 图形。本节将应用 SmartArt 图形制作企

扫一扫，看视频

业组织结构图，讲解 SmartArt 图形的应用方法。

本案例制作完成后的效果如下图所示。(结果文件参见：结果文件 \ 第 3 章 \ 企业组织结构图 .docx)

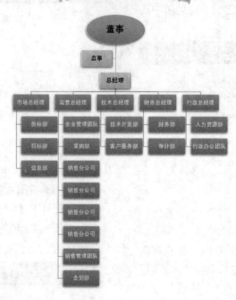

思路分析

在制作组织结构图时，相关人员可以先手绘一份公司人员层级结构的大体关系图，然后根据这个关系图在 Word 中选择恰当的 SmartArt 图形模板，之后将模板的结构调整成草图的结构，再输入文字，最后对 SmartArt 图形的样式和文字样式进行调整。本案例的具体制作思路如下图所示。

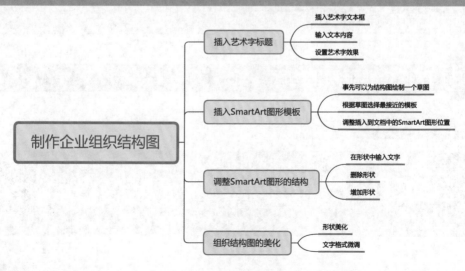

具体操作步骤及方法如下。

3.2.1　插入艺术字标题

在 Word 2019 中提供了多种艺术字效果，如果需要为文档制作一个醒目的标题，可以通过插入艺术字来完成。

步骤 01 新建一个 Word 文档，❶ 在"插入"选项卡的"文本"组中单击"艺术字"按钮；❷ 在弹出的下拉列表中选择一种艺术字样式。

步骤 02 ❶ 在插入的艺术字文本框中输入需要的文字；❷ 选择艺术字文本框，并拖动鼠标将其移动到页面中间的位置。

步骤 03 ❶ 在"绘图工具 - 格式"选项卡的"艺术字样式"组中单击"文本效果"按钮；❷ 在弹出的下拉菜单中选择"转换"命令；❸ 在弹出的子菜单中选择一种路径样式。

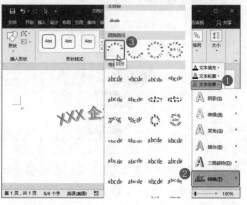

步骤 04 拖动鼠标，调整艺术字文本框左侧中部的控制点，调整艺术字弯曲路径的幅度，改变艺术字的整体效果。

小提示

由于艺术字本身的美感缺陷，建议不要在 Word 页面中使用过多的艺术字，一般仅仅用于制作标题。

3.2.2　插入 SmartArt 图形模板

在 Word 2019 中提供了多种 SmartArt 图形模板，在具体使用中，根据实际情况选择最接近需求的图形模板，这样才能减少后面的编辑加工步骤。

步骤 01 根据公司的组织结构，在纸上绘制一个草图。在"插入"选项卡的"插图"组中单击 SmartArt 按钮。

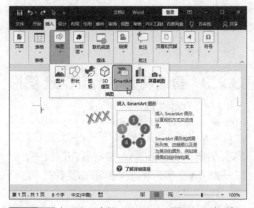

步骤 02 打开"选择 SmartArt 图形"对话框，❶ 对照绘制的草图，选择结构最相近的模板，这里选择"层次结构"选项卡中的一个模板；❷ 单击"确定"按钮。

步骤 03 ① 将文本插入点定位在 SmartArt 图形的左侧；② 按 Enter 键下移 SmartArt 图形；③ 单击"段落"组中的"居中"按钮，使 SmartArt 图形位于页面中央。

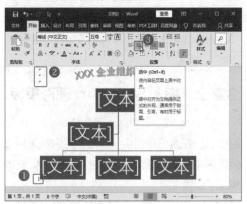

小提示

设置 SmartArt 图形的位置，还可以在 "SmartArt 工具 - 格式"选项卡的"排列"组中单击"位置"按钮，选择 SmartArt 图形在页面中的位置，以及文字环绕的方式。

3.2.3　灵活调整 SmartArt 图形的结构

SmartArt 图形的模板并不能完全符合实际需求，需要对结构进行调整。制作过程中，可以一边输入文字，一边调整图形的结构。

小提示

在 SmartArt 图形中添加文字有两种方法，一是直接在具体的形状中输入；二是在展开的 "在此处键入文字"窗格中输入。

步骤 01 ① 单击选择要输入文字的图形，在其中输入需要的文字；② 选择最后两个图形，按 Delete 键将其删除。

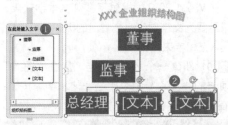

步骤 02 ① 选择第 3 排图形；② 单击"SmartArt 工具 - 设计"选项卡中的"添加形状"按钮；③ 在弹出的下拉菜单中选择"在下方添加形状"命令。

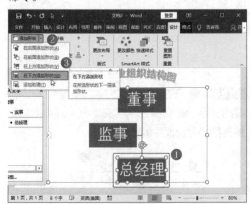

步骤 03 ① 单击"添加形状"按钮；② 在弹出的下拉菜单中选择"在后面添加形状"命令。

步骤 04 ① 使用相同的方法继续在当前形状的后面添加 3 个形状；② 选择这些形状的上一

级形状；❸ 单击"创建图形"组中的"组织结构图布局"按钮 品；❹ 在弹出的下拉列表中选择"标准"选项，即可改变该形状下方的形状的布局。

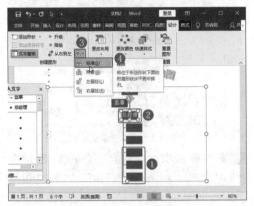

步骤 05 在各形状中输入对应的文本，此时在"在此处键入文字"窗格中输入会更快一些。

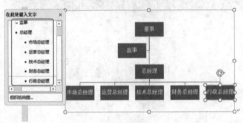

步骤 06 使用相同的方法继续添加其他形状并输入文字，完成后的图形效果如下图所示。

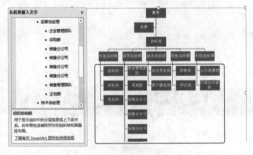

3.2.4　组织结构图的美化

完成 SmartArt 图形的文字输入后，就进入最后的效果调整环节，可以对图形的大小、颜色、形状和效果等进行调整。此外，还需要注意为 SmartArt 图形中的文字设置合适的字体格式，使文字清晰美观，更具表现力。

步骤 01 ❶ 选择整个 SmartArt 图形；❷ 单击"SmartArt 工具 - 设计"选项卡中的"更改颜色"按钮；❸ 在弹出的颜色样式中选择一种配色。

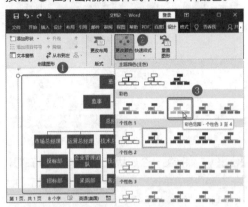

步骤 02 ❶ 选择所有绿色的形状；❷ 在"SmartArt 工具 - 格式"选项卡的"大小"组中将"宽度"数值框中的宽度调整到所有内容能显示在一行中。

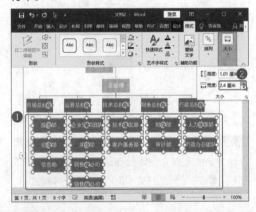

步骤 03 ❶ 使用相同的方法调整所有蓝色的形状的宽度为"2.4 厘米"；❷ 选择第一排的形状；❸ 在"SmartArt 工具 - 格式"选项卡的"形状"组中单击"更改形状"按钮；❹ 在弹出的下拉列表中选择"椭圆"形状，实现更改图形形状的目的。

🔔 **小技巧**

选择 SmartArt 图形中的形状后，按 ↑、↓、→、← 4 个方向键，可以灵活调整形状的位置。

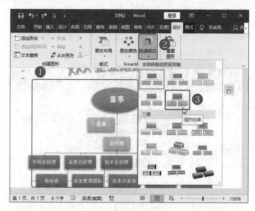

步骤 04 保持第一个形状的选中状态，❶ 在"开始"选项卡中单击"加粗"按钮；❷ 单击"增大字号"按钮，根据需要调整字号大小。

步骤 06 ❶ 依次选择前面三个形状；❷ 根据图形的颜色、大小，在"开始"选项卡中设置字体大小和颜色，使其与形状相匹配；❸ 以"企业组织结构图"为名保存文件。

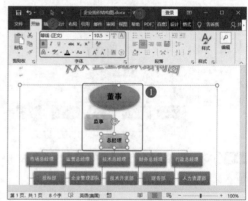

步骤 05 ❶ 选择整个 SmartArt 图形；❷ 单击"SmartArt 工具 - 设计"选项卡中的"快速样式"按钮；❸ 在弹出的样式列表中选择一种样式。

3.3 制作面试登记表

案例介绍

扫一扫，看视频

企业在面试员工时往往会让参与面试的人员填写一份"面试登记表"，面试人员需要在表中填写个人的主要信息，并贴上自己的照片。此外，面试登记表稍微改变一下文字内容，还可以变成"员工入职登记表"，让录取的新员工填写自己的主要信息，以便领导了解。

本案例制作完成后的效果如下图所示。（结果文件参见：结果文件 \ 第 3 章 \ 面试登记表 .docx）

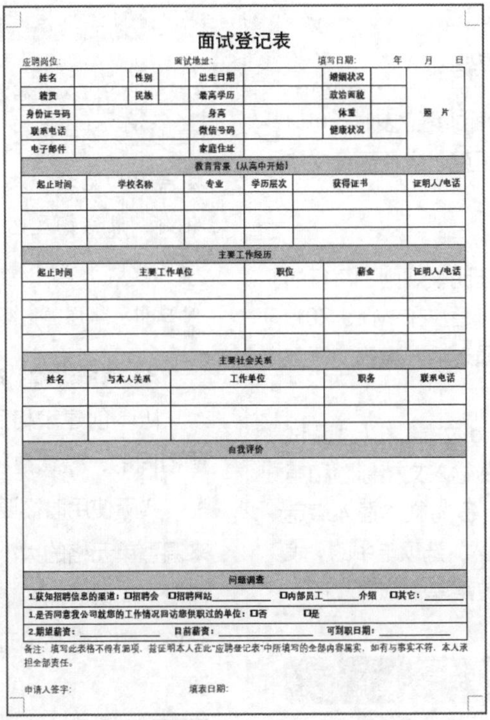

面试登记表

应聘岗位:　　　面试地址:　　　填写日期:　　年　　月　　日

姓名		性别		出生日期		婚姻状况		照　片
籍贯		民族		最高学历		政治面貌		
身份证号码				身高		体重		
联系电话				微信号码		健康状况		
电子邮件				家庭住址				

教育背景（从高中开始）					
起止时间	学校名称	专业	学历层次	获得证书	证明人/电话

主要工作经历				
起止时间	主要工作单位	职位	薪金	证明人/电话

主要社会关系				
姓名	与本人关系	工作单位	职务	联系电话

自我评价

问题调查
1.获知招聘信息的渠道：□招聘会　□招聘网站________　□内部员工______介绍　□其它：______
1.是否同意我公司就您的工作情况回访您供职过的单位：□否　　□是
2.期望薪资：________　目前薪资：________　可到职日期：________

备注：填写此表格不得有漏项，兹证明本人在此"应聘登记表"中所填写的全部内容属实，如有与事实不符，本人承担全部责任。

申请人签字:　　　填表日期:

思路分析

企业行政人事在制作面试登记表时，可以先对表格的整体框架有个规划，再在录入文字的过程中进行细调，否则就会出现多次调整都无法达到理想效果的情况，也会耽误工作效率。本案例的具体制作思路如下图所示。

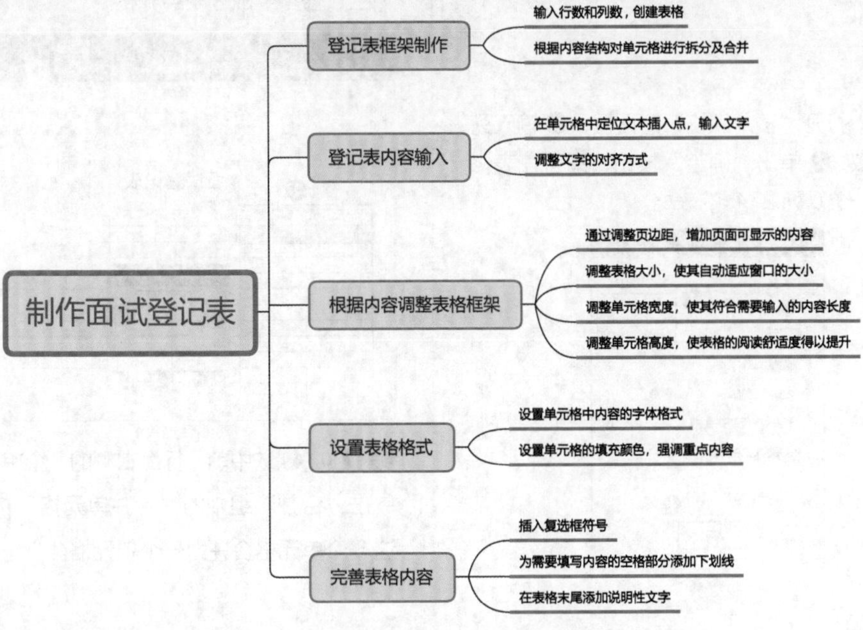
制作面试登记表
登记表框架制作
输入行数和列数，创建表格
根据内容结构对单元格进行拆分及合并
登记表内容输入
在单元格中定位文本插入点，输入文字
调整文字的对齐方式
根据内容调整表格框架
通过调整页边距，增加页面可显示的内容
调整表格大小，使其自动适应窗口的大小
调整单元格宽度，使其符合需要输入的内容长度
调整单元格高度，使表格的阅读舒适度得以提升
设置表格格式
设置单元格中内容的字体格式
设置单元格的填充颜色，强调重点内容
完善表格内容
插入复选框符号
为需要填写内容的空格部分添加下划线
在表格末尾添加说明性文字

具体操作步骤及方法如下。

3.3.1 设计表格框架

在 Word 2019 中编排面试登记表时，可以先根据内容需求设计表格框架，方便后续文字内容的填入。

1. 快速创建表格

面试登记表整体来说还比较规则，每行的列数大致相同，也有规律可循。在 Word 2019 中创建该类型表格时，可以通过输入表格的行数和列数进行操作。

步骤 01 ❶ 创建一个 Word 文档，以"面试登记表"为名进行保存；❷ 输入文档标题和第一行内容，进行格式设置；❸ 将文本插入点定位到下一行中；❹ 单击"插入"选项卡中的"表格"按钮；❺ 在弹出的下拉菜单中选择"插入表格"命令。

步骤 02 打开"插入表格"对话框，❶ 输入列数和行数；❷ 单击"确定"按钮，即可在表格中插入一个 6 列 27 行的表格。

小提示

在"插入表格"对话框中，若选中"固定列宽"单选按钮，则创建的表格宽度固定；度与页面宽度一致，当页面纸张大小发生变化时，表格宽度也会随之变化，通常在 Web 版式视图中编辑用于全屏幕显示的表格内容时应用。

2. 灵活拆分、合并单元格

初步创建表格后，其中的单元格大小都是相同的，默认是根据表格大小进行平均分配。实际使用时需要根据表格中要展现的内容来调整单元格的大小和单元格的数量。下面根据员工面试时需要登记的信息，通过"拆分单元格"和"合并单元格"命令对表格框架进行调整。

步骤 01 ❶ 选择前两行左边的 4 个单元格；❷ 在"表格工具 - 布局"选项卡的"合并"组中单击"拆分单元格"按钮；❸ 打开"拆分单元格"对话框，输入需要拆分的列数和行数；❹ 单击"确定"按钮，即可将所选单元格一分为二，最终变成 8 个单元格。

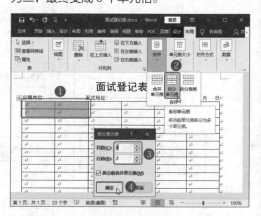

步骤 02 ❶ 选中前 5 行最右侧的 5 个单元格；❷ 单击"合并"组中的"合并单元格"按钮，将这 5 个单元格合并为一个单元格。

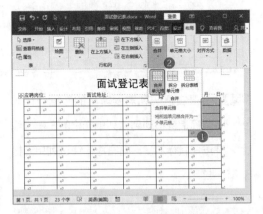

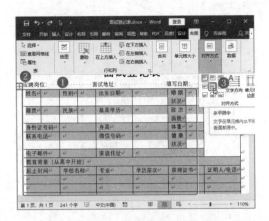

步骤 03 使用相同的方法，继续根据需要拆分或合并的其他单元格完成表格制作，表格框架如下图所示。

3.3.2　编辑表格内容

完成面试登记表的框架制作后，就可以输入表格的文字内容了。输入内容后需要设置合适的字体格式，以方便后期根据单元格中的内容调整单元格的大小，避免重复操作。

❶ 在单元格中插入文本插入点，然后输入文字内容，并设置为合适的字体格式；❷ 选择除最后 3 行外的所有表格内容；❸ 在"表格工具-布局"选项卡的"对齐方式"组中单击"水平居中"按钮，让文字显示在单元格的居中位置。

3.3.3　根据内容调整表格框架

单元格中的文字内容确定好以后，就可以根据内容的多少对表格和单元格的大小进行调整。

1. 调整表格大小

表格制作时，也需要先统一大的框架，再进行细节调整。所以，需要先确定表格的整体大小。这里发现每一行中需要显示的内容宽度不够，所以先调整页面的显示宽度，然后调整表格大小。

步骤 01 ❶ 单击"布局"选项卡中的"页边距"按钮；❷ 在弹出的下拉列表中选择"窄"选项。

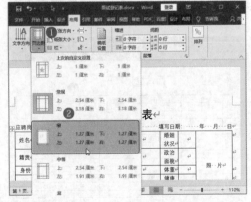

步骤 02 ❶ 单击表格左上角显示的 ⊞ 图标，选择整个表格，并在其上右击；❷ 在弹出的快捷菜单中选择"自动调整"命令；❸ 在弹出的子菜单中选择"根据窗口自动调整表格"命令。

2. 调整单元格的大小

表格宽度调整好以后，还需要对单元格的大小进行微调，以便合理分配同一行单元格的宽度。调整依据是：文字内容较多的单元格需要预留较宽的距离。

步骤 01 在面试登记表中，"婚姻状况"列中的部分单元格需要登记的内容比较少，列宽可以窄一些，同时需要将这些单元格内容显示在一行中。❶ 选择要调整宽度的这 4 个单元格；❷ 将鼠标指针移动到这些单元格的左侧和右侧边线上，并按住鼠标左键拖动调整单元格的边线位置。

步骤 02 使用相同的方法调整前面几行中部分单元格的宽度和位置，完成后的效果如下图所示。

步骤 03 最右侧一列需要填写的数据都比较少，将鼠标指针移动到该列单元格的左侧边线上，并按住鼠标左键，向右拖动让该列单元格变窄一些。

步骤 04 在"主要工作经历"和"主要社会关系"栏部分，❶ 合并一些单元格；❷ 拖动鼠标调整单元格的宽度，完成后如下图所示。

步骤 05 页面中表格下方还有很多空白处，而表格中的单元格高度太挤压文字了，可以适当调整每行的高度。❶ 选择整个表格；❷ 在"表格工具-布局"选项卡的"单元格大小"组中，设置行高为"0.7 厘米"。

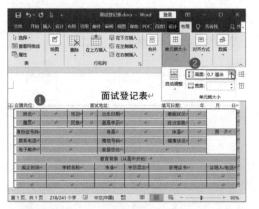

步骤 06 ❶ 将文本插入点定位在"自我评价"栏下方的单元格中；❷ 在"表格工具 - 布局"选项卡的"单元格大小"组中，设置行高为"2.8 厘米"。

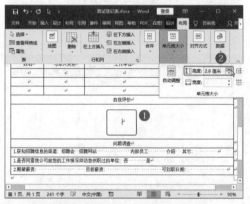

🔔 小技巧

如果需要制作的表格结构比较复杂，又不想后期慢慢进行调整，可以在 Word 2019 中手动绘制表格。只需要在有表格线的地方进行绘制即可，操作类似日常在纸上绘制表格的步骤。

3.3.4 设置表格格式

完成面试登记表的框架调整后，可以根据需求对文字格式和单元格格式进行调整，使其看起来美观大方。

步骤 01 ❶ 选择整个表格；❷ 在"开始"选项卡的"字体"组中单击"加粗"按钮，让所有提示内容加粗显示。

步骤 02 ❶ 选择"教育背景"单元格；❷ 在"表格工具 - 设计"选项卡中单击"底纹"按钮；❸ 在弹出的下拉菜单中选择"浅灰色"，使该单元格填充为浅灰色。使用相同的方法为其他标题栏填充浅灰色。

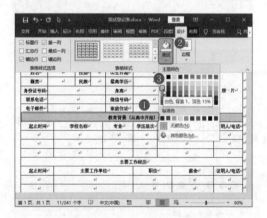

🔖 小提示

表格中的内容如果分为几个部分，或是有需要突出显示的地方，都可以通过设置单元格底纹的方式来进行操作。

3.3.5 完善表格内容

表格内容制作完成后，可以再检查一下细节。如本案例在输入表格内容时，为了快速定下表格内容，就没有过多注意格式和特殊字符的输入，后期需要补上。

步骤 **01** ❶ 将文本插入点定位在倒数第 3 行"招聘会"文字前面；❷ 单击"插入"选项卡中的"符号"按钮；❸ 在弹出的下拉菜单中选择"其他符号"命令。

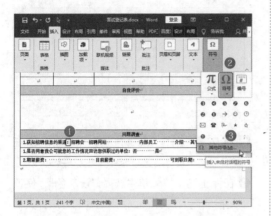

步骤 **02** 打开"符号"对话框，❶ 选择 Wingdings 字体；❷ 选择 □ 符号；❸ 单击"插入"按钮，将此符号插入到相应的文字前。

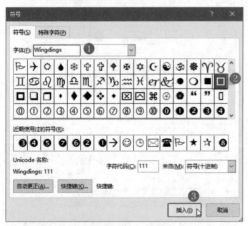

小提示

在"符号"对话框的"字体"下拉列表中选择不同的选项，将显示不同的符号。常用的是 Wingdings 字体下的符号。

步骤 **03** ❶ 复制 □ 符号到其他需要的位置；❷ 选择用于填写内容的占位空格；❸ 单击"开始"选项卡中的"下画线"按钮；❹ 在弹出的下拉列表中选择需要添加的下画线样式。

步骤 **04** ❶ 使用相同的方法为其他需要填写内容的空格处添加下画线；❷ 在表格后面输入其他文本内容；❸ 拖动鼠标调整"自我评价"栏单元格的高度，使整个内容刚好填充在一页中。

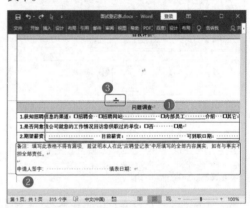

小技巧

表格中的文字可以根据需要调整方向。方法是，将文本插入点定位在单元格中，然后右击，在弹出的快捷菜单中选择"文字方向"命令，再在打开的"文字方向 - 表格单元格"对话框中选择符合需求的文字方向即可。

多学一点

001　文档中的图片效果不理想，尝试调整一下亮度和对比度

如果要插入文档中的图片找不到更合适的，也可以先将图片插入到文档中，再使用 Word 进行简单的处理。例如，一些比较昏暗的图片，插入到文档中后可以通过调整亮度和对比度来改善效果。

扫一扫，看视频

打开"素材文件＼第 3 章＼峨眉山简介 .docx"文件，❶ 选择需要调整亮度和对比度的夜景图片；❷ 在"图片工具 - 格式"选项卡的"调整"组中单击"校正"按钮；❸ 在弹出的下拉菜单中选择合适的亮度和对比度效果即可。

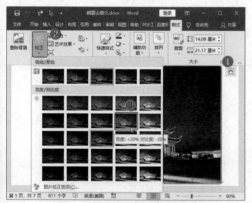

小提示

如果预置的亮度和对比度效果不满意，还可以在该下拉菜单中选择"图片校正选项"命令，在显示的"设置图片格式"任务窗格中手动设置亮度和对比度参数。

002　通过改变文字的排列方向，创造一个新的设计

一些有设计感的文档，通常是用文本框、艺术字、图形等混合排版的。默认情况下，制作的文字都是水平排列。所以，对于一个已经制作好的文档，通过改变文字的排列方向，就可以创造出一个新的设计方案。例如，要改变文本框中的文字方向，具体操作方法如下。

步骤 01　打开"素材文件＼第 3 章＼邀请函 .docx"文件，❶ 选择需要改变文字方向的文本框；❷ 在"绘图工具 - 格式"选项卡的"文本"组中单击"文字方向"按钮；❸ 在弹出的下拉菜单中选择"垂直"命令。

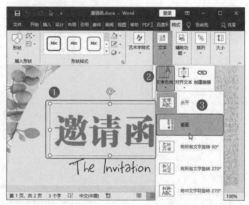

步骤 02　操作完成后可以看到文字还没有垂直排列，这是因为文本框的高度不够内容垂直排列，所以只能在第一列显示一个字，其他字依次显示在下一列中。将鼠标指针放在文本框右下角的控制点上并拖动调整文本框的大小，使文字显示为竖向排列。

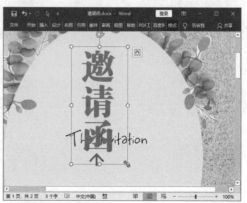

小提示

　　如果要调整形状中输入的文字的排列方向，可以用相同的方法实现，也可以直接插入垂直方向的文本框重新进行输入。

步骤 03 ❶ 将文本框移动到页面的居中位置；❷ 选择下方的图片型文字；❸ 在"绘图工具 - 格式"选项卡的"排列"组中单击"旋转"按钮；❹ 在弹出的下拉菜单中选择"向右旋转 90°"命令，并移动到合适位置即可。

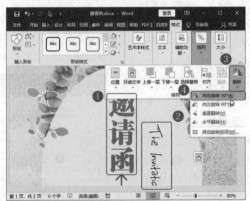

第4章 Word 高级功能：

文档的审阅修订、邮件合并与控件

重点索引

Word 2019除了简单的文档编辑功能外，其审阅功能也十分强大。在对他人的文档进行修订、添加批注时，就可以使用审阅功能了。如果公司或企业想要批量制作邀请函，也可以利用Word的"编写和插入域"功能来快速实现。

知识技能

本章相关案例及知识技能如下图所示。

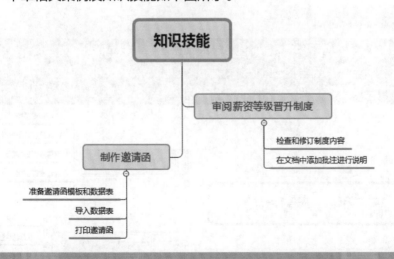

4.1 审阅薪资等级晋升制度

案例介绍

扫一扫，看视频

薪资等级晋升制度是公司行政管理人员制作的一种文档，文档制作完成后，需要提交给上级领导，让领导确认内容是否正确无误。领导在查看制度内容时，可以进入修订状态修改自己认为不对的地方，也可以添加批注，对不明白或者需要更改的地方进行注释。文档制作人员收到反馈后，可以回复批注进行解释或修改。

本案例制作完成后的效果如下图所示。

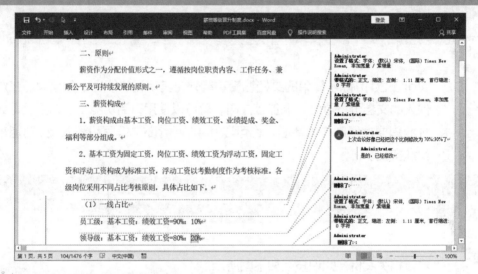

思路分析

对薪资等级晋升制度进行修订和批注的目的和方式是有所区别的。修订文档是直接在原内容上进行更改，更改过的地方会添加标记，文档制作者可以选择接受或拒绝修订。批注的目的相当于注释，对文档有误或有疑问的地方添加修改意见或疑问。本案例的具体制作思路如下图所示。

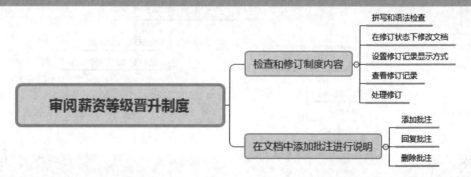

具体操作步骤及方法如下。

4.1.1　检查和修订制度内容

文档完成后，通常需要提交给领导或相关人员审阅，领导在审阅文件时，可以使用 Word 2019 中的"拼写和语法检查"功能，先对系统提出的质疑处进行核对，然后进入修订状态，在文档中根据需要进行修订，同时标记和记录修改操作，以便让文档原作者检查、改进。

1. 拼写和语法检查

编写文档的过程中难免会出现一些错别字或词语错误，甚至语法错误。所以，在编写完成后，应该进行检查。利用 Word 中的拼写和语法检查功能可以快速找出和解决一些基本错误。

步骤 01 打开"素材文件＼第 4 章＼薪资等级晋升制度 .docx"文件，❶ 将文本插入点定位在文档开始处；❷ 在"审阅"选项卡的"校对"组中单击"拼写和语法"按钮。

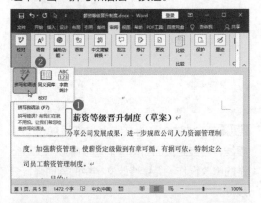

步骤 02 此时会显示"校对"窗格，并自动定位到第一个有语法问题的文档位置。查看后，如果确实有错误，想要应用系统提供的修改建议，单击建议即可直接进行更正。

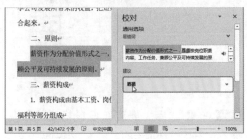

步骤 03 解决一处语法问题后，会自动跳转到下一处有语法错误的位置。如果无错误，选择下方的"忽略"选项即可。

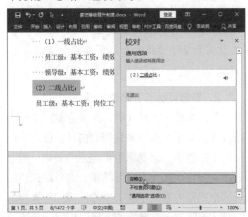

步骤 04 在发现的有些语法错误中确实有错，但又没有修改建议，就只能手动将文本插入点定位在文档中进行修改了。❶ 这里将文档中多余的"的"删除；❷ 单击"校对"窗格下方的"继续"按钮，继续进行语法检查。

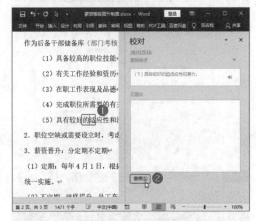

步骤 05 使用相同的方法对检查出的语法错误进行操作，直到完成文档所有内容的错误查找。此时，会弹出一个对话框，单击"确定"按钮即可。

🔔 小技巧

在"Word 选项"对话框中单击"校对"选项卡，并选中"在 Word 中更正拼写和语法时"栏下面的相关复选框，可以在文档中有拼写和语法错误的内容下方添加波浪线等标记。

2. 在修订状态下修改文档

在查看他人的文件时，如果需要对文档进行修改，又想保留原来文档的内容，征求文档原作者的意见，起到尊重和沟通的效果，可以先进入修订状态，再进行编辑。这时对文档进行的格式及内容的修改、删除或添加等操作都会被记录下来，文档原作者可以根据记录来决定接受或拒绝修订。

步骤 01 在"审阅"选项卡的"修订"组中单击"修订"按钮，进入修订模式。

步骤 02 选择需要删除的多余空格，按 Delete 键进行删除。

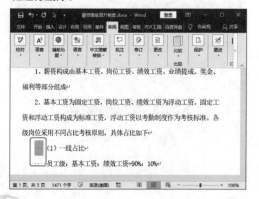

步骤 03 此时被删除的文字上被添加了一条虚线，连接到页面右侧的批注框中显示了进行过的删除操作。继续删除文档中的其他空格。

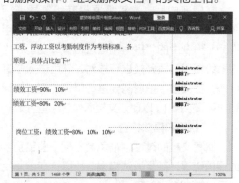

步骤 04 选择需要修改的强行分段符号，按 Enter 键进行正常分段。

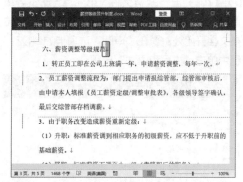

步骤 05 此时修改的文字上也被添加了一条虚线，连接到页面右侧的批注框中显示了进行过的修改操作。继续修改文档中的其他强行分段符。

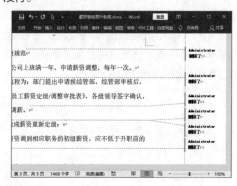

步骤 06 ① 选择需要重新设置格式的段落；② 在"开始"选项卡的"字体"组中调整文字

的字体、字号、颜色等格式；③ 单击"段落"组右下角的"对话框启动器"按钮，在打开的对话框中设置段落的缩进与间距格式。

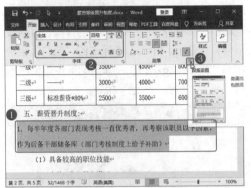

步骤 07 此时在页面右边的批注框中就会显示出进行的格式修改操作。继续修改文档中的其他字体或段落格式。

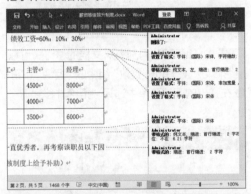

步骤 08 将文本插入点定位到需要添加内容的位置，然后输入需要添加的内容，如要在一句话末尾添加句号。添加的文字下方会出现一条横线。

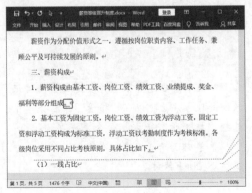

步骤 09 完成文档的修订操作后，可以再次单击"审阅"选项卡中的"修订"按钮，退出修订状态。

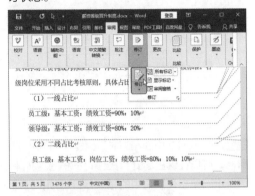

3. 设置修订记录的显示方式

在前面添加和删除内容的操作中，会在批注框中显示出标记内容。为了集中精力在审读文章内容上，可以不显示出修订记录的批注框，减少影响因素。完成修订后，还可以单独显示出审阅窗格，方便查看总的修订量和各种修订类别数据。

步骤 01 ① 在"审阅"选项卡的"修订"组中单击"显示标记"按钮；② 在弹出的下拉菜单中选择"批注框"命令；③ 在弹出的子菜单中选择"以嵌入方式显示所有修订"命令。

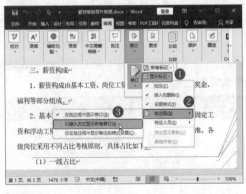

步骤 02 此时，就不再显示出批注框了，仅以一些标记来显示修订操作。① 单击"修订"组中的"审阅窗格"按钮；② 在弹出的下拉菜单中选择"垂直审阅窗格"命令。

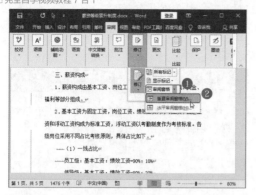

步骤 03 此时在页面左侧显示出垂直的"修订"窗格，可以在这里看到有关修订的信息，如下图所示。单击列表框中的某条修订选项，还可以快速切换到文档中的相应位置。

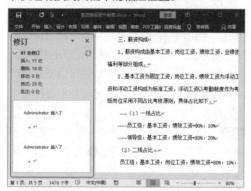

4. 查看修订记录

完成文档修订并退出修订状态后，还可以逐条查看修订记录。

在"审阅"选项卡的"更改"组中单击"上一处"或"下一处"按钮，便可朝前或向后逐条查看有过修订的内容。

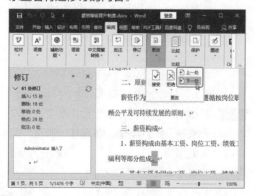

5. 处理修订

在收到他人添加了修订的文档后，文档原作者可以根据修订标记来决定接受或拒绝修订。

步骤 01 如果认同别人对文档的修改，可以接受修订。❶ 在"审阅"选项卡的"更改"组中单击"接受"按钮；❷ 在弹出的下拉菜单中选择"接受并移到下一处"命令。

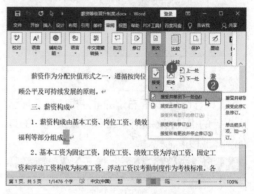

步骤 02 如果不认同别人对文档的修订，可以拒绝修订。❶ 单击"更改"组中的"拒绝"按钮；❷ 在弹出的下拉菜单中选择"拒绝并移到下一处"命令。

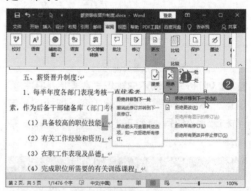

小提示

如果不需要逐条查看并决定每条修订记录的处理方法，可以在"接受"下拉菜单中选择"接受所有修订"命令，或在"拒绝"下拉菜单中选择"拒绝所有修订"命令，一次性处理所有修订。

4.1.2　在文档中添加批注进行说明

在查看他人的文件时，如果只是想在有问题的地方提出疑问或修改意见，可以通过批注进行添加，也方便文档原作者查看。

1. 添加批注

批注是在文档中添加的一种注释，它区别于文章的内容，通常以批注框的形式显示在文档正文外。添加批注的操作方法如下。

步骤 01 ❶ 将文本插入点定位在文档中需要添加批注的地方；❷ 在"审阅"选项卡的"批注"组中单击"新建批注"按钮。

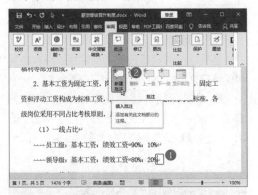

步骤 02 此时会出现批注框，在该文本框中输入批注内容即可。

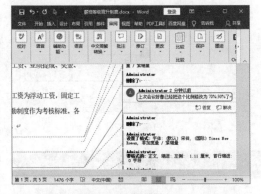

置为"在批注框中显示修订"，才能在文档右侧看到批注框。

步骤 03 ❶ 选择要添加批注的特定内容；❷ 单击"新建批注"按钮。

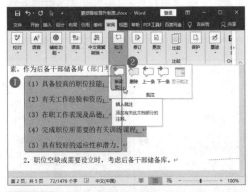

步骤 04 在文档右侧会出现新的批注框，在其中输入批注内容。

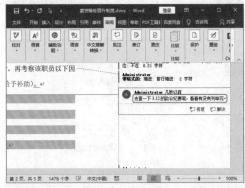

步骤 05 添加完批注后，可以逐条查看添加的批注，看内容是否准确无误。如下图所示，在"审阅"选项卡的"批注"组中单击"上一条"或"下一条"按钮即可。

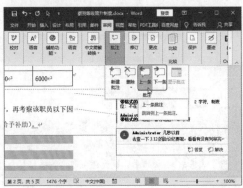

小提示

前面讲修订的时候提到了批注框的 3 种显示方式，即在批注框中显示修订、以嵌入式方式显示修订和在"修订"窗格中显示批注，用户可以根据需要进行更改。这里需要先设

2. 回复批注

批注具有回复功能，可以根据每个批注中的内容进行多次回复，方便多人之间针对同一问题进行沟通交流。

步骤 01 ❶ 将鼠标指针移动到要回复的批注上；❷ 单击批注框中显示的"答复"按钮。

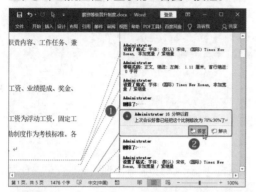

步骤 02 此时会在批注下方出现回复窗格，输入回复内容即可。

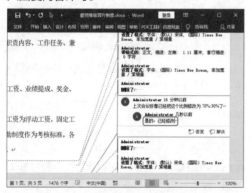

步骤 03 如果不需要回复批注内容，仅想表达已经审阅并完成了批注事项，❶ 将鼠标指针移

动到要处理的批注上；❷ 单击批注框中显示的"解决"按钮。此时，该批注框中的内容将变成灰白色。

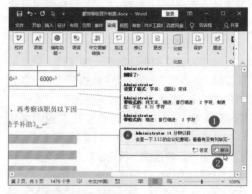

3. 删除批注

当批注中的问题已经得到解决，没有必要再保留在文档中时，就可以将其删除了。

❶ 将鼠标指针移动到要处理的批注上；❷ 在"审阅"选项卡的"批注"组中单击"删除"按钮；❸ 在弹出的下拉菜单中选择"删除"命令。

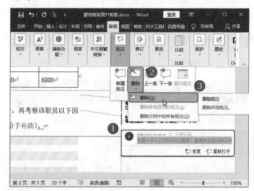

4.2 制作邀请函

 案例介绍

正式邀请客户、合作伙伴、专家参加某项活动时，一般都会递上邀请函。邀请函是企业的常用文档，不仅需要讲清楚邀请的目的、时间、地点及客户信息，还需要具有一定的美观性。

扫一扫，看视频

本案例制作完成后的效果如下图所示。（结果文件参见：结果文件 \ 第 4 章 \ 邀请函 .docx ）

思路分析

邀请函面向的是多位客户群体，因为邀请函的背景及基本内容是一致的，不同的只是受邀客户这类个人信息。所以，公司人事或项目经理在制作邀请函时，为了提高效率，需要考虑数据导入问题。制作邀请函时，应当先制作一个模板，再将需要变动的信息放在 Excel 表格中，最后批量将这些信息导入 Word 文档中，就可以快速生成多张邀请函了。本案例的制作思路如下图所示。

制作邀请函
- 准备邀请函模板和数据表
  - 设计制作邀请函模板
  - 制作表格
- 导入数据表
  - 导入表格数据
  - 插入合并域批量生成邀请函
- 打印邀请函
  - 批量打印合成的邀请函

具体操作步骤及方法如下。

4.2.1 准备邀请函模板和数据表

批量制作邀请函时，可以事先将页面中统一的信息先制作成模板，并准备好需要导入的不同数据表，方便后面导入不同的信息。

1. 设计制作邀请函模板

制作邀请函时，首先需要根据要参与的活动或事项设计相应的页面主题效果，并根据要在页面中展示的文字信息量，来配合设计页面的整体效果。

邀请函模板的具体制作方法与普通文档相同，这里直接提供了一个制作好的邀请函素材文件（"素材文件\第4章\邀请函.docx"文件），效果如下图所示。

2. 制作表格

制作邀请函模板完成后，还需要将邀请函中需要变动的信息数据录入 Excel 表格中，方便后期快速生成多个邀请函。

打开 Excel，录入客户信息及针对邀请函中不同内容需要提供的不同变动数据信息。本案

例邀请函中需要提供的变动信息有受邀客户名称、联系人、联系电话、座次。有关 Excel 的数据录入方法将在本书第 5 章中讲解，这里直接提供了一个制作好的素材表格（"素材文件\第4章\邀请客户信息表.xlsx"文件），效果如下图所示。

4.2.2 导入数据表

准备好邀请函模板和相关表格后，就可以利用导入功能批量完成邀请函制作了。

1. 导入表格数据

将制作好的表格数据导入 Word 文档中的具体方法如下。

步骤 01 ❶ 在"邮件"选项卡的"开始邮件合并"组中单击"选择收件人"按钮；❷ 在弹出的下拉菜单中选择"使用现有列表"命令。

步骤 02 打开"选取数据源"对话框，❶ 选择事先制作好的"邀请客户信息表"文件；❷ 单击"打开"按钮。

步骤 03 此时弹出"选择表格"对话框，❶ 选择需要引用数据所在的工作表；❷ 单击"确定"按钮，即可完成表格中客户信息的导入。

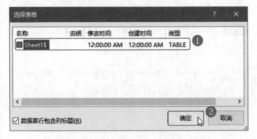

2. 插入合并域批量生成邀请函

把数据表格导入邀请函的模板中后，就可以为表格中各项数据与邀请函建立联系，确定需要插入数据的具体位置，之后再应用相关的批量生成功能生成所有客户的邀请函。

步骤 01 ❶ 将文本插入点定位在需要插入客户姓名的地方；❷ 在"邮件"选项卡的"编写和插入域"组中单击"插入合并域"按钮；❸ 在弹出的下拉列表中选择表格中客户名所对应的列标题，这里选择"受邀客户姓名"选项。

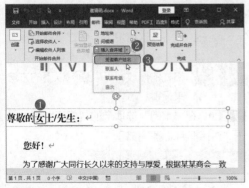

步骤 02 完成客户姓名的插入后，❶ 将文本插

入点定位到需要插入座次信息的地方；❷ 单击"插入合并域"按钮；❸ 在弹出的下拉列表中选择"座次"选项。

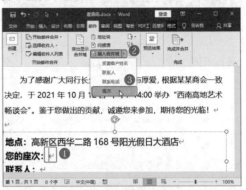

步骤 03 ❶ 使用相同的方法继续插入"联系人"和"联系电话"的合并域，完成邀请函中需要的变动信息的插入；❷ 在"邮件"选项卡的"预览结果"组中单击"预览结果"按钮，以便查看客户信息的插入效果。

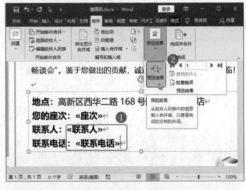

步骤 04 此时可以看到客户信息表中的内容自动插入邀请函的相应位置了，效果如下图所示。

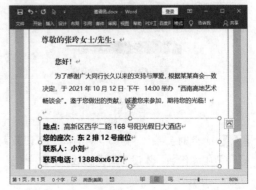

步骤 05 单击"预览结果"组中的"下一记录"按钮▶，可以依次浏览生成的其他邀请函效果。

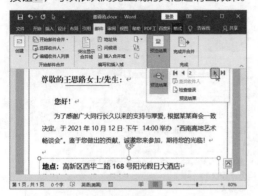

4.2.3　打印邀请函

完成邀请函设计后，通常需要将邀请函打印出来邮寄给客户，操作方法如下：

步骤 01 ❶ 在"邮件"选项卡的"完成"组中单击"完成并合并"按钮；❷ 在弹出的下拉菜单中选择"打印文档"命令。

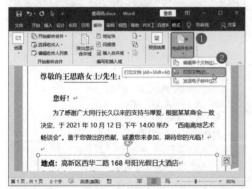

步骤 02 打开"合并到打印机"对话框，❶ 选择需要打印的范围，这里选中"全部"单选按钮；❷ 单击"确定"按钮。

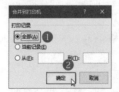

步骤 03 此时会弹出"打印"对话框，❶ 设置打印范围和份数；❷ 设置每页的版数；❸ 单击"确定"按钮。

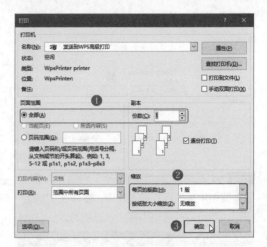

步骤 04 此时进入打印预览界面，可以看到打印效果，继续打印输出即可。

多学一点

001　修订文档时，如何不跟踪对格式的修改

扫一扫，看视频

默认情况下，修订格式时也会在文档中显示，如果不需要跟踪对格式的修改，可以通过以下的方法来设置。

步骤 01 在"审阅"选项卡的"修订"组中单击"对话框启动器"按钮 ⤵。

小提示

在"高级修订选项"对话框中，还可以更改修订的标记显示方式。

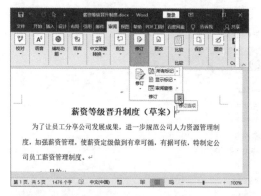

步骤 02 打开"修订选项"对话框，单击"高级选项"按钮。

步骤 03 打开"高级修订选项"对话框，❶ 在"格式"栏中取消选中"跟踪格式化"复选框；❷ 单击"确定"按钮。

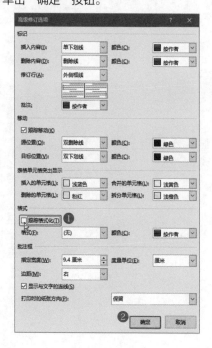

步骤 04 返回"修订选项"对话框，单击"确定"按钮。此后，再修订文档中的文字或段落格式时，将不再记录相关修订操作。

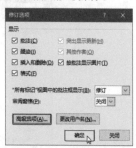

002　多人审阅同一份文档后，如何合并多个文档中的修订和批注

如果一份文档有多名审阅者共同审阅，每名审阅者都返回了文档，为了方便用户编辑文档，可按照一次合并两个文档的方式组合这些文档中的修订和批注。具体操作方法如下。

步骤 01 ❶ 在"审阅"选项卡的"比较"组中单击"比较"按钮的下拉按钮；❷ 在弹出的下拉菜单中选择"合并"命令。

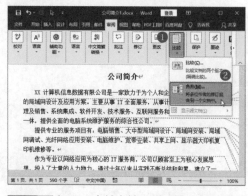

步骤 02 打开"合并文档"对话框，❶ 在"原文档"和"修订的文档"下拉列表中分别设置需要合并修订和批注的两个文档；❷ 单击"确定"按钮。

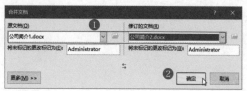

步骤 03 在打开的文档窗口中显示了合并后的文档，并在"修订"窗格中显示修订的统计数据。单击"保存"按钮，即可将合并修订和批注后的文档统一保存在一份文档中。

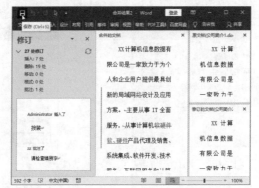

第5章 Excel 快速入门：电子表格的制作与数据计算

重点索引

Excel 2019是Microsoft公司推出的一款功能强大的电子表格软件。Excel不仅具有表格编辑功能，还可以在表格中进行公式计算，日常工作中我们经常需要使用该软件来制作和管理表格数据。本章以制作员工信息表、销售数据统计表和员工工资表为例，介绍Excel中表格编辑、数据计算、表格打印的操作技巧。

知识技能

本章相关案例及知识技能如下图所示。

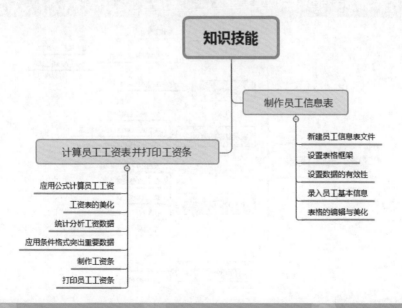

5.1 制作员工信息表

案例介绍

员工信息表是公司行政人事常用的一种 Excel 文档。Excel 文档可以分门别类地存储多种数据信息，因此在录入员工信息时通常会选择 Excel 工具而不是 Word。员工信息表中一般包括员工的编号、姓名、性别、出生日期、身份证号等一系列员工基本的个人信息。

本案例制作完成后的效果如下图所示。（结果文件参见：结果文件\第 5 章\员工信息表 .xlsx）

编号	姓名	性别	部门	出生日期	身份证号	入职时间	学历	联系电话	居住地址	备注
2021001	云霜轩	男	项目组	1985年6月4日	5001111985060040023	2018/5/1	博士研究生	135 12345678	南方公寓6号楼	
2021002	胡智旭	男	营销部	1988年9月4日	5001111988092041156	2017/8/1	大专	13000000000	翰江小区	
2021003	邹瑞野	男	行政部	1990年5月8日	5001111990050081145	2018/11/1	本科	13100000000	团江家园	
2021004	姜淑曼	女	人事部	1995年7月18日	5001111995071656656	2019/2/1	本科	13200000000	黄荼花苑	
2021005	皮园燕	女	人事部	1992年3月18日	5001111992031800078	2020/5/1	大专	13300000000	翰北小区	
2021006	周乾坤	男	人事部	1996年11月29日	5001111996112952252	2019/2/1	本科	13400000000	南方公寓6号楼	
2021007	彭耀姿	女	行政部	1988年8月24日	5001111988082443323	2020/1/1	大专	13500000000	翰北小区	
2021008	曹晰岭	女	行政部	1999年8月24日	5001111999082444451	2019/2/1	大专	13600000000	家洗衔	
2021009	何岩身	男	财务部	1993年2月4日	5001111993020241158	2018/5/1	本科	13700000000	南方公寓6号楼	
2021010	唐雲珠	女	财务部	1993年10月25日	5001111993102534345	2017/8/1	大专	13800000000	南方公寓6号楼	
2021011	胡悦涛	男	营销部	1983年6月25日	5001111983062534345	2016/11/1	大专	13900000000	南方公寓6号楼	
2021012	李美瞳	男	营销部	1986年4月20日	5001111986042093345	2018/5/1	高中及以下	14000000000	南方公寓6号楼	
2021013	赵齐全	男	项目组	1990年2月16日	5001111990021656656	2018/8/1	博士研究生	14100000000	南方公寓6号楼	
2021014	韩舒茹	女	营销部	1986年3月12日	5001111986031256656	2018/8/1	本科	14200000000	南方公寓6号楼	
2021015	溥雅蜂	女	营销部	1986年10月5日	5001111986100053345	2019/2/1	大专	14300000000	顾芳阁	
2021016	殷覆聚	女	营销部	1985年9月14日	5001111985091400023	2019/5/1	高中及以下	14400000000	贝斯路	
2021017	凯舒菁	女	行政部	1980年1月12日	5001111980012334345	2019/8/1	大专	14500000000	东方丽景	
2021018	刘希	女	营销部	1991年12月5日	5001111991120532345	2019/11/1	本科	14600000000	南方公寓6号楼	
2021019	喻亿山	男	项目组	1999年5月25日	5001111999052534345	2019/12/1	本科	14700000000	紫君兰苑	
2021020	朱倩铕	女	营销部	1993年6月21日	5001111993062134345	2019/12/2	本科	14800000000	东方丽景	

思路分析

制作员工信息表时，首先要正确创建 Excel 文件，并在文件中设置好工作表的名称，然后开始录入数据。为了防止录入出错，还可以在录入具体数据前根据不同字段属性设置数据有效性。在录入数据时要根据数据类型的不同，选择相应的录入方法。最后再对工作表格式进行适当调整和美化。本案例的具体制作思路如下图所示。

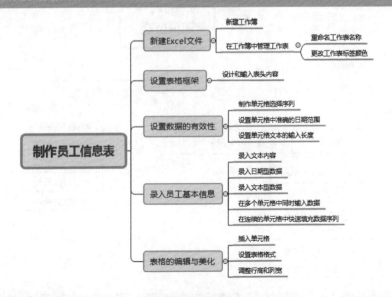

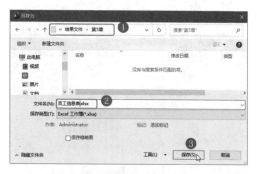

具体操作步骤及方法如下。

5.1.1 新建员工信息表文件

在日常办公应用中，常常有大量的数据信息需要进行存储和处理。Excel 2019 的一张工作表中包含 1048576 行单元格。所以，中小型数据量的表格数据都可以用 Excel 进行存储和管理。例如，公司员工的资料信息就可以使用 Excel 表格进行存储。存储的第一步便是新建一个 Excel 文件。

1. 新建 Excel 文件

Excel 文件的创建步骤是，新建工作簿后指定恰当的位置和名称进行保存。具体操作步骤如下。

步骤 01 打开 Excel 2019 软件，此时自动创建了一个 Excel 工作簿，单击左上方的"保存"按钮 。

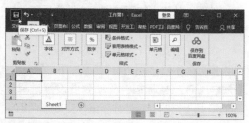

步骤 02 ❶ 选择"另存为"命令；❷ 在中间栏中选择"浏览"命令。

步骤 03 打开"另存为"对话框，❶ 在地址栏中选择文件要保存的位置；❷ 输入工作簿的文件名称；❸ 单击"保存"按钮。保存成功的工作簿名称会自动进行更改。

2. 重命名工作表名称

一个 Excel 文件可以称为工作簿，一个工作簿中可以有多张工作表，为了区分这些工作表，可以对其进行重命名。

步骤 01 ❶ 在工作表标签上右击；❷ 在弹出的快捷菜单中选择"重命名"命令。

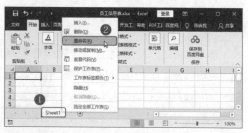

步骤 02 此时，工作表标签中的名称处于可编辑状态，❶ 输入新的工作表名称；❷ 单击标签外的任意空白处，便完成了工作表的重命名操作，结果如下图所示。

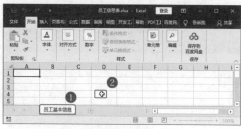

3. 更改工作表标签颜色

除了重命名工作表的名称外，还可以更改工作表标签的颜色以对工作表内容进行区分。

❶ 在需要更改标签颜色的工作表标签上右击；❷ 在弹出的快捷菜单中选择"工作表标签颜色"命令；❸ 在弹出的子菜单中选择一种标签颜色。此时工作表的标签颜色便设置完

成了。

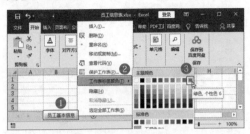

小技巧

单击工作表标签右侧的"新工作表"按钮➕，可以新建一张工作表。如果需要删除工作表，在该工作表标签上右击，在弹出的快捷菜单中选择"删除"命令。

5.1.2 设置表格框架

当 Excel 文件及里面的工作表创建完成后，就可以在工作表中设计具体的表格框架了。Excel 中最好在第一行输入表头（每一列数据的属性名称），然后在后续行中输入各条数据。在录入表头内容时，需要按信息之间的关系进行位置的有序安排。

步骤 01 将鼠标指针移动到左上角的第一个单元格上，并单击选择该单元格，输入文字，即完成了该单元格内容的输入。

步骤 02 ❶ 选择第一行的第二个单元格（即B1 单元格，Excel 中的单元格是根据"列标＋行号"方式命名的），并输入文字；❷ 使用相同的方法继续输入其他列的表头，完成后的效果如下图所示。

5.1.3 设置数据的有效性

一般根据工作表的表头就能确定对应列中单元格的数据内容大致有哪些，或者数值限定在哪个范围内。为了保证表格中输入的数据都是有效的，可以提前设置单元格的数据有效性，从而减少数据输入错误的概率。

1. 制作单元格选择序列

在 Excel 中，可以通过设置数据有效性的方法为单元格设置选择序列，这样在输入数据时就无须手动输入了，只需单击单元格右侧的下拉按钮，从弹出的下拉列表中选择所需的内容即可快速完成输入。

本案例中要为"性别""部门"和"学历"列设置选择序列，具体操作步骤如下。

步骤 01 ❶ 将鼠标指针移动到要设置选择序列的 C 列上方的列标处，当鼠标变成黑色箭头时，单击选中这一列单元格；❷ 在"数据"选项卡的"数据工具"组中单击"数据验证"按钮。

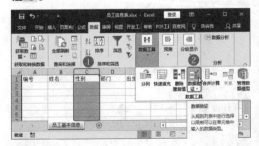

步骤 02 打开"数据验证"对话框，❶ 在"允许"下拉列表中选择"序列"选项；❷ 在"来源"参数框中输入该列单元格中允许输入的各种数据，且各数据之间用半角的逗号"，"隔开，这

里输入"男，女"；❸ 单击"确定"按钮。

步骤 03 此时，单击工作表中设置了序列的单元格时，单元格右侧将显示一个下拉按钮，单击该按钮，在弹出的下拉列表中提供了该单元格允许输入的序列，如下图所示，从中选择所需的内容即可快速输入数据。

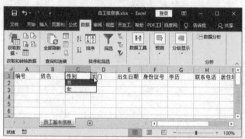

步骤 04 使用相同的方法，❶ 选择 D 列单元格；❷ 打开"数据验证"对话框，在"允许"下拉列表中选择"序列"选项；❸ 在"来源"参数框中输入"人事部，行政部，财务部，营销部，项目组"；❹ 单击"确定"按钮。

步骤 05 使用相同的方法，❶ 选择 G 列单元格；❷ 打开"数据验证"对话框，在"允许"下拉列表中选择"序列"选项；❸ 在"来源"参数框中输入"高中及以下，大专，本科，硕士研究生，博士研究生"；❹ 单击"确定"按钮。

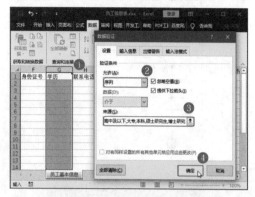

2. 设置单元格中准确的日期范围

在工作表中输入日期时，为了保证输入的日期格式是正确且有效的，可以通过设置数据验证的方法对日期的有效性条件进行设置。

本案例中因公司职员招聘时要求年龄不高于 70 岁，所以可以推算出，所有员工的出生日期都在 1950 年 1 月 1 日之后。进行输入日期限定的具体操作步骤如下。

步骤 01 ❶ 选择要限定输入日期的 E 列单元格；❷ 单击"数据验证"按钮，打开"数据验证"对话框，在"允许"下拉列表中选择"日期"选项；❸ 在"数据"下拉列表中选择"大于"选项；❹ 在"开始日期"参数框中输入单元格中允许输入的最早日期"1950/1/1"。

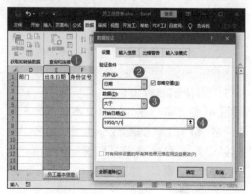

步骤 02 ❶ 单击"出错警告"选项卡；❷ 在"样式"下拉列表中选择当单元格数据输入错误时要显示的警告样式，这里选择"停止"选项；❸ 在"标题"文本框中输入警告信息的标题；❹ 在"错误信息"文本框中输入具体的错误原因以作提示；❺ 单击"确定"按钮。

步骤 03 返回工作表编辑区，当输入的日期早于 1950/1/1 时，系统将打开提示对话框，其中提示的出错信息就是自定义的警告信息，单击"取消"按钮，可以取消本次输入操作。

3. 设置单元格文本的输入长度

在工作表中编辑数据时，为了增强数据输入的准确性，可以限制单元格文本的输入长度。当输入文本不符合设置的长度要求时，系统将提示无法输入。

本案例中将身份证号的输入长度限制为 18 个字符，将电话号码的输入长度限制为 11 个字符，具体操作步骤如下。

步骤 01 ❶ 选择要限定输入文本长度的 F 列单元格；❷ 单击"数据验证"按钮，打开"数据验证"对话框，在"允许"下拉列表中选择"文本长度"选项；❸ 在"数据"下拉列表中选择"等于"选项；❹ 在"长度"参数框中输入单元格

中允许输入的文本长度"18"。

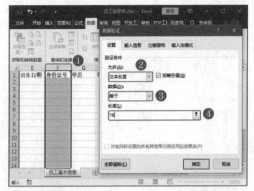

步骤 02 ❶ 单击"输入信息"选项卡；❷ 在"标题"文本框中输入提示信息的标题，这里不输入，在"输入信息"文本框中输入具体的提示信息。

步骤 03 ❶ 单击"出错警告"选项卡；❷ 在"样式"下拉列表中选择"警告"选项；❸ 在"标题"文本框中输入警告信息的标题；❹ 在"错误信息"文本框中输入具体的错误原因以作提示；❺ 单击"确定"按钮。

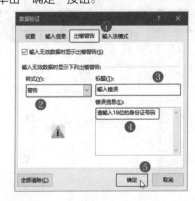

步骤 04 返回工作表中，当选择设置了提示信息的任意一个单元格时，将在单元格旁显示设置的文字提示信息。如果输入了不符合允许输入长度的文本，系统将打开提示对话框，其中提示的出错信息即是自定义的警告信息，单击"否"按钮，可以退回文本输入状态继续输入；单击"是"按钮，可以在单元格中强制输入当前不符合有效性的数据。

步骤 05 使用相同的方法，❶ 选择 H 列单元格；❷ 打开"数据验证"对话框，在"允许"下拉列表中选择"文本长度"选项；❸ 在"数据"下拉列表中选择"等于"选项；❹ 在"长度"参数框中输入单元格中允许输入的文本长度"11"；❺ 单击"确定"按钮。

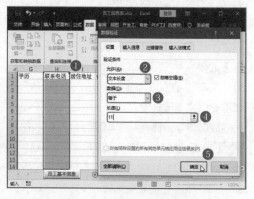

5.1.4　录入员工基本信息

完成表格的框架设计和相关列的数据有效性设置后，就可以在工作表中录入需要的信息了。表格中的数据一般分为文本内容、数值、日期等，不同的内容具有不同的录入方式，只有掌握了相应的技巧才能保证后续的分析操作不会出错。

1. 录入文本内容

文本内容是 Excel 表格中最常见的一种数据，切换成合适的输入法在单元格中直接输入即可。

步骤 01 ❶ 在 B 列单元格中依次输入各员工的姓名；❷ 选择 C2 单元格；❸ 单击其右侧的下拉按钮；❹ 在弹出的下拉列表中选择对应的性别选项，快速输入性别信息。

步骤 02 ❶ 使用相同的方法在 C 列单元格中依次输入各员工的性别；❷ 选择 D2 单元格；❸ 单击其右侧的下拉按钮；❹ 在弹出的下拉列表中选择对应的部门选项，快速输入部门信息。

2. 录入日期型数据

日期型数据有多种表现形式，如"2022 年 4 月 5 日""2022/4/5""2022-4-5""5-Apr-22"等，代表的内容是相同的。为了保证日期格式显示的统一性，可以事先设置单元格的数据类型再录入日期。

步骤 01 ❶ 选择要输入员工出生日期数据的 E 列单元格；❷ 单击"开始"选项卡中"数字"组右下角的"对话框启动器"按钮 ▣。

步骤 02 打开"设置单元格格式"对话框，① 在"数字"选项卡的"分类"列表框中选择"日期"选项；② 在"类型"列表框中选择日期数据的类型；③ 单击"确定"按钮。

步骤 03 完成单元格日期格式的设置后，在需要输入日期数据的单元格中输入日期数据即可。

步骤 04 ① 按 Enter 键后，数据会自动以设置的日期格式显示；② 继续输入其他日期数据；③ 当单元格宽度不足以完整显示日期数据时，会显示为"#######"，此时将鼠标指针移动到该列单元格的列标线上，拖动调整该列宽度以显示所有日期数据。

3. 录入文本型数据

在 Excel 中输入数字时，Excel 会自动将其以标准的数值格式保存在单元格中，方便后期进行运算。但有些数据比较特殊，它们通常不用于计算，只是进行记录。例如，代表编码的"001"，如果直接输入"001"，左侧的"0"将被自动省略，显示为常规的数值"1"；再如，由 18 位数字组成的身份证号码，如果直接输入也会显示错误，因为数值位数达到或超过 12 位时，Excel 默认会对第 12 位的数字进行四舍五入，并以科学计数法表示。如输入"513029195602030023"，将显示为"5.13029E+17"。为了保证这类文本型的数值能显示正确，需要在输入数值时先输入英文状态下的单引号"'"，或设置单元格的数字格式为"文本"。例如，本案例中的"身份证号"列就需要以文本形式输入。为了防止"联系电话"列的数据参与运算，也可以设置为"文本"格式。

步骤 01 ① 选择 F 列单元格；② 在"开始"选项卡的"数字"组中单击列表框右侧的下拉按钮；③ 在弹出的下拉列表中选择"文本"选项。

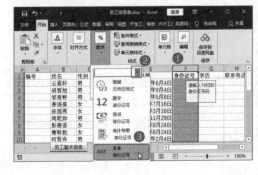

步骤 02 ❶ 在 F 列中依次输入各员工的身份证号；❷ 拖动鼠标调整该列单元格的宽度，以显示所有的身份证号。

步骤 03 ❶ 在 G 列中依次输入各员工的学历；❷ 选择 H2 单元格，将输入法切换到英文状态，输入单引号 " ' "，再接着输入电话号码。

步骤 04 ❶ 按 Enter 键后，数据会转换为文本格式；❷ 继续输入其他联系电话号码；❸ 拖动鼠标调整该列单元格的宽度，以显示所有的联系电话号码。

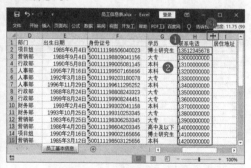

4. 在多个单元格中同时输入数据

当需要在多个单元格中输入相同的数据时，可以先选择这些单元格，在其中一个单元

格中输入数据后，按 Ctrl+Enter 组合键即可完成批量输入。

步骤 01 ❶ 按住 Ctrl 键的同时选择 I 列中要输入相同数据的多个单元格；❷ 直接输入数据"南方公寓 6 号楼"。

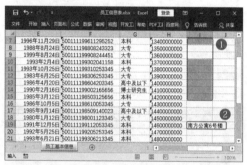

步骤 02 按 Ctrl+Enter 组合键，此时选中的单元格中自动填充输入的数据"南方公寓 6 号楼"。

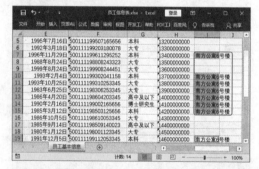

步骤 03 ❶ 按照相同的方法在 I 列中输入其他相同数据的内容，以及各项不同内容，完成"居住地址"列的数据输入；❷ 拖动鼠标调整该列单元格的宽度，以显示所有地址的内容。

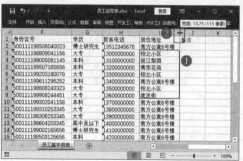

5. 在连续的单元格中快速填充数据序列

在制作表格的过程中，有些连续的数据可能相同或具有一定的规律。这时如果采用手动逐个输入，不仅浪费时间，而且容易出错。而利用 Excel 中提供的快速填充数据的功能，便能轻松地输入相同和有规律的数据，有效地提高工作效率。本案例中的编号就是依次递增 1 的数据序列，快速实现填充的操作步骤如下。

步骤 01 ❶ 在 A2 单元格中输入 "' 2021001"；❷ 将鼠标指针移动到该单元格的右下角。

步骤 02 当鼠标指针变为 ➕ 形状时，按住鼠标左键，向下拖动至 A32 单元格。释放鼠标左键后，可以看到 A3:A32 单元格区域内自动填充了等差为 1 的数据序列，如下图所示。

🔔 小技巧

在起始单元格中输入数据后，选择需要填充序列数据的多个单元格（包括起始单元格），在"开始"选项卡的"编辑"组中单击"填充"按钮，在弹出的下拉菜单中选择"序列"命令。在打开的对话框中可以设置填充的详细参数，如填充数据的位置、类型、日期单位、步长值和终止值等。

5.1.5　表格的编辑与美化

在已经输入部分内容的工作表中，通常还可能再添加数据或编辑内容，这就涉及单元格的基本操作，如插入新的单元格、合并单元格，更改单元格的行高和列宽，设置单元格的边框线和底纹等。

1. 插入单元格

在实际应用表格时，经常需要添加数据或字段，此时需要通过插入单元格功能来实现数据的新增。

步骤 01 ❶ 选择 G 列单元格；❷ 在"开始"选项卡的"单元格"组中单击"插入"按钮。

步骤 02 此时选中的列左侧便新建了一列空白列，该列单元格秉承了所选列单元格的一些设置，如设置的数据有效性，而本列不再需要了。保持该列的选中状态，在"数据"选项卡的"数据工具"组中单击"数据验证"按钮 。

步骤 03 打开"数据验证"对话框，❶ 单击"全

部清除"按钮；❷ 单击"确定"按钮，即可清除设置的数据有效性规则。

步骤 04 ❶ 在 G1 单元格中输入"入职时间"；❷ 选择 G 列单元格；❸ 单击"开始"选项卡的"数字"组中列表框右侧的下拉按钮；❹ 在弹出的下拉列表中选择"短日期"选项。

步骤 05 ❶ 在 G 列中依次输入各员工的入职时间；❷ 拖动鼠标调整该列单元格的宽度，以刚好显示所有的入职时间。

2. 设置表格格式

完成表格数据的录入后，可以适当美化表格，如设置单元格的边框和填充底纹，以及单元格中文字的格式。通常情况下，直接套用表格格式就可以了。

步骤 01 ❶ 选择所有包含数据的单元格区域；❷ 单击"开始"选项卡中的"套用表格格式"按钮；❸ 在弹出的下拉列表中选择一种表格格式；❹ 打开"套用表格式"对话框，根据需要确定是否选中"表包含标题"复选框，这里因为所选区域包含表头，所以选中该复选框；❺ 单击"确定"按钮。

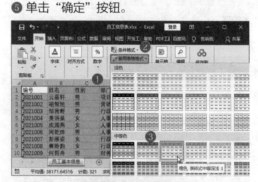

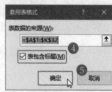

步骤 02 返回工作表中，即可看到为所选区域套用表格格式的效果。保持区域的选中状态，❶ 单击"字体"组中第 1 个列表框右侧的下拉按钮；❷ 在弹出的下拉列表中选择"微软雅黑"选项。

步骤 03 ❶ 单击"字体"组中第2个列表框右侧的下拉按钮；❷ 在弹出的下拉列表中选择"10"选项。

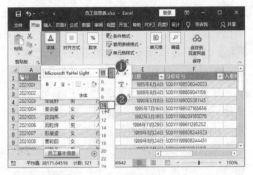

步骤 04 单击"对齐方式"组中的"居中"按钮 ≡ ，让单元格中的内容居中对齐。

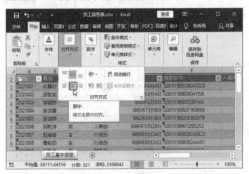

步骤 05 ❶ 选择 A1:J1 单元格区域；❷ 在"字体"组中的第2个列表框中选择"11"，设置字号为11磅；❸ 单击"加粗"按钮 **B** 。

小技巧

Excel 中字体格式的设置方法与 Word 中几乎相同。单击"字体"组中的"边框"按

钮 田 ，在弹出的下拉菜单中可以设置单元格的边框效果，选择"其他边框"命令，在打开的对话框中还可以设置具体的边框和填充底纹效果。

步骤 06 在"表格工具‐设计"选项卡的"表格样式选项"组中取消选中"筛选按钮"复选框，表头右侧的下拉按钮就会消失。

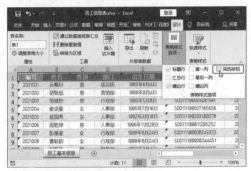

3. 调整行高和列宽

制作表格时，需要根据各单元格中的内容或要填写的内容多少来调整单元格的行高和列宽。一般可以通过让单元格自动匹配文本内容来实现快速调整，也可以通过拖动的方式调整单元格大小。

步骤 01 ❶ 选择第1~32 行单元格；❷ 将鼠标指针移动到其中一行的行号线上，当鼠标指针变为 ✛ 形状时，上下拖动即可调整所有所选行的高度。

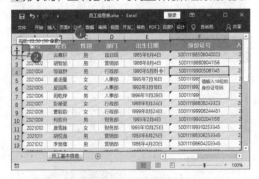

小技巧

如果要设置行高或列宽为具体的数据，可选中行或列，在其上右击，在弹出的快捷菜单中选择"行高"或"列宽"命令，然后

在对话框中输入行高或列宽的具体数值，最后单击"确定"按钮即可。

步骤 02 ❶ 选择包含数据的所有列单元格；❷ 将鼠标指针移动到其中一列的列标线上，当鼠标指针变为 ✛ 形状时，双击即可让所有单元格的宽度自动匹配内容的宽度。

步骤 03 自动匹配内容的宽度后，有些内容比较少的列就会很窄。❶ 按住 Ctrl 键的同时选择这些列；❷ 拖动鼠标即可将这些列调整为统一宽度。

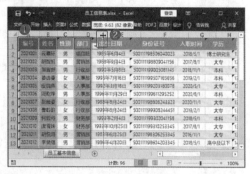

5.2　计算员工工资表并打印工资条

📊 案例介绍

工资表是按单位、部门、员工工龄等考核指标制作的表格，每个月都需要制作一张。通常情况下，工资表制作完成后，需要进行简单的统计分析，如得知要发放的总金额，平均工资是多少，哪些员工的工资比较低等。最后还需要把工资明细打印出来发放到员工手里，但是员工之间的工资信息是保密的，所以工资表需要制作成工资条，打印后进行裁剪发放。

扫一扫，看视频

本案例制作完成后的效果如下图所示。（结果文件参见：结果文件 \ 第 5 章 \ 员工工资表 .xlsx）

编号	姓名	部门	职务	工龄	社保扣费	绩效评分	基本工资	工龄工资	绩效奖金	岗位津贴	实发工资
2021001	云嘉轩	总经办	总经理	8	525	85	6000	2400	4000	1500	13375
2021002	胡智旭	总经办	助理	3	236	90	4500	900	4000	1000	10164
2021003	邹吾野	总经办	秘书	5	525	92	4000	1500	4000	800	9775
2021004	姜适柔	总经办	主任	4	525	85	5000	1200	4000	1000	10675
2021005	皮画燕	运营部	部长	5	236	83	5000	1500	4000	500	10475
2021006	闻乾烨	运营部	组员	2	236	90	4000	200	4000	100	8064
2021007	彭璟姿	运营部	组员	3	236	84	4000	900	4000	100	8764
2021008	衡聆韵	运营部	组员	3	236	75	3500	900	2250	100	6514
2021009	何智卉	运营部	组员	1	236	85	3500	100	4000	100	7464
2021010	唐曼姝	运营部	组员	4	236	86	3000	1200	4000	100	8064
2021011	胡悦海	运营部	组员	3	236	82	3000	900	4000	100	7764
2021012	李棠蕴	技术部	部长	5	525	84	5000	1500	4000	500	10475
2021013	赵奔全	技术部	设计师	4	525	75	4500	1200	2250	400	7825
2021014	韩郁茹	技术部	设计师	5	236	75	4000	1500	2250	400	7914
2021015	荞雍婵	技术部	设计师	3	236	85	4000	900	4000	100	9064
2021016	熙馨馨	技术部	设计师	2	236	84	4000	200	4000	100	8364
2021017	邹新育	技术部	设计师	2	236	75	4000	200	2250	400	6614
2021018	刘希	技术部	设计师	1	236	85	3000	100	4000	400	7264
2021019	喻忆山	技术部	设计师	1	236	96	3000	100	4000	400	7264
总工资	**¥165,882.00**										
平均工资	**¥8,730.63**										

编号	姓名	部门	职务	工龄	社保扣费	绩效评分	基本工资	工龄工资	绩效奖金	岗位津贴	实发工资
2021001	云嘉轩	总经办	总经理	8	525	85	6000	2400	4000	1500	13375

编号	姓名	部门	职务	工龄	社保扣费	绩效评分	基本工资	工龄工资	绩效奖金	岗位津贴	实发工资
2021002	胡智旭	总经办	助理	3	236	90	4500	900	4000	1000	10164

编号	姓名	部门	职务	工龄	社保扣费	绩效评分	基本工资	工龄工资	绩效奖金	岗位津贴	实发工资
2021003	邹晋野	总经办	秘书	5	525	92	4000	1500	4000	800	9775

编号	姓名	部门	职务	工龄	社保扣费	绩效评分	基本工资	工龄工资	绩效奖金	岗位津贴	实发工资
2021004	姜语曼	总经办	主任	4	525	85	5000	1200	4000	1000	10675

编号	姓名	部门	职务	工龄	社保扣费	绩效评分	基本工资	工龄工资	绩效奖金	岗位津贴	实发工资
2021005	皮园燕	运营部	部长	5	525	88	5000	1500	4000	500	10475

思路分析

　　员工工资表中涉及很多数据计算，但计算方式都是相同的，而且每个月都需要制作一张类似的表格。所以在处理这类表格时，会在最初就定义相应的计算公式，后期直接输入基础数据就能得到计算结果。完成数据的计算后，还可以复制一份表格专门用于数据分析，分析过程也很简单，使用常用函数就可以完成，还可以设置条件格式显示。最后制作成工资条方便打印。本案例的具体制作思路如下图所示。

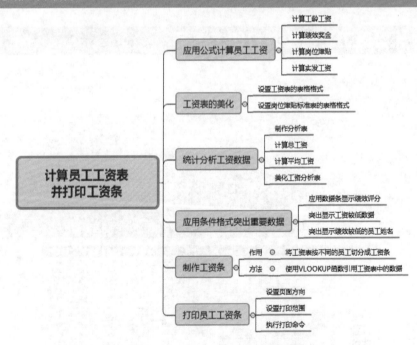

具体操作步骤及方法如下。

5.2.1 应用公式计算员工工资

员工工资表中，除了基本工资、社保扣费等基础数据需要手动输入外，绩效奖金、实发工资等数据都可以通过公式计算得出。利用公式计算各工资项目，既方便又不容易出错。本节将在介绍公式编制的同时，陆续介绍插入函数的多种方法。

1. 计算员工工龄工资

不同企业对员工工龄工资的规定和计算方法不同，需要根据实际情况编制相应的公式。本案例中，工龄大于 3 年的员工，工龄工资是工作年份 *300 元，工龄小于 3 年的员工，工龄工资是工作年份 *100 元。编制公式时需要用到 IF 函数，具体操作如下。

步骤 01 打开"素材文件 \ 第 5 章 \ 员工工资表 .xlsx"，在"视图"选项卡的"显示"组中选中"编辑栏"复选框，以显示编辑栏，方便后续进行公式输入和查看。

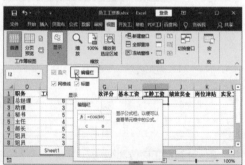

步骤 02 ❶ 选择 I2 单元格；❷ 在"公式"选项卡的"函数库"组中单击"逻辑"按钮；❸ 在弹出的下拉列表中选择需要使用的"IF"函数。

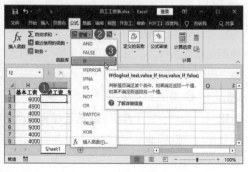

步骤 03 ❶ 打开"函数参数"对话框，依次设置函数参数。该参数表达的意思是，如果 E2 单元格的数值小于 3，则返回该单元格数值 *100 的值；如果大于等于 3，则返回该单元格数值 *300 的值；❷ 单击"确定"按钮。

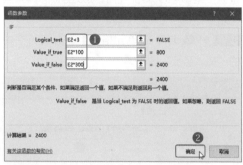

步骤 04 返回工作表中，可以看到输入函数后得到的结果。将鼠标指针移动到 I2 单元格的右下方。

步骤 05 当鼠标指针变成黑色十字形时，拖动鼠标到 I20 单元格，即可复制公式到 I3:I20 单元格区域，完成所有员工工龄工资的计算，效果如下图所示。

2. 计算员工绩效奖金

通常员工的绩效奖金是根据该月的绩效考

核成绩或业务量计算得出的。本案例中，绩效奖金与绩效评分成绩相关，当评分成绩低于60分时，则无绩效奖金；60分到80分时，绩效资金以每分30元计算；80分以上者，绩效资金直接给予4000元。计算绩效奖金的具体操作如下。

步骤 01 ❶ 选择 J2 单元格；❷ 单击编辑栏中的"插入函数"按钮 f_x 。

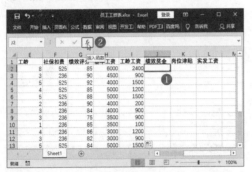

步骤 02 打开"插入函数"对话框，❶ 在"选择类别"列表框中选择"逻辑"选项；❷ 在"选择函数"列表框中选择"IF"函数；❸ 单击"确定"按钮。

步骤 03 ❶ 打开"函数参数"对话框，输入参数值。其中"G2<60"表示判断G2单元格的数据是否小于60。如果小于60，则返回"0"，

如果大于60，则再判断是否大于80来返回值。"IF(G2<80,G2*30,4000)"表示如果G2单元格的值小于80，则返回G2单元格数值*30的结果，否则返回"4000"这个数值；❷ 单击"确定"按钮。

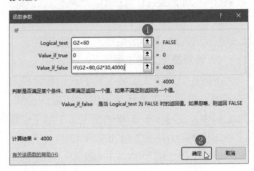

步骤 04 完成 J2 单元格的数据计算后，向下拖动鼠标复制公式到 J3:J20 单元格区域，完成所有员工绩效奖金的计算。

3. 计算员工岗位津贴

企业中不同岗位员工的付出会有所不同，一些企业会为不同的工作岗位设置不同的岗位津贴。为了更方便快速地计算各员工的岗位津贴，可以事先在单独的工作表中列举各职务的岗位津贴标准，然后利用查询函数，以"职务"数据为查询条件，从表格中查询相应的津贴数据。具体操作如下。

步骤 01 ❶ 单击工作表标签右侧的"新工作表"按钮 ⊕，新建一张工作表；❷ 将工作表重命名为"岗位津贴标准"；❸ 在新工作表中，输入表头字段内容。

步骤 02 ❶ 选择"工资表"工作表；❷ 选择表格中"职务"列的所有数据；❸ 单击"开始"选项卡中的"复制"按钮。

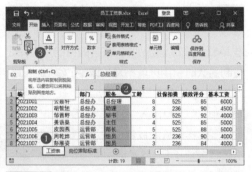

步骤 03 ❶ 选择"岗位津贴标准"工作表；❷ 将复制的内容粘贴到"职务"字段下面，并保持选中状态；❸ 在"数据"选项卡的"数据工具"组中单击"删除重复值"按钮。

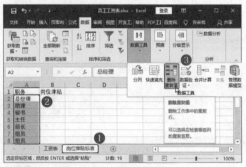

步骤 04 打开"删除重复项警告"对话框，❶ 选中"以当前选定区域排序"单选按钮；❷ 单击"删除重复项"按钮。

步骤 05 打开"删除重复值"对话框，单击"确定"按钮。

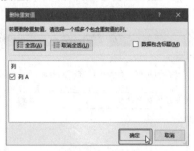

步骤 06 执行"删除重复值"命令后，弹出对话框，提示删除的重复数据个数，单击"确定"按钮。

步骤 07 此时表格中的职务重复项便被删除了，输入公司不同岗位的津贴数值，如下图所示。

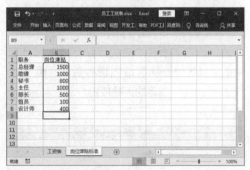

步骤 08 ❶ 返回"工资表"工作表中；❷ 选择 K2 单元格；❸ 单击"公式"选项卡中的"插入函数"按钮。

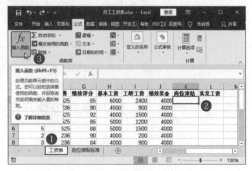

步骤 09 打开"插入函数"对话框，❶选择"查找与引用"函数类别；❷选择"VLOOKUP"函数；❸单击"确定"按钮。

步骤 10 ❶打开"函数参数"对话框，输入如下图所示的参数。其中"D2"表示要查找 D2 单元格中的内容；"Table_array"表示查找范围，现在需要在"岗位津贴标准"工作表中的 A1:B8 单元格区域内进行查找。❷单击"Table_array"右侧的折叠按钮，进入区域选择状态。

步骤 11 ❶选择"岗位津贴标准"工作表中的 A1:B8 单元格区域；❷单击展开按钮。

步骤 12 回到"函数参数"对话框中，❶修改"Table_array"的内容为"岗位津贴标准!A$1:B$8"，添加"$"符号的目的是，保证复制函数时引用区域不发生改变；❷在"Col_index_num"参数框中输入"2"，在"Range_lookup"参数框中输入"FALSE"；❸单击"确定"按钮。这样设置函数参数表示要在 A1:B8 单元格区域中查找 D2 单元格中的值，找到后返回第 2 列单元格的值。

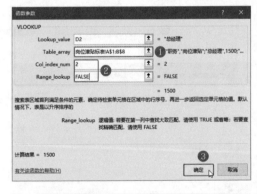

小提示

使用 VLOOKUP 函数时，一定要确定查找范围，否则 Excel 并不能进行准确查找。给出查找范围后，第 2 个参数要符合查找范围才不会出错。例如本案例中要在"岗位津贴标准"工作表的 A1:B8 单元格中查找第 2 列内容，如果 Col_index_num 参数是"3"，即查看第 3 列内容，就会出错，因为超出了查找范围。

步骤 13 在 K 列复制公式，完成津贴计算，效果如下图所示。K2 单元格的数值计算原理是，在"岗位津贴标准"工作表的 A1:B8 单元格区域寻找 D2 单元格的值，D2 单元格是"总经理"。在"岗位津贴表"工作表的 A1:B8 单元格区域"总经理"位于 A2 单元格中，找到后，返回 A2 单元格对应第 2 列的值，即"1500"，因此 K2 单元格的计算结果是"1500"。

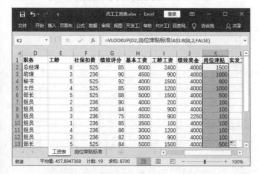

4. 计算员工实发工资

工资表中肯定包含"实发工资"项目，其计算方式是用所有的应发工资减去所有的应扣费用。

步骤 01 在 L2 单元格中输入如下图所示的公式，该公式表示用 H2:K2 单元格区域的数据之和减去 F2 单元格的数据。完成公式输入后，按 Enter 键确定输入公式，即可得到计算结果。

步骤 02 复制 L2 单元格中的公式到 L3:L20 单元格区域，完成其他员工的工资计算，效果如下图所示。

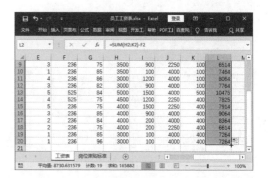

5.2.2　工资表的美化

表格数据录入完成后，可以适当美化表格，让数据读取起来更清晰。

1. 设置工资表的表格格式

利用系统预设的表格格式可以快速美化表格。具体操作如下。

步骤 01 ❶ 选择"工资表"工作表中所有包含数据的单元格区域；❷ 单击"开始"选项卡中的"套用表格格式"按钮；❸ 在弹出的下拉列表中选择一种表格格式；❹ 打开"套用表格式"对话框，选中"表包含标题"复选框；❺ 单击"确定"按钮。

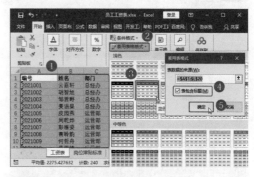

步骤 02 为了更灵活地进行后续操作，这里将套用表格样式的表格区域转换为普通区域。❶ 在"表格工具 - 设计"选项卡的"工具"组中单击"转换为区域"按钮；❷ 打开提示对话框，单击"是"按钮，确定转换为普通区域。

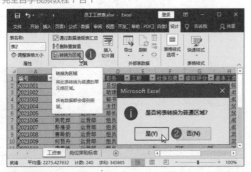

步骤 03 此时就完成了表格样式的设置，保持区域的选中状态，在"开始"选项卡的"对齐方式"组中单击"居中"按钮，让所有内容居中对齐。

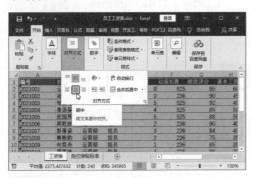

步骤 04 ❶ 选择有内容的所有行；❷ 拖动鼠标适当调整每行的高度。

2. 设置岗位津贴标准表的表格格式

除利用系统预设的单元格样式快速美化单元格外，还可以手动为单元格添加边框线和填充颜色。具体操作如下。

步骤 01 ❶ 选择"岗位津贴标准"工作表中所有包含数据的单元格区域；❷ 在"开始"选项卡的"字体"组中单击"边框"按钮；❸ 在弹出的下拉菜单中选择"所有框线"命令，即可为所选单元格区域添加边框线。

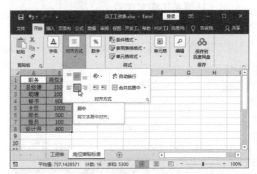

步骤 02 保持区域的选中状态，在"开始"选项卡的"对齐方式"组中单击"居中"按钮，让所有内容居中对齐。

步骤 03 ❶ 选择标题单元格；❷ 在"开始"选项卡的"样式"组中单击"单元格样式"按钮；❸ 在弹出的下拉菜单中选择一个标题样式。

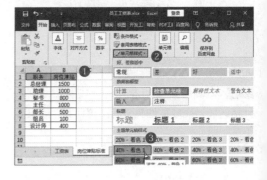

5.2.3　统计分析工资数据

　　表格的基本数据录入完成后，可以对数据进行简单的分析。分析过程中常常涉及公式和函数的使用，所以必须掌握常用函数的使用方法。

1. 制作分析表

　　进行数据分析时，可以先复制一个工作表，这样就不怕分析过程中改变了原始数据。

步骤 01 ❶ 在"工资表"工作表标签上右击；❷ 在弹出的快捷菜单中选择"移动或复制"命令。

步骤 02 打开"移动或复制工作表"对话框，❶ 选中"建立副本"复选框；❷ 在列表框中选择"移至最后"选项；❸ 单击"确定"按钮。

2. 计算总工资

　　求和函数是最常用的函数。本案例中计算总工资就要用到求和函数，该函数的语法是：SUM(number1,number2, ...)。

　　例如，"SUM(B3,M5)"表示计算 B3 单元格和 M5 单元格中的数据之和。如果将公式中的逗号","换成冒号":"，表示计算两个单元格之间的单元格区域的数据之和。如

"SUM(B3:M5)"表示计算由 B3 单元格为左上角到 M5 单元格为右下角围起来的 36 个单元格中的数据之和。

步骤 01 ❶ 将刚刚复制得到的工作表重命名为"工资分析"；❷ 在 A23 单元格中输入"总工资"；❸ 选择 B23 单元格，表示要将求和结果放在此处；❹ 在"公式"选项卡的"函数库"组中单击"自动求和"按钮右侧的下拉按钮；❺ 在弹出的下拉菜单中选择"求和"命令。

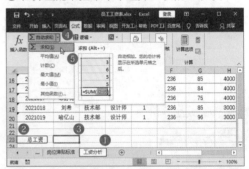

步骤 02 执行"求和"命令后，会自动出现公式，拖动鼠标选择需要求和的单元格，这里选择 L2:L20 单元格区域。

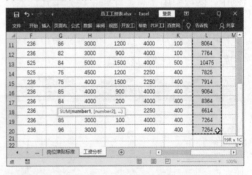

步骤 03 此时自动将所选区域填入函数中，出现如下图所示的公式，按 Enter 键确定输入公式，即可得到计算结果。

3. 计算平均工资

平均值函数的语法是：AVERAGE (Number1, Number2，…)。只需要选择求取平均值的数据范围即可。

步骤 01 ❶ 在 A24 单元格中输入"平均工资"；❷ 选择 B24 单元格，表示要将平均值结果放在此处；❸ 在"公式"选项卡的"函数库"组中单击"自动求和"按钮右侧的下拉按钮；❹ 在弹出的下拉菜单中选择"平均值"命令。

步骤 02 插入"平均值"函数后，函数会根据有数据的单元格自动进行单元格引用。在本案例中，函数引用了需要计算平均分单元格上方的单元格，将文本插入点插入函数中，修改单元格引用区域为"L2:L20"。完成修改单元格引用后，按 Enter 键完成计算即可。

4. 美化工资分析表

至此，完成了本工作表的简单分析。为了让数据显示得更加符合实际，表格效果更好，可以进行格式美化。

步骤 01 ❶ 选择 B23:B24 单元格区域；❷ 单击"数字"组中列表框右侧的下拉按钮；❸ 在

弹出的下拉菜单中选择"货币"命令。

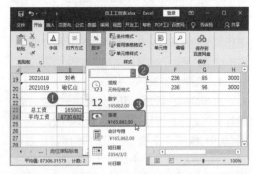

步骤 02 ❶ 选择 A23:B24 单元格区域；❷ 单击"字体"组中的"填充颜色"按钮；❸ 在弹出的下拉菜单中选择一种填充颜色。

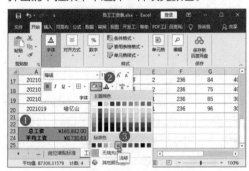

5.2.4 应用条件格式突出重要数据

Excel 2019 提供的条件格式功能，可以在指定条件为真时，自动为单元格应用设置的格式，例如，应用单元格底纹或字体颜色。如果想为某些符合条件的单元格应用某种特殊格式，使用条件格式功能比较容易实现。

1. 应用数据条显示绩效评分

条件格式中有数据条功能，其原理是应用数据条的长短来显示数据的大小，越长表示数据越大，反之则表示数据越小，这样做的好处是，让数据更直观。例如，要为表格中的绩效评分数据添加数据条，具体操作步骤如下。

❶ 选择需要添加数据条的单元格区域，这里选择 G2:G20 单元格区域；❷ 在"开始"选项卡的"样式"组中单击"条件格式"按钮；❸ 在弹出的下拉菜单中选择"数据条"命令；❹ 在弹出的子菜单中选择一种数据条样式即可。

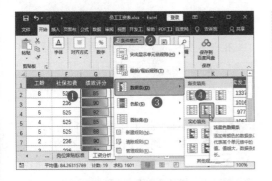

2. 突出显示工资较低数据

如果想要突出显示实发工资较低的数据，也可以通过条件格式简单设置来实现。在条件格式中，可以通过单元格的数据大小突出显示大于某个数的单元格、小于某个数的单元格等。

步骤 01 ❶ 选择"实发工资"列的数据；❷ 单击"条件格式"按钮；❸ 在弹出的下拉菜单中选择"突出显示单元格规则"命令；❹ 在弹出的子菜单中选择"小于"命令。

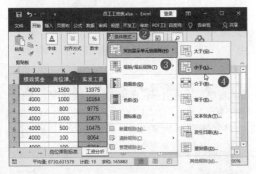

步骤 02 打开"小于"对话框，❶ 在参数框中输入"8000"，表示突出显示小于8000的单元格；❷ 在"设置为"下拉列表中选择单元格格式；❸ 单击"确定"按钮。此时选中的单元格中，小于8000的单元格都被突出显示了，单元格底色为浅红色。

3. 突出显示绩效较低的员工姓名

条件格式还可以结合公式实现更多的设置效果，方法是通过新建格式规则中的公式来完成规则建立。例如，要为表格中的绩效较低数据对应的员工姓名设置单元格格式，具体操作步骤如下。

步骤 01 ❶ 选择员工的姓名列单元格；❷ 单击"条件格式"按钮；❸ 在弹出的下拉菜单中选择"新建规则"命令。

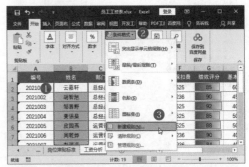

步骤 02 打开"新建格式规则"对话框，❶ 在"选择规则类型"列表框中选择"使用公式确定要设置格式的单元格"选项；❷ 在下方的参数框中输入格式规则，该规则表示如果 G2 单元格中的值小于 85，该员工的姓名要突出显示；❸ 单击"格式"按钮。

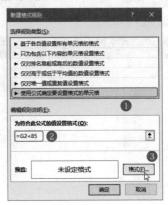

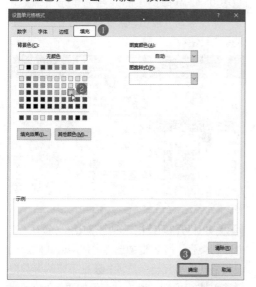

小技巧

　　应用条件格式时，对于建立好的规则如果不满意，可以更改规则。方法是单击"条件格式"按钮，在弹出的下拉菜单中选择"管理规则"命令，打开"条件格式管理规则器"对话框，从中选择表格中已建立的规则进行更改。可以更改规则所适用的单元格区域，也可以更改值在真假状态下的显示方式。

步骤 03 打开"设置单元格格式"对话框，❶ 单击"填充"选项卡；❷ 选择单元格填充颜色为橙色；❸ 单击"确定"按钮。

步骤 04 返回"新建格式规则"对话框中，单击"确定"按钮确定设置的格式。完成条件格式设置后，效果如下图所示，绩效较低员工的姓名被填充成了橙色。

5.2.5　制作工资条

　　相关人员完成工资表制作后，常常需要将其制作成工资条，方便后期打印。工资条的制作需要用到 VLOOKUP 函数，具体操作方法如下。

步骤 01 ❶ 新建一张工作表，重命名为"工资条"；❷ 在表中输入工资条中该有的项目信息，并简单设置一下格式；❸ 在 A2 单元格中输入第一位员工的编号；❹ 选择 B2 单元格；❺ 单击编辑栏中的"插入函数"按钮 f_x 。

步骤 02 打开"插入函数"对话框，❶ 选择"VLOOKUP"函数；❷ 单击"确定"按钮。

步骤 03 ❶ 打开"函数参数"对话框，设置函数参数，该参数表示从工资表的 A1:L20 单

元格区域内寻找 A2 单元格对应的第 2 列数据。注意 A2 单元格和引用区域单元格均添加了绝对引用符号 "$"，目的是在后面复制函数时保持引用区域不变；❷ 单击"确定"按钮。

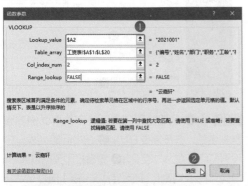

小提示

使用 VLOOKUP 函数时，最后的参数如果设置为"0"，表示精确查找，即查找对应的具体数据，如果没有找到对应的数据，就返回错误值；设置为"1"，则表示模糊查找，如果没有找到对应的具体数据，就返回一个相似的数据。

步骤 04 完成 B2 单元格员工姓名的查找引用后，向右复制 B2 单元格的公式到 C2:L2 单元格区域中。

步骤 05 复制函数后，需要修改一下函数引用时返回的序号。因为在"工资表"工作表中，"部门"在第 3 列，而"编号"在第 1 列，所以想要根据编号查找对应员工的部门信息，就需要返回第 3 列数据。选择 C2 单元格，在编

辑栏中修改函数为"=VLOOKUP($A2,工资表!$A$1:$L$20,3,FALSE)"，将引用返回序号改为"3"。

步骤 06 使用同样的方法对 D2:L2 单元格区域中的函数依次进行修改，返回的列序号分别是 4~12。

步骤 07 ❶ 选择表格中的工资条内容；❷ 在"开始"选项卡的"字体"组中单击"边框"按钮右侧的下拉按钮；❸ 在弹出的下拉菜单中选择"所有框线"命令。

步骤 08 当工资条添加了边框线后，选中工资条内容和一行空白单元格，即 A1:L3 单元格区域，将鼠标指针移动到单元格右下角。

步骤 09 当鼠标指针变成黑色十字形时，按住鼠标左键向下拖动进行工资条复制。直到公式返回"#N/A"，表示没有可以引用的数据了，就完成了工资条的复制，如下图所示。

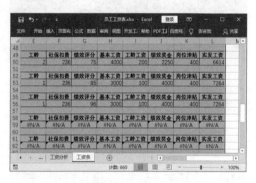

5.2.6　打印员工工资条

完成工资条制作后，需要将工资条打印出来，再进行裁剪，然后发给对应的员工。打印工资条前需要进行打印预览，确定无误再打印。

步骤 01 ❶ 单击 Excel 表格左上方的"文件"选项卡，在弹出的界面中选择"打印"命令；❷ 在右侧可以预览打印效果，发现需要显示的表格列比较多，不能正确显示在一张纸中；❸ 在中间的列表框中单击下拉按钮；❹ 选择"横向"选项，调整页面方向为横向。

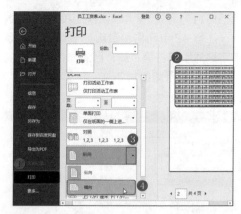

步骤 02 ❶ 预览打印效果时，有些页面的内容是多余的，并不需要打印；❷ 在中间的列表框中设置打印页数为"1 至 2"；❸ 查看打印预览效果后，单击"打印"按钮，即可完成工资条打印。

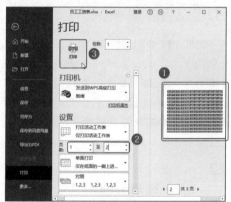

🔔 小技巧

在打印预览界面中，单击 ◀ 或 ▶ 按钮，可以依次显示前一页或后一页的预览效果；单击打印预览下方的"显示边距"按钮⊞后，可以将鼠标指针移动到边距上，按住鼠标左键拖动调整边距。

多学一点

001　表格数据较多时，如何保证在查看后面的数据时能对照着表头内容

当工作表中有大量数据时，为了保证在拖

动工作表滚动条时能始终看到工作表中的标题，可以使用冻结工作表的方法。

扫一扫，看视频

当工作表的行标题和列标题都在对应的首行和首列，直接冻结首行和首列即可；当工作表的行标题和列标题不在首行和首列时，就需要冻结工作表的多行和多列了。

例如，要冻结工作表中的标题，具体操作方法如下。

步骤 01 打开"素材文件 \ 第 5 章 \ 销售清单 .xlsx"，❶ 在"视图"选项卡的"窗口"组中单击"冻结窗格"按钮；❷ 在弹出的下拉菜单中选择需要的冻结方式即可，本案例中因为标题行显示在第一行,则选择"冻结首行"命令。

步骤 02 此时，第一行被冻结起来，这时拖动滚动条查看工作表中的数据，被冻结的首行始终显示在第一行位置，如下图所示。

小提示

如果需要冻结的不是表格中的首行和首列，可以先选择要冻结区域下方右侧的第一个单元格，然后在"冻结窗格"下拉列表中选择"冻结窗格"选项。

002　如何让竖向的表格数据躺下来，变成横向排列数据的表格

在编辑工作表数据时，有时还需要将表格中的数据进行转置，即将原来的行变成列，原来的列变成行，具体操作方法如下。

步骤 01 打开"素材文件 \ 第 5 章 \ 冰箱销售统计表 .xlsx"，在工作表中选择数据区域，即 A1:D13 单元格区域,按 Ctrl+C 组合键进行复制。

步骤 02 ❶ 选择要粘贴的目标单元格；❷ 在"开始"选项卡的"剪贴板"组中单击"粘贴"按钮下方的下拉按钮；❸ 在弹出的下拉列表中单击"转置"按钮。

步骤 03 转置后，有的单元格内容显示不全。❶ 选择包含转置后的所有数据列；❷ 将鼠标指针移动到列标线上，双击即可快速根据内容调整单元格列宽。

第6章 Excel 数据的基本分析法：
排序、筛选与汇总

重点索引

使用Excel制作的数据表格，离不开统计与分析。在对表格数据进行查看和分析时，常常需要让表格中的数据按一定顺序排列，或列举出符合条件的数据，以及对数据进行分类再分别汇总等，利用Excel可以轻松完成这些操作。本章将介绍Excel表格数据的基本分析方法，包括数据排序、数据筛选以及数据的分类汇总。

知识技能

本章相关案例及知识技能如下图所示。

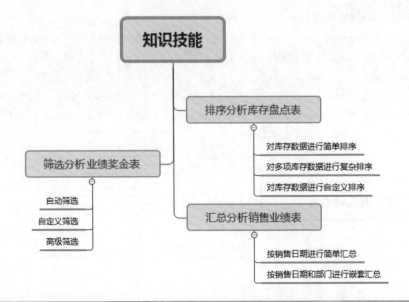

```
            知识技能

                        排序分析库存盘点表
                            对库存数据进行简单排序
      筛选分析业绩奖金表        对多项库存数据进行复杂排序
                            对库存数据进行自定义排序
   自动筛选
   自定义筛选              汇总分析销售业绩表
   高级筛选
                            按销售日期进行简单汇总
                            按销售日期和部门进行嵌套汇总
```

6.1 排序分析库存盘点表

案例介绍

扫一扫，看视频

　　库存盘点表是公司管理商品库存的统计表格，属于进销存系统中的重要数据。库存盘点表中应该包含商品的名称、规格、原始数量、入库量与出库量等基本的数据信息。通常情况下，公司库房中的商品数量较多，库存盘点表中的数据密密麻麻，此时可以根据需求进行排序，方便发现某些信息。

　　本案例排序过程中的一个排序效果如下图所示。（结果文件参见：结果文件 \ 第 6 章 \ 库存盘点表 .xlsx）

库存ID	名称	规格型号	单价	期初库存	入库数量	出库数量	库存数量	库存价值
IN0012	水池3	AJ-10	¥680.00	34	476	392	118	¥80,240.00
IN0006	拉手C	SY-03	¥59.00	62	405	365	102	¥6,018.00
IN0007	拉手D	SY-04	¥26.00	109	323	358	74	¥1,924.00
IN0018	水池9	AJ-17	¥1,470.00	129	315	374	70	¥102,900.00
IN0017	水池8	AJ-15	¥1,270.00	75	307	287	95	¥120,650.00
IN0014	水池5	AJ-12	¥820.00	67	298	12	353	¥289,460.00
IN0003	铰链3	003-96	¥19.00	140	277	322	95	¥1,805.00
IN0016	水池7	AJ-14	¥1,000.00	28	272	209	91	¥91,000.00
IN0015	水池6	AJ-13	¥920.00	97	261	346	12	¥11,040.00
IN0004	拉手A	SY-01	¥75.00	170	259	167	262	¥19,650.00
IN0011	水池2	AJ-9	¥590.00	89	237	235	91	¥53,690.00
IN0005	拉手B	SY-02	¥38.00	179	233	206	206	¥7,828.00
IN0009	拉手F	SY-06	¥97.00	118	208	276	50	¥4,850.00
IN0013	水池4	AJ-11	¥760.00	101	165	28	238	¥180,880.00
IN0002	铰链2	002-128	¥93.00	40	150	148	42	¥3,906.00
IN0019	水池10	AJ-19	¥1,590.00	51	138	27	162	¥257,580.00
IN0010	水池1	AJ-8	¥500.00	150	127	34	243	¥121,500.00
IN0001	铰链1	001-160	¥51.00	124	115	143	96	¥4,896.00
IN0008	拉手E	SY-05	¥90.00	53	62	61	54	¥4,860.00

思路分析

　　对库存盘点表排序时，需要根据实际需求处理。如按照产品单价的大小排序、按照原始库存的大小排序，这就需要用到简单的排序操作。如果排序比较复杂，如先按照出库数量的大小排序，再按照不同出库数量的库存数量大小排序，就需要用到多项排序了。还有一些并不是数字的数据如果需要排序，就需要先自定义排序规则。本案例的具体制作思路如下图所示。

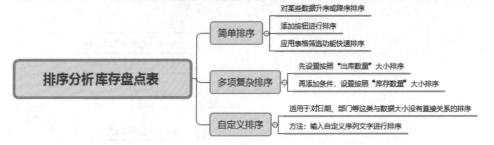

具体操作步骤及方法如下。

6.1.1　对库存数据进行简单排序

在 Excel 中最常用的分析就是对数据进行排序，可以单击"升序"或"降序"按钮，或者添加排序按钮进行排序。

1. 对某列数据升序或降序排序

当需要对 Excel 数据表的某列数据进行简单排序时，单击"升序"和"降序"按钮即可。例如，要根据单价从低到高排序，具体操作如下。

步骤 01 打开"素材文件\第 6 章\库存盘点表.xlsx"，❶ 选择"单价"列中的任意单元格；❷ 在"开始"选项卡的"编辑"组中单击"排序和筛选"按钮；❸ 在弹出的下拉菜单中选择"升序"命令。

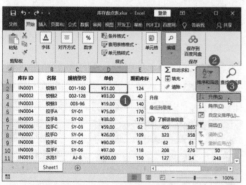

步骤 02 此时"单价"列的数据就变为升序排列，如下图所示。如果需要对这列数据或其他列数据进行降序排列，在"排序和筛选"下拉菜单中选择"降序"命令即可。

2. 添加按钮进行排序

如果需要对 Excel 表格中的数据进行多维度的排序查看，可以添加按钮，通过单击不同字段旁的按钮实现快速操作。

步骤 01 在"数据"选项卡的"排序和筛选"组中单击"筛选"按钮。

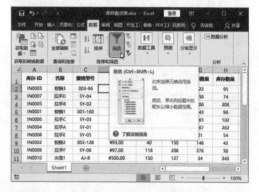

步骤 02 此时可以看到表格的第一行出现下拉按钮 ▼，❶ 单击"期初库存"单元格右侧的下拉按钮；❷ 在弹出的下拉菜单中选择"降序"命令。

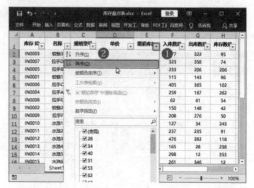

步骤 03 此时"期初库存"列的数据就降序排列，如下图所示。如果要对其他列的数据进行排序操作，也可以单击该列的下拉按钮来设置。

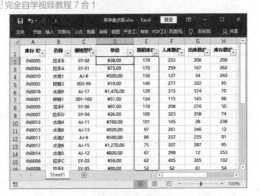

3. 应用表格筛选功能快速排序

在表格对象中将自动启动筛选功能，此时单击列标题右侧的下拉按钮，在弹出的菜单中选择"排序"命令也可以快速对表格数据进行排序。

步骤 01 在"数据"选项卡的"排序和筛选"组中单击"筛选"按钮，取消上一步操作中应用筛选功能添加的下拉按钮。

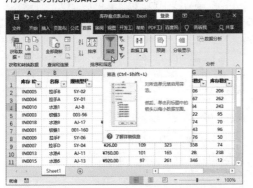

步骤 02 ❶ 选择表格中的数据区域；❷ 单击"插入"选项卡中的"表格"按钮。

步骤 03 打开"创建表"对话框，❶ 选中"表

包含标题"复选框；❷ 单击"确定"按钮。

步骤 04 此时表格第一行添加了排序和筛选按钮▼，❶ 单击"入库数量"列的下拉按钮；❷ 在弹出的下拉菜单中选择"降序"命令。

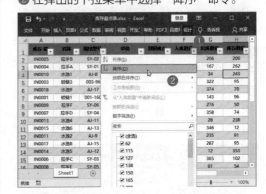

步骤 05 此时"入库数量"列的数据就降序排列，如下图所示。如果要对其他列的数据进行排序操作，也可以单击该列的下拉按钮来设置。

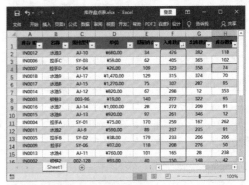

小提示

如果 Excel 表格中的前面几行单元格已进行了合并操作，如合并成为标题行，此时就无法对合并单元格的数据列进行排序操作。只能先将需要排序的数据转换为表格，变成表格区域，才可以进行排序操作。

6.1.2　对多项库存数据进行复杂排序

Excel 表格的数据排序除了进行简单的升序／降序操作外，还可以进行复杂排序。如需要出库数量按照从高到低排序，当出库数量大小相同时，再按照库存数量的大小排序。这类操作都需在"排序"对话框中添加排序条件。

步骤 01 ❶ 在"数据"选项卡的"排序和筛选"组中单击"筛选"按钮，取消上一步操作中添加的下拉按钮；❷ 单击"排序"按钮。

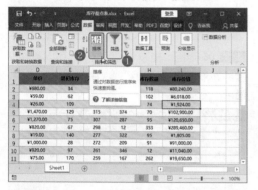

步骤 02 打开"排序"对话框，❶ 设置排序的主要关键字为"出库数量"，次序为"降序"；❷ 单击"添加条件"按钮。

步骤 03 ❶ 设置排序的次要关键字为"库存数量"，次序为"升序"；❷ 单击"确定"按钮。

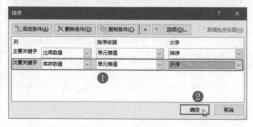

步骤 04 如下图所示，此时表格中的数据便按照出库数量从高到低排序，当出库数量大小相

同时，再按库存数量的大小排序。

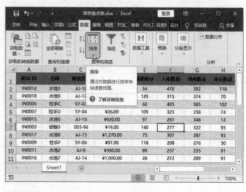

小提示

在"排序"对话框中，"排序依据"除了选择以单元格值的大小为依据外，还可以选择"单元格颜色""字体颜色""单元格图标"为依据进行排序。

6.1.3　对库存数据进行自定义排序

如果排序依据不是按照数据的大小，而是对月份、部门这种与数据没有直接关系的序列进行排序，就需要重新定义序列进行排序。例如，要让库存盘点表中的数据根据名称列按"铰链 - 拉手 - 水池"序列进行排序，具体操作如下。

步骤 01 在"数据"选项卡的"排序和筛选"组中单击"排序"按钮。

步骤 02 打开"排序"对话框，单击"删除条件"按钮，删除多余的排序条件。

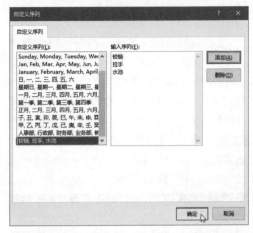

步骤 03 ❶ 修改排序的主要关键字为"名称";❷ 单击"次序"列表框右侧的下拉按钮;❸ 在弹出的下拉菜单中选择"自定义序列"命令。

小提示

在"排序"对话框中,单击"选项"按钮,还可以选择"按行排序""字母排序""笔画排序"的方式。

步骤 04 打开"自定义序列"对话框,❶ 在"输入序列"文本框中输入"铰链,拉手,水池",中间用英文逗号隔开;❷ 单击"添加"按钮。

步骤 05 此时可将设置的新序列添加到"自定义序列"列表框中,并呈选中状态,单击"确定"按钮。

步骤 06 返回"排序"对话框中,可以看到设置的新序列已经添加到"次序"下拉列表中,单击"确定"按钮。

步骤 07 如下图所示,此时表格中的数据便根据名称列按"铰链 - 拉手 - 水池"序列进行排序,并在排序时自动判断文字后的内容,数字按照从小到大的方式排列,英文按照 A-Z 的方式排列。只是在自动判断时,系统会根据内容在单元格中显示的位置按照顺序排列,所以"水池10"排在了"水池 2"的前面。

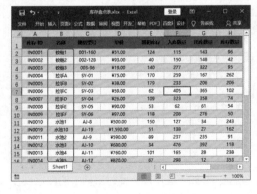

6.2　筛选分析业绩奖金表

案例介绍

不同的公司有不同的奖励机制，每隔一定的时间，财务部需要对公司发出的奖金进行统计。业绩奖金表应该包括领取奖金的员工姓名等基本信息，还有奖金类型等相关信息。当业绩奖金表制作完成后，可以根据需要进行筛选，方便快速地找出所关注的数据。

扫一扫，看视频

本案例的筛选效果如下图所示。（结果文件参见：结果文件 \ 第 6 章 \ 业绩奖金表 .xlsx）

	A	B	C	D	E	F	G	H	I	J
1	工号	姓名	所属部门	职位	系数	销售奖（元）	客户关系维护奖（元）	工作效率奖（元）	应发奖金（元）	领奖金日期
4	0130	孔语雅	销售部	副经理	0.9	6986	651	640	7449.3	2021/2/4
7	0134	魏薇	运营部	经理	1	8199	659	642	9500	2021/3/14
12	0138	曹韵皓	运营部	副经理	1	7265	688	973	8926	2021/6/1
19	0137	邹博恒	运营部	职员	0.8	7895	500	409	7043.2	2021/9/7
20	0144	毕秀颖	运营部	职员	0.7	8919	683	666	7187.6	2021/10/7
22	0128	周萱静	销售部	经理	0.9	7534	862	440	7952.4	2021/12/4

思路分析

面对业绩奖金表中的众多数据，要根据需求进行筛选以快速找到需要的数据。此时需要掌握 Excel 的筛选功能。如果只需要筛选大于某个数或小于某个数的数据，使用简单筛选功能即可。如果要实现更复杂的筛选，就需要用到自定义筛选或高级筛选功能了。本案例的具体制作思路如下图所示。

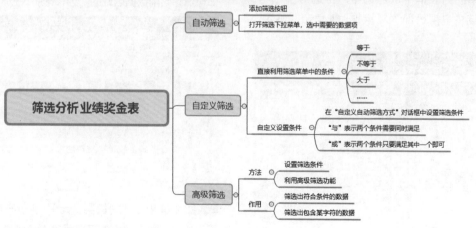

具体操作步骤及方法如下。

6.2.1　自动筛选

如果需要对表格中的数据进行简单的字段筛选，将不满足条件的数据暂时隐藏起来，只显示符合条件的数据，就可以使用自动筛选。例如，要筛选销售部的相关数据，具体操作如下。

步骤 01 打开"素材文件\第6章\业绩奖金表.xlsx"，❶选择数据区域中的任意单元格；❷在"数据"选项卡的"排序和筛选"组中单击"筛选"按钮。

步骤 02 此时，工作表进入筛选状态，各标题字段的右侧出现一个下拉按钮，❶单击"所属部门"旁边的下拉按钮；❷在弹出的下拉菜单的列表框中取消选中"全选"复选框；❸选中"销售部"复选框；❹单击"确定"按钮。

步骤 03 此时所有属于"销售部"的相关数据便被筛选出来，效果如下图所示。

6.2.2　自定义筛选

如果需要对表格中的数据进行复杂一点的字段设置筛选，如筛选等于、大于、小于某个数的数据，或通过"或""与"这样的逻辑用语筛选数据，就可以自定义筛选条件，以查询符合条件的数据记录。

1. 筛选大于、小于或等于某个数的数据

筛选大于、小于或等于某个数的数据，只需要设置好数据大小，即可快速完成筛选。

步骤 01 执行筛选操作后，在"数据"选项卡的"排序和筛选"组中单击"清除"按钮，即可清除当前数据区域的筛选和排序状态。

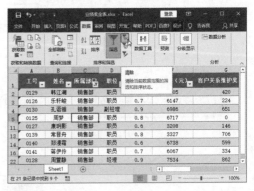

步骤 02 ❶单击"销售奖（元）"字段右侧的下拉按钮；❷在弹出的下拉菜单中选择"数字筛选"命令；❸在弹出的子菜单中选择"大于或等于"命令。

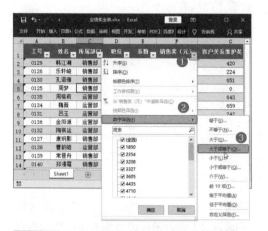

步骤 03 打开"自定义自动筛选方式"对话框，❶ 在第二个列表框中输入数据"5000"；❷ 单击"确定"按钮。

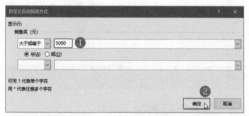

步骤 04 此时所有销售奖大于或等于 5000 元的数据便被筛选了出来。

步骤 02 打开"自定义自动筛选方式"对话框，❶ 设置第一个筛选方式为"在以下日期之后"，日期依据为"2021/4/30"；❷ 选中"与"单选按钮；❸ 设置第二个筛选方式为"在以下日期之前"，日期依据为"2021/10/1"；❹ 单击"确定"按钮。

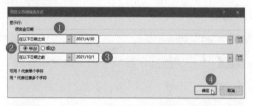

步骤 03 此时，在上次筛选结果的基础上，所有日期介于 2021/4/30 和 2021/10/1 之间的数据便被筛选出来。

（此处为表格/截图）

2. 自定义筛选条件

Excel 中除了直接选择"等于""不等于"这类筛选条件外，还可以自行定义筛选条件。

步骤 01 ❶ 单击"领奖金日期"字段右侧的下拉按钮；❷ 在弹出的下拉菜单中选择"日期筛选"命令；❸ 在弹出的子菜单中选择"自定义筛选"命令。

小提示

Excel 的筛选操作是叠加性质的，即本次的筛选操作是在当前状态下进行的。如果前面执行了筛选操作，则本次操作是在上一次的筛选结果上再次执行的筛选。

6.2.3 高级筛选

如果需要实现更为复杂的筛选，可以利用 Excel 的高级筛选功能来完成。使用高级筛选功能，筛选结果可以显示在原数据表格中，也可以在新的位置显示筛选结果。

1. 将符合条件的物品筛选出来

事先可以在 Excel 中设置好筛选条件，然后利用高级筛选功能筛选出符合条件的数据。

条件由字段名称和条件表达式组成，首先在空白单元格中输入要作为筛选条件的字段名称，该字段名必须与进行筛选的列表区中的列标题名称完全相同，然后在其下方的单元格中输入条件表达式，即以比较运算符开头，若要以完全匹配的数值或字符串为筛选条件，则可以省略"="。若有多个筛选条件，可以将多个筛选条件并排。

步骤 01 在"数据"选项卡的"排序和筛选"组中单击"清除"按钮，清除当前数据区域的筛选和排序状态。

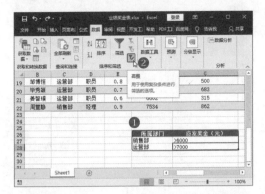

步骤 02 ❶ 在空白处输入筛选条件，如下图所示，图中的筛选条件表示需要筛选出销售部奖金超过 6000 元和运营部奖金超过 7000 元的数据；❷ 在"数据"选项卡的"排序和筛选"组中单击"高级"按钮。

步骤 03 打开"高级筛选"对话框，❶ 确定"列表区域"参数框中设置为表格中的所有数据区域；❷ 单击"条件区域"参数框右侧的折叠按钮，按住鼠标左键，拖动鼠标选择事先输入的条件区域，再单击展开按钮，返回"高级筛选"对话框；❸ 单击"确定"按钮。

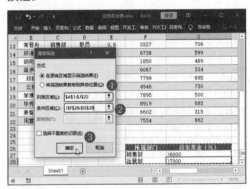

步骤 04 此时在表格中，销售部奖金超过 6000 元和运营部奖金超过 7000 元的数据便被筛选出来了。

2. 根据不完整数据筛选

如果需要筛选某一类数值中包含某个或一组字符的数据，可以在筛选条件中使用通配符，星号（*）代替任意多个字符，问号（？）代替任意一个字符。

步骤 01 ❶ 在空白处输入筛选条件，这里筛选条件中的"* 经理"表示职位名称以"经理"结尾，前面有若干字符的数据；❷ 单击"数据"选项卡中的"高级"按钮。

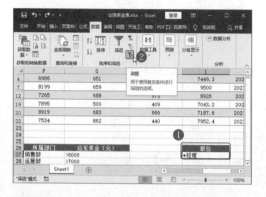

步骤 02 打开"高级筛选"对话框，❶ 确定"列表区域"参数框中设置为表格中的所有数据区域；❷ 在"条件区域"参数框中设置为事先输入的条件区域；❸ 单击"确定"按钮。

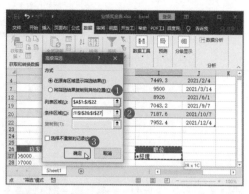

步骤 03 此时在表格中，在上次筛选结果的基础上，所有职位名称中包含"经理"字样的数据便被筛选出来了，效果如下图所示。

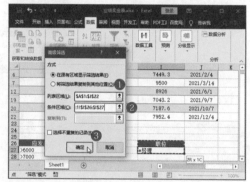

6.3 汇总分析销售业绩表

案例介绍

　　企业为了方便统计不同部门、不同销售人员在不同日期下销售不同商品的业绩，通常会建立很多的表格进行统计，最后汇总到一张表格中，方便根据需要对数据进行分析，如以部门、日期、销售员为分类依据进行数据统计。如本案例中的销售业绩表，可以按照部门进行业绩汇总。

　　本案例汇总分析后的效果如下图所示。（结果文件参见：结果文件 \ 第 6 章 \ 销售业绩表 .xlsx）

扫一扫，看视频

姓名	部门	产品A销量	产品B销量	产品C销量	月份	销售额
	销售1组 汇总	128	200	269		91220
	销售2组 汇总	162	151	11		40830
	销售3组 汇总	161	201	205		83150
	销售4组 汇总	241	193	143		78790
	运营1组 汇总	401	425	449		184670
	运营2组 汇总	242	253	152		89510
	运营3组 汇总	128	322	176		92780
		1463	1745	1405	1月 汇总	660950
	销售1组 汇总	200	177	178		78590
	销售2组 汇总	196	33	87		40210
	销售3组 汇总	145	186	30		47800
	销售4组 汇总	284	258	133		91040
	运营1组 汇总	461	248	262		130460
	运营2组 汇总	289	299	389		143770
	运营3组 汇总	306	270	226		111780
		1881	1471	1305	2月 汇总	643650
	销售1组 汇总	303	127	117		70410
	销售2组 汇总	19	138	62		33760
	销售3组 汇总	150	35	74		33570
	销售4组 汇总	286	71	167		69310
	运营1组 汇总	406	409	489		189970
	运营2组 汇总	325	420	556		195580
	运营3组 汇总	598	268	352		163360
		2087	1468	1817	3月 汇总	755960
		5431	4684	4527	总计	2060560

思路分析

销售数据随时都在增加，根据不同时间段、不同分类方式最终汇总得到的销售数据表总是包含很多数据项。具体分析时又常常需要分门别类地进行汇总，对汇总后的数据进行分析，而不是查看各条细则。在汇总分析数据前，应当根据分析目的选择汇总方式。例如，分析目的是对比不同月份的销售业绩，汇总依据自然是"月份"；又如，分析目的是对比不同月份下不同部门的销售业绩，汇总依据就有了主次之分，首先需要根据月份汇总，再在不同的月份下汇总不同部门的数据。本案例的具体制作思路如下图所示。

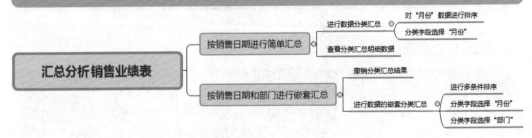

具体操作步骤及方法如下。

6.3.1　按销售日期进行简单汇总

销售业绩表中通常记录了多个月份的业绩数据。为了方便对比各月份的销售业绩，可以按销售日期进行汇总。

1. 进行数据分类汇总

数据分类汇总之前，需要先将要汇总的字段进行排序，让同类型的数据排列在一起，才便于进行分类汇总，否则数据就是散落在各处的，汇总的结果也不正确。

步骤 01 打开"素材文件 \ 第 6 章 \ 销售业绩表 .xlsx"，❶ 选择"月份"列的任意单元格；❷ 在"数据"选项卡的"排序和筛选"组中单击"升序"按钮 ⽢。

步骤 02 在"数据"选项卡的"分级显示"组中单击"分类汇总"按钮。

步骤 03 打开"分类汇总"对话框，❶ 设置分类字段为"月份"；❷ 汇总方式为"求和"；❸ 对"产品 A 销量""产品 B 销量""产品 C 销量"

和"销售额"字段进行汇总；❹ 单击"确定"按钮。

2. 查看分类汇总明细数据

数据分类汇总后，还要学会查看数据的方法。

步骤 01 分类汇总后的数据，默认会显示出所有明细数据，这里按照不同月份的销售额进行了汇总。单击汇总区域左上角的数字按钮"2"。

步骤 02 此时即可查看第 2 级汇总结果，如下图所示。单击汇总区域左侧显示的第一个加号。

步骤 03 此时即可展开第一个汇总项的明细
数据,如下图所示。单击减号可以折叠明细
数据。

6.3.2　按销售日期和部门进行嵌套汇总

在销售业绩表中,有多个部门的业绩统
计。为了方便对比各部门的销售业绩,可以
在对月份数据进行汇总的基础上再对部门进
行汇总。

1. 撤销分类汇总结果

在 Excel 中进行数据分类汇总后,如果不
需要当前的汇总结果了,可以退出分类汇总状
态,查看原始数据或者进行其他类别的汇总。

步骤 01 在"数据"选项卡的"分级显示"组
中单击"分类汇总"按钮。

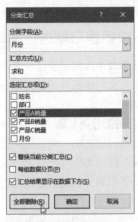

2. 进行数据的嵌套分类汇总

Excel 中的数据分类汇总是可以叠加的,但
是需要在汇总前先根据汇总的层叠次序进行排
序,保证排序的关键字的主次关系和嵌套汇总
的主次关系相同。

步骤 01 在"数据"选项卡的"排序和筛选"
组中单击"排序"按钮。

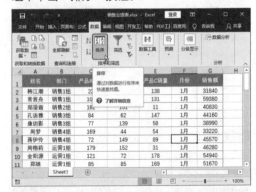

步骤 02 打开"排序"对话框,❶ 设置主要关
键字为"月份",次序为"升序";❷ 单击"添
加条件"按钮;❸ 设置次要关键字为"部门",
次序为"升序";❹ 单击"确定"按钮。

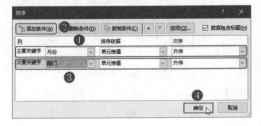

步骤 02 在打开的"分类汇总"对话框中单击
"全部删除"按钮,即可删除之前的汇总统计,
表格恢复到原始数据的样子。

步骤 03 在"数据"选项卡的"分级显示"组中单击"分类汇总"按钮。

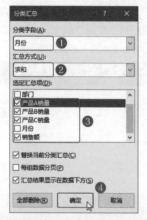

步骤 04 打开"分类汇总"对话框，❶ 设置分类字段为"月份"；❷ 汇总方式为"求和"；❸ 对"产品 A 销量""产品 B 销量""产品 C 销量"和"销售额"字段进行汇总；❹ 单击"确定"按钮。

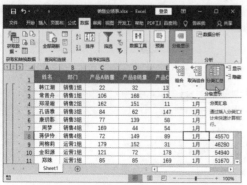

步骤 05 此时便按照不同月份的销售额进行了汇总。再次单击"分类汇总"按钮。

步骤 06 打开"分类汇总"对话框，❶ 设置分类字段为"部门"；❷ 汇总方式为"求和"；❸ 对"产品 A 销量""产品 B 销量""产品 C 销量"和"销售额"字段进行汇总；❹ 取消选中"替换当前分类汇总"复选框；❺ 单击"确定"按钮。

步骤 07 此时便在不同月份的销售额汇总下对不同部门的数据进行了汇总。单击汇总区域左上角的数字按钮"3"，可以更直观地查看到汇总结果。

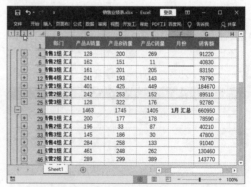

小提示

如果要汇总不同产品的销量，只需要在"分类汇总"对话框中对选定汇总项选中"产品 A 销量"或"产品 B 销量"或"产品 C 销量"即可。汇总方式也不一定是求和，还可以选择"平均值""最大值""最小值"等。

多学一点

001 当表格中包含合并单元格时，如何对相邻的数据区域进行排序

扫一扫，看视频

在编辑工作表时，若对部分单元格进行了合并操作，则对相邻单元格进行排序时会弹出提示框，导致排序失败。针对这种情况，需要按照下面的操作方法进行排序。

步骤 01 打开"素材文件\第6章\手机报价参考.xlsx"，❶ 选择要进行排序的 B2:C4 单元格区域；❷ 在"数据"选项卡的"排序和筛选"组中单击"排序"按钮。

步骤 02 打开"排序"对话框，❶ 取消选中"数据包含标题"复选框；❷ 设置排序的主要关键字为"列C"，次序为"升序"；❸ 单击"确定"按钮。

步骤 03 返回工作表，即可查看排序后的效果，如下图所示。

步骤 04 参照上述方法，对 B5:C7 单元格区域

进行排序，排序后的最终效果如下图所示。

002 需要统计的数据分散在多张工作表中，如何快速实现数据统计

在制作销售报表、汇总报表等类型的表格时，经常需要对多张工作表中的数据进行统计，以便更好地查看数据。这些工作表通常具有相同的表格框架，只是其中的数据不同而已，此时就可以使用合并计算功能来快速完成统计，具体操作方法如下。

步骤 01 打开"素材文件\第6章\销售数据年度汇总.xlsx"，❶ 选择"年度汇总"工作表中的 A1 单元格，作为要存放汇总数据的起始单元格；❷ 在"数据"选项卡的"数据工具"组中单击"合并计算"按钮。

步骤 02 打开"合并计算"对话框，❶ 在"函数"下拉列表中选择汇总方式，如"求和"；❷ 将文本插入点定位在"引用位置"参数框中；❸ 单击右侧的"折叠"按钮。

步骤 03 ❶ 单击参与计算的工作表的标签；❷ 在工作表中拖动鼠标选择要参与计算的数据区域；❸ 单击对话框右侧的"展开"按钮 。

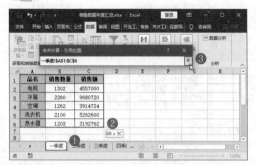

步骤 04 完成选择后，单击"添加"按钮，将选择的数据区域添加到"所有引用位置"列表框中。

步骤 05 ❶ 参照上述方法，添加其他需要参与计算的数据区域；❷ 选中"首行"和"最左列"复选框；❸ 单击"确定"按钮。

步骤 06 返回工作表，即可看到对多张工作表的合并计算完成后的结果，如下图所示。

第 **7** 章　Excel 数据的可视化分析法

统计图表与透视图表

重点索引

在Excel 2019中，除了前面介绍的数据基本分析方法外，本章重点讲解Excel数据的可视化分析知识。Excel可以将表格中的数据根据需要转换成不同类型的图表，使数据更加直观地展现。如果不想添加图表，也可以通过添加迷你图来增强数据的表现力。当数据量较大、数量项目较多时，可以创建数据透视表和数据透视图，利用透视方法根据需求来快速统计分析相关数据。

知识技能

本章相关案例及知识技能如下图所示。

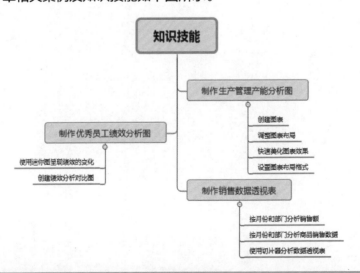

7.1　制作生产管理产能分析图

案例介绍

扫一扫，看视频

生产型的企业需要定期统计相关产量数据，由于统计出来的数据量往往比较大，如果直接给领导呈现原始的纯数据信息，会让领导看不到重点，降低信息获取效果。如果对这些数据进行简单分析，并配以图表，就能直观地传递信息了。

本案例添加图表后的效果如下图所示。（结果文件参见：结果文件 \ 第 7 章 \ 生产管理产能分析图 .xlsx）

思路分析

生产部负责人需要向领导汇报产能数据信息时，纯数据表格不够直观，不能让领导一目了然地了解到不同车间的表现情况。如果将表格数据转换成图表数据，领导便能一眼看出不同了。因此，制作图表时，首先要正确地创建图表，再根据表现需要，选择布局，设置布局格式。本案例的具体制作流程思路如下图所示。

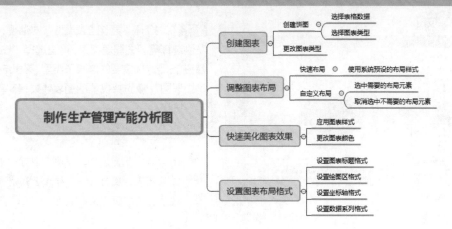

具体操作步骤及方法如下。

7.1.1 创建图表

Excel 创建图表的基本方法是，选择用于创建图表的数据，再选择需要创建的图表类型。如果不满意选择好的图表类型，还可以更改图表类型，并且调整图表的原始数据。

1. 创建饼图

图表的类型需要根据展示数据的结构来选择，这对于新手来说比较困难。此时可以使用 Excel 2019 中提供的"推荐的图表"功能创建图表，具体操作方法如下。

步骤 01 打开"素材文件 \ 第 7 章 \ 生产管理产能分析图 .xlsx"，① 选择需要创建图表的数据，本案例中按住 Ctrl 键的同时，选择需要创建图表的两列不相邻数据；② 在"插入"选项卡的"图表"组中单击"推荐的图表"按钮。

步骤 02 打开"插入图表"对话框，在左侧可以看到系统根据所选数据推荐的图表类型，① 选择需要的选项，就可以在右侧看到将创建的图表预览效果；② 效果合适后单击"确定"按钮。

步骤 03 根据选中的数据便创建了一个饼图。将鼠标指针移动到图表上并按住鼠标左键拖动图表位置，将其移动到空白处。

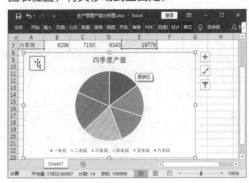

2. 更改图表类型

如果对创建的图表类型不满意，可以选择图表后，打开"更改图表类型"对话框，重新选择图表类型。

步骤 01 ① 选择图表；② 在"图表工具 - 设计"选项卡的"类型"组中单击"更改图表类型"按钮。

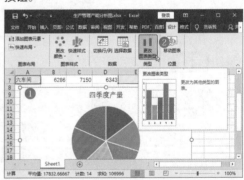

步骤 02 打开"更改图表类型"对话框，① 在左侧选择需要的图表类型，这里选择"柱形图"；② 在右侧选择需要的图表子类型，这里选择"簇状柱形图"；③ 选择需要的图表效果；④ 单击"确定"按钮。

小提示

通常情况下，选择二维图表即可。不建议使用三维图表，因为阴影等格式会让图表显得信息过多，不够简洁，也不利于数据的查看。

步骤 03 此时工作界面中的图表从饼图变成了柱形图，效果如下图所示。

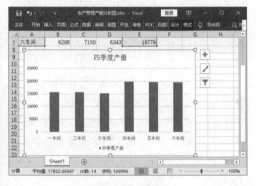

7.1.2　调整图表布局

组成 Excel 图表的元素有图表标题、坐标轴、图例等，但并不是每个图表都需要包含这些元素。创建图表后，应根据实际需要在图表中展示布局元素。调整图表布局元素的原则就是能将需要表达的主题传达给图表的阅读者，多余的图表元素能不要就不要，尽量保持简洁。

1.　快速布局

Excel 中提供了多组预置的图表布局样式，可以快速对图表进行布局调整，操作方法如下。

❶ 选择图表；❷ 在"图表工具 - 设计"选项卡的"图表布局"组中单击"快速布局"按钮；❸ 在弹出的下拉菜单中选择一种布局样式，如"布局 3"。此时图表便会应用"布局 3"样式中的布局。

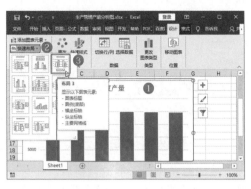

2.　自定义布局

系统预置的图表布局样式比较固定，并不一定适合每个图表。想要图表的效果出彩，还需要了解各图表元素的作用，以便手动更改图表元素的布局。

步骤 01 ❶ 单击图表右侧显示出来的"图表元素"按钮➕；❷ 在弹出的"图表元素"窗格中选中需要的图表布局，如选中"数据标签"复选框，即可在图表中显示出数据标签。

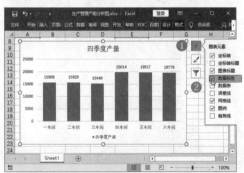

步骤 02 在"图表元素"窗格中将不需要的布局元素取消选中，如取消选中"图例"复选框，图例便从图表中消失了。

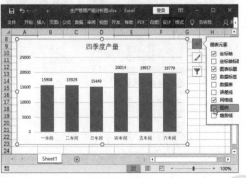

　　调整图表布局时，只选择最必要的元素，否则图表会显得杂乱。如果去除某布局元素，图表能正常表达含义，那么该布局元素就最好不要添加。

7.1.3　快速美化图表效果

　　完成图表布局元素的调整后，还可以对图表效果进行适当美化。Excel 中提供了几种快速美化图表效果的工具，具体应用方法如下。

步骤 01 ❶ 在"图表工具 - 设计"选项卡的"图表样式"组中单击"快速样式"按钮；❷ 在弹出的下拉列表中选择一种图表样式，如"样式 3"选项。此时图表便会应用"样式 3"样式的效果。

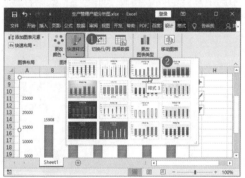

步骤 02 ❶ 单击"更改颜色"按钮；❷ 在弹出的下拉列表中选择一种图表颜色，此时图表便会应用相应的图表配色。

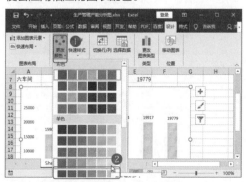

　　单击图表右侧显示出来的"图表样式"按钮 ✏️，在弹出的样式列表中选择样式，也可以快速改变图表样式。

7.1.4　设置图表布局格式

　　前面介绍的几种方法虽然可以快速美化图表，但若想图表效果有特色，还需要对不同的布局元素单独进行格式设置，以便最大限度地帮助图表表达数据意义。

1. 设置图表标题格式

　　创建图表时，系统自定义的图表标题会与表格中的某个数据字段名保持一致。这肯定不是正确的图表标题。一个好的图表标题是能完整地表达图表想要传递的主题意思的，且最好添加副标题进行解释说明，标题的格式还应美观清晰。

　　❶ 用鼠标拖动标题文本框到图表的上方；❷ 将文本插入点定位到标题文本间，按 Delete 键将原标题内容删除，输入新标题内容；❸ 在"开始"选项卡的"字体"组中设置标题字体为"微软雅黑"，分别设置主标题和副标题的字号大小。

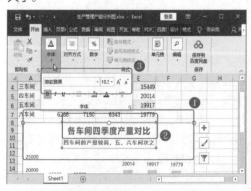

2. 设置绘图区格式

　　图表中最重要的部分就是绘图区，其中展示了数据的详细信息，应该占据整个图表的大部分内容。如果默认的绘图区太小，可以拖动鼠标调整其大小，还可以为此处单独设置填充颜色。本案例只调节绘图区的大小，具体操作如下。

❶ 将鼠标指针移动到图表中柱形附近的空白处并单击，即可选中绘图区；❷ 将鼠标指针移动到该区域的边线上，当鼠标指针变为双向箭头形状时，拖动调整绘图区的大小，使其紧靠图表标题的下方。

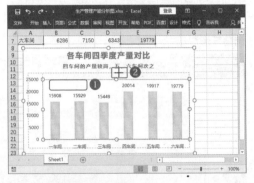

3. 设置坐标轴格式

坐标轴作为图表中数据的对比标杆，具有非常重要的作用。为图表设置一个合适的坐标轴，将有利于数据的快速读取。具体包括设置数据坐标轴的刻度数据值、数值单位、显示位置、字体格式等。

步骤01 ❶ 选择垂直坐标轴；❷ 在"字体"组中设置字体为"微软雅黑"；❸ 单击"字体颜色"按钮；❹ 在弹出的下拉列表中选择浅灰色。

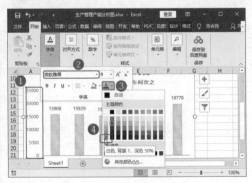

步骤02 保持垂直坐标轴的选中状态，在"图表工具 - 格式"选项卡的"当前所选内容"组中单击"设置所选内容格式"按钮。

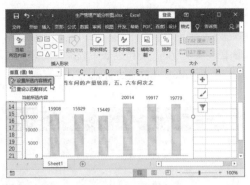

步骤03 在展开的"设置坐标轴格式"任务窗格中，❶ 单击"坐标轴选项"选项卡；❷ 单击下方的"坐标轴选项"按钮；❸ 在"单位"栏的"大"数值框中输入"6000"；❹ 在"边界"栏的"最大值"数值框中输入"24000"，即可修改坐标轴的刻度值显示效果。

步骤04 ❶ 在"显示单位"栏的下拉列表中选择"千"选项，设置刻度值的显示单位为千；❷ 选中"在图表上显示单位标签"复选框。

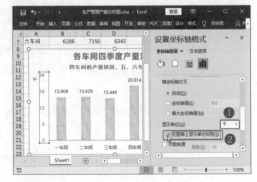

步骤05 ❶ 选择图表中显示出的单位文本框，并修改其中的文字内容；❷ 在"设置显示刻度

单位标签格式"任务窗格中单击"标签选项"选项卡；❸单击下方的"大小与属性"按钮 ；❹在"文字方向"下拉列表中选择"横排"选项；❺拖动该文本框到坐标轴刻度上方的合适位置。

4. 设置数据系列格式

柱形图表的数据系列就是各个柱形，为了让图表美观，可以对柱形的颜色进行设置，设置原则有两个：一是保证颜色的意义表达无误，如本案例中，柱形图都表示"生产量"数据，其意义相同，因此颜色也应该相同；二是保证颜色与 Excel 表、图表中其他元素的颜色相搭配，能保持整体用色的协调性。这里将柱形的宽度增加一些，方便查看和美化图表效果。

❶ 选择数据系列；❷ 在"设置数据系列格式"任务窗格中单击"系列选项"按钮 ；❸ 在"间隙宽度"数值框中设置"80%"，即可调整柱形数据系列的宽度。

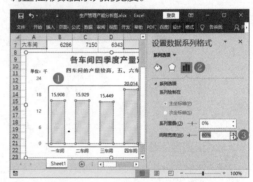

7.2 制作优秀员工绩效分析图

案例介绍

为了督促员工提高业绩，发现问题所在，形成良性竞争，企业常常会在固定时间段内对员工不同的能力进行考察，以观察不同员工的表现。优秀员工绩效表格中，通常记录了各员工不同时间段内的绩效数据。完成表格制作后，如果能贴心地在数据中添加迷你图，或是有侧重点地将数据转换成图表，领导就能更快看懂汇报数据。本案例将绩效数据转换成迷你图和图表的效果如下图所示。（结果文件参见：结果文件 \ 第 7 章 \ 优秀员工绩效分析图 .xlsx）

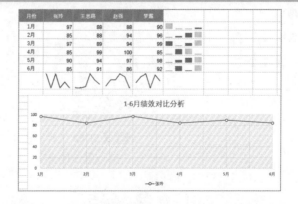

思路分析

当公司主管人员或行政人员需要向领导汇报部门员工的业绩时，主要汇报具体的数据，但又想直观展示数据，可以根据汇报的重点将部分数据转换成不同类型的图表。例如，领导看重的是实际数据，为部分数据加上迷你图即可；如果想要向领导表现员工的整体绩效状态，可以选择折线图。本案例的具体制作思路如下图所示。

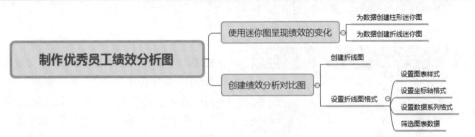

具体操作步骤及方法如下。

7.2.1 使用迷你图呈现绩效的变化

迷你图是 Excel 表格中的一个微型图表，可结合纯文字数据提供数据的直观表现效果。使用迷你图可以显示一系列数值的变化趋势，例如，不同员工的绩效对比，不同月份的绩效变化等。

1. 为数据创建柱形迷你图

柱形迷你图可以表现数据大小的对比。为表格数据增加柱形迷你图，可以帮助数据直观表现，添加方法如下。

步骤 01 打开"素材文件\第 7 章\优秀员工绩效分析图 .xlsx"，在"插入"选项卡的"迷你图"组中单击"柱形"按钮。

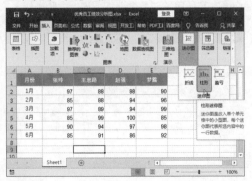

步骤 02 打开"创建迷你图"对话框，❶ 在"数据范围"文本框中输入"B2:E7"；❷ 在

"位置范围"文本框中引用 F2:F7 单元格区域；❸ 单击"确定"按钮。

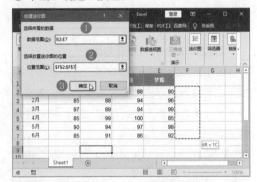

步骤 03 返回表格中，即可看到已经在 F2:F7 单元格区域中制作了迷你图。❶ 拖动鼠标调整 F 列的列宽，加宽单元格宽度；❷ 选择插入的迷你图；❸ 在"迷你图工具 - 设计"选项卡的"样式"组中选择一种迷你图样式。

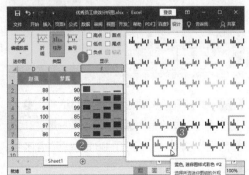

步骤 04 ❶ 在"迷你图工具 - 设计"选项卡的"显示"组中选中"高点"复选框,将柱形迷你图中最高的柱形设置成不同的颜色,突显出来;❷ 单击"样式"组中的"标记颜色"按钮██;❸ 在弹出的下拉菜单中选择"高点"命令;❹ 在弹出的子菜单中选择"橙色",从而将柱形迷你图中最高的柱形设置成橙色。

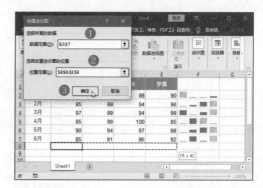

步骤 03 ❶ 在"迷你图工具 - 设计"选项卡的"显示"组中选中"高点"和"低点"复选框,将折线迷你图中最高的点和最低的点设置成红色,突显出来;❷ 单击"样式"组中的"迷你图颜色"按钮██;❸ 在弹出的下拉菜单中选择"粗细"命令;❹ 在弹出的子菜单中选择"1.5 磅",从而改变折线迷你图中折线的粗细。

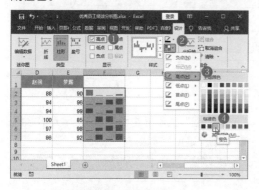

2. 为数据创建折线迷你图

折线迷你图体现的是数据的变化趋势,添加方法与柱形迷你图类似。本案例为优秀员工的上半年绩效数据添加折线迷你图,并单独设置部分迷你图的效果。

步骤 01 在"插入"选项卡的"迷你图"组中单击"折线"按钮。

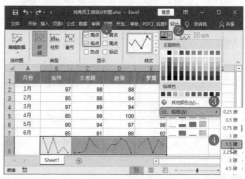

步骤 04 单击"组合"组中的"取消组合"按钮,将当前的一组迷你图拆分成一个一个的迷你图,方便单独对某个迷你图进行编辑操作。

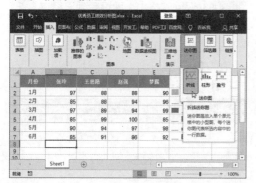

步骤 02 打开"创建迷你图"对话框,❶ 在"数据范围"文本框中输入"B2:E7";❷ 在"位置范围"文本框中引用 B8:E8 单元格区域;❸ 单击"确定"按钮。

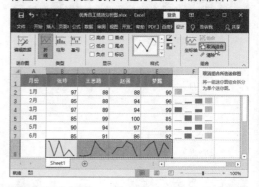

步骤 05 ❶ 选择 B8 单元格中的迷你图;❷ 在

"迷你图工具 - 设计"选项卡的"样式"组中选择一种迷你图样式。

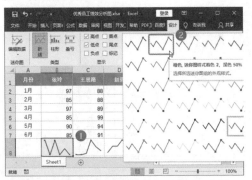

步骤 06 此时，就改变了所选迷你图的效果。

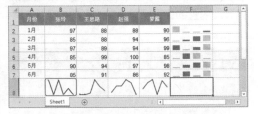

7.2.2　创建绩效分析对比图

要突出表现表格数据的趋势对比，最好的方法是创建折线图。折线图比迷你折线图表现得更完善一些，可以随意添加图表元素，还可以通过调整折线图的格式，合理表现数据的变化趋势。

1. 创建折线图

所有图表的创建方法都一样，先选择数据，再选择图表类型。创建折线图的具体操作如下。

步骤 01 ❶ 选择任意数据单元格；❷ 在"插入"选项卡的"图表"组中单击"插入折线图或面积图"按钮，❸ 在弹出的下拉菜单中选择一种折线图选项，便能成功地创建折线图。

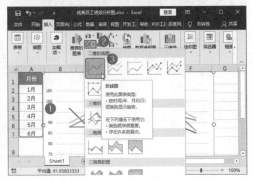

步骤 02 ❶ 将文本插入点定位到折线图标题中，删除原来的标题，输入新的标题；❷ 将鼠标指针移动到图表右下角的控制点上，拖动鼠标调整图表到合适大小。

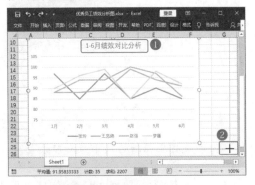

2. 设置折线图格式

创建折线图后，可以调整 Y 轴的坐标值来突显折线的变化趋势，还可以对折线的颜色和粗细等进行美化，使图表效果更加专业。

步骤 01 ❶ 选择插入的图表；❷ 单击"图表工具 - 设计"选项卡中的"快速样式"按钮；❸ 在弹出的下拉列表中选择"样式 5"选项。

步骤 02 ❶ 选择垂直坐标轴并双击；❷ 在显示出的"设置坐标轴格式"任务窗格中单击"坐标轴选项"选项卡；❸ 单击下方的"坐标轴选项"按钮；❹ 在"边界"栏的"最小值"数值框中输入"0"；❺ 在"最大值"数值框中输入"100"，即可修改坐标轴的刻度值显示效果。此时垂直坐标轴的最大值和最小值均被显示为正常数据，折线的起伏度变得平缓很多。

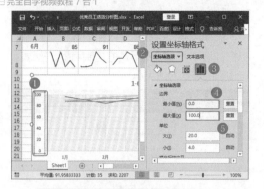

小提示

图表垂直坐标轴的最小值一般设置为"0"，即让Y轴从"0"开始，这样才能体现出数据的全面性。这里因为绩效考核的成绩为0~100，所以将坐标轴刻度值也设置为0~100。如果数据的波动比较小且有意义（如股票市场中的数据），那就只能截断刻度以显示这些差异。

步骤 03 ❶ 选择水平坐标轴；❷ 在显示出的"设置坐标轴格式"任务窗格中单击"坐标轴选项"选项卡；❸ 单击下方的"坐标轴选项"按钮；❹ 在"坐标轴位置"栏中选中"在刻度线上"单选按钮，即可让数据系列从绘图区的最左侧开始绘制。

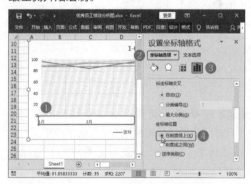

步骤 04 ❶ 选择其中任意一条折线；❷ 在"设置数据系列格式"任务窗格中单击"填充与线条"按钮；❸ 在下方单击"标记"字样；❹ 在"标记选项"栏中选中"内置"单选按钮；❺ 在"类型"下拉列表中选择一种标记样

式，并在"大小"数值框中设置标记样式的线宽。

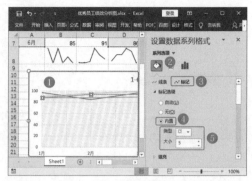

步骤 05 使用相同的方法依次为其他数据系列添加内置的标记样式，完成后的效果如下图所示。

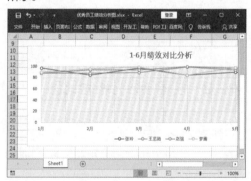

步骤 06 图表并不一定要全部显示选中的表格数据，可以根据实际需求选择隐藏部分数据，如这里可以只显示出一位员工的数据。❶ 单击图表右侧的"图表筛选器"按钮；❷ 在弹出窗格的"系列"栏中取消选中除"张玲"外的所有复选框；❸ 单击"应用"按钮。

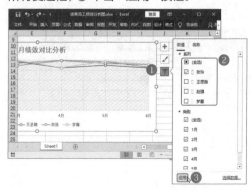

步骤 07 此时，图表中就只显示了张玲的绩效数据的对比效果。

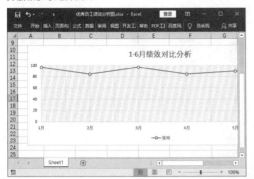

小提示

为基于时间变化而变动的数值创建图表时，有两种不错的选择，一种是使用折线图，另一种是使用面积图。虽然柱形图也可以表示时间序列的趋势，但它主要强调的是各数据点值之间的差异，更适于表现离散型的时间序列。折线图则强调起伏变化的趋势，适合表现连续型的时间序列。所以，当时间序列的数据点较少时，可以使用柱形图，而当数据点较多（超过 12 个）时，则建议使用折线图。

7.3 制作销售数据透视表

案例介绍

销售型的企业，为了衡量产品的销量状态是否良好，哪些地方存在不足，随时都需要记录销售数据，并在后期通过多维度的分析获得想要的结果。这时就可以使用数据透视表这个利器进行分析。本案例制作完成后的效果如下图所示。（结果文件参见：结果文件 \ 第 7 章 \ 销售数据透视表 .xlsx）

扫一扫，看视频

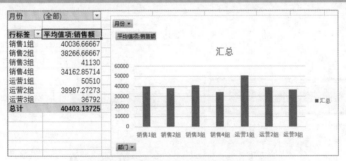

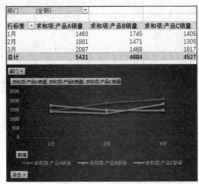

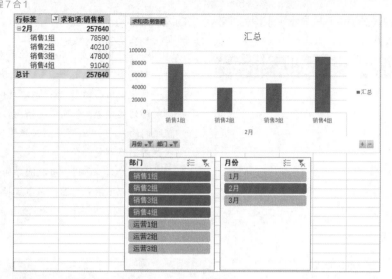

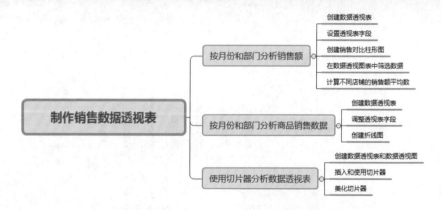

思路分析

当需要全方位分析和汇报业绩时，可以先将数据汇总到一个表格中，再利用表格生成数据透视表。在透视表中，可以通过求和、求平均数、为数据创建图表等方式对不同的字段进行分析。在利用透视表分析数据时，要根据分析目的，设置透视表的字段、建立图表、使用切片器等。本案例的具体制作思路如下图所示。

具体操作步骤及方法如下。

7.3.1 按月份和部门分析销售额

数据透视表可以将表格中的数据整合到一张透视表中，在透视表中通过设置字段，可以对比查看不同月份和部门的销售额情况。

1. 创建数据透视表

要利用数据透视表对数据进行分析，首先要根据数据区域创建数据透视表。

步骤 01 打开"素材文件\第 7 章\销售数据透视表 .xlsx"，❶ 选择任意数据单元格；❷ 在"插入"选项卡的"表格"组中单击"数据透视表"按钮。

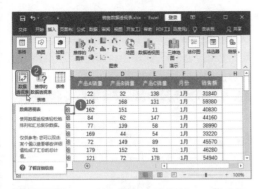

步骤 02 打开"创建数据透视表"对话框，❶ 确定选择区域是表格中的所有数据区域；❷ 选中"新工作表"单选按钮；❸ 单击"确定"按钮。

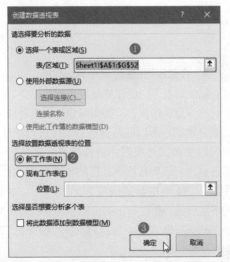

步骤 03 完成数据透视表创建后，效果如下图所示，需要设置字段方能显示所需要的透视表。

2. 设置透视表字段

新建的数据透视表或透视图是空白的，没有任何意义。需要在透视表中添加进行分析和统计的字段才可得到相应的数据透视表或数据透视图。本案例中要分析不同月份和部门的销售额，就需要添加"部门""月份""销售额"来分析商品数据。

步骤 01 在"数据透视表字段"任务窗格的列表框中选中需要的字段，系统便可自行判断数据的划分以创建出对应的透视表。

步骤 02 在"在以下区域间拖动字段"栏中，使用拖动的方法将字段拖动到相应的位置。这里将"行"列表框中的"月份"拖动到"筛选"列表框中。

步骤 03 完成字段选择与位置调整后，透视表的效果如下图所示，从表中可以清晰地看到不

同部门的商品销售情况。如果要单独查看某个月份的数据，可以在数据透视表中单击"月份"右侧的下拉按钮，在弹出的下拉菜单中按需要进行选择。

3. 创建销售对比柱形图

利用数据透视表中的数据可以创建各种图表，将数据可视化，得到数据透视图。创建数据透视图的方法与创建图表的方法类似，区别在于数据透视图是根据数据透视表创建的。例如，要为上面的数据透视表创建柱形图表，具体操作如下。

步骤 01 ❶ 选择数据透视表中的任意单元格；❷ 在"数据透视表工具 - 分析"选项卡的"工具"组中单击"数据透视图"按钮。

🔔 小技巧

选择数据透视表中的任意单元格后，也可以单击"插入"选项卡中的图表类型按钮，快速创建对应类型的图表。

步骤 02 打开"插入图表"对话框，❶ 在左侧选择需要的图表类型，这里选择"柱形图"；

❷ 在右侧选择需要的图表子类型，这里选择"簇状柱形图"；❸ 选择需要的图表效果；❹ 单击"确定"按钮。返回工作表中，即可看到已经将销售数据制作成数据透视图了。

4. 在数据透视图 / 表中筛选数据

默认情况下，创建的数据透视图中会显示所有的设置字段内容。如果需要筛选查看其中的部分数据，可以在数据透视表中进行筛选，也可以在数据透视图中进行筛选，因为同一组数据透视表和数据透视图的效果是联动的。

步骤 01 ❶ 单击数据透视表中"月份"右侧的下拉按钮；❷ 在弹出的窗格中选中"选择多项"复选框；❸ 仅选中"1月"复选框；❹ 单击"确定"按钮。

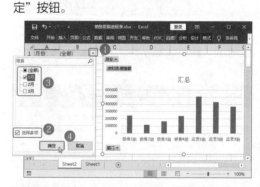

步骤 02 此时，数据透视表和数据透视图中将只显示 1 月的销售数据。❶ 单击数据透视图中的"月份"按钮；❷ 在弹出的窗格中选中"2 月"复选框；❸ 单击"确定"按钮。

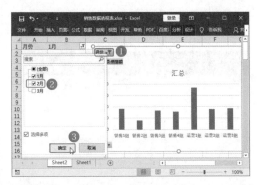

步骤 03 此时，数据透视表和数据透视图中将显示 1 月和 2 月的销售总数据，如下图所示。

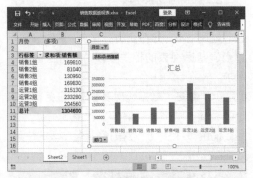

步骤 04 ❶ 再次单击数据透视表中"月份"右侧的下拉按钮；❷ 在弹出的窗格中取消选中"选择多项"复选框；❸ 单击"确定"按钮，即可取消数据筛选操作，显示出所有数据。

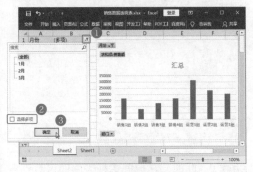

5. 计算不同店铺的销售额平均数

在数据透视表中，默认情况下统计的是数据的和，例如前面的步骤中，透视表自动计算出了不同月份和部门的总销售额。接下来就要通过设置将求和改成求平均值，对比不同部门

的销售额平均数的大小。

步骤 01 ❶ 在数据透视表的值字段中选择任意单元格，并在其上右击；❷ 在弹出的快捷菜单中选择"值字段设置"命令。

步骤 02 打开"值字段设置"对话框，❶ 在"值汇总方式"选项卡下的列表框中选择计算类型为"平均值"；❷ 单击"确定"按钮。

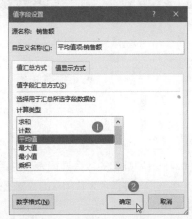

步骤 03 当值字段设置为"平均值"后，数据透视图 / 表效果如下图所示，可以清楚地看到不同部门的销售额平均值。

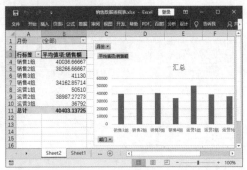

7.3.2 按月份和部门分析商品销售数据

除了对总销售额进行分析外，还可以对不同产品的销售情况进行分析。在数据透视表中，将不同产品的销售数据创建成折线图，通过对比就可以一眼看出哪些产品在哪个月的销量是好还是坏。

1. 创建数据透视表

在创建数据透视表时，还可以通过"推荐的数据透视表"功能来快速操作，然后根据需要进行修改即可。

步骤 01 ❶ 选择 Sheet1 工作表中的任意数据单元格；❷ 在"插入"选项卡的"表格"组中单击"推荐的数据透视表"按钮。

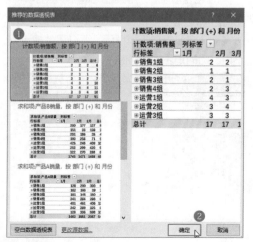

步骤 02 打开"推荐的数据透视表"对话框，❶ 在左侧选择一种适合大致需求的数据透视效果；❷ 单击"确定"按钮。

步骤 03 此时，即可根据选择的透视效果创建一张新的数据透视表工作表。

2. 调整透视表字段

通过推荐功能创建的数据透视表，可能在细节处理上不一定符合实际需求，这时只需要适当调整透视表的相关字段，即可快速实现需求。

步骤 01 ❶ 在"数据透视表字段"任务窗格中选中"部门""产品A销量""产品B销量""产品C销量""月份"5个字段；❷ 调整字段的位置，如下图所示。

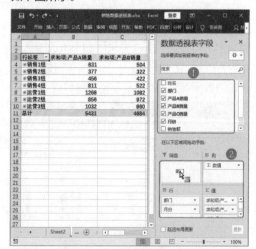

步骤 02 此时，在数据透视表中即可看到各种产品的销量数据，并可以单击"部门"筛选字段右侧的下拉按钮，在弹出的下拉列表中选择需要查看的某部门的各种产品销量数据。

小提示

数据透视表的创建过程中，调整字段是最关键的。如果对数据透视表中各种字段的排列位置和具体作用没有明确的概念，可以一边在"数据透视表字段"任务窗格中调整字段位置，一边查看效果，不断进行总结。也可以根据"推荐的数据透视表"功能来创建数据透视表，看看其他类型的透视结果是如何设置字段的。

3. 创建折线图

完成数据透视表的创建后，仅通过这些汇总的数字要弄清楚各产品的销量情况还是有一定困难的，如果将数据创建成折线图，就能明显对比出不同产品的销量走势了。

步骤 01 ❶ 选择数据透视表中的任意单元格；❷ 在"数据透视表工具 - 分析"选项卡的"工具"组中单击"数据透视图"按钮。

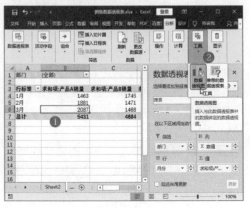

步骤 02 打开"插入图表"对话框，❶ 在左侧选择需要的图表类型，这里选择"折线图"选项；❷ 在右侧选择图表的子类型，这里选择"折线图"；❸ 选择需要的图表效果；❹ 单击"确定"按钮。

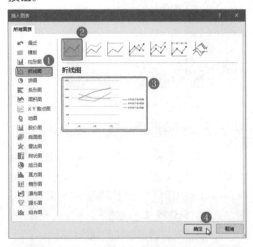

步骤 03 返回工作表中，即可看到已经根据数据透视表中的数据制作出了数据透视图。❶ 在"数据透视图工具 - 设计"选项卡的"图表布局"组中单击"快速布局"按钮；❷ 在弹出的下拉列表中选择一种布局样式。

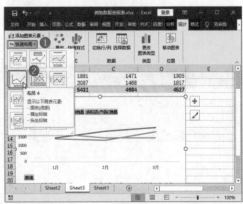

步骤 04 ❶ 单击"图表样式"组中的"快速样式"按钮；❷ 在弹出的下拉列表中选择一种图表样式。

7.3.3　使用切片器分析数据透视表

如果制作出来的数据透视表中的数据项目比较多，还可以通过 Excel 2019 的切片器功能来筛选特定的项目，让数据筛选和结果呈现都更加直观。具体操作方法如下。

1. 创建数据透视表和数据透视图

除了前面介绍的几种方法来分别创建数据透视表和数据透视图外，还可以一次性创建好数据透视表和数据透视图。

步骤 01 ❶ 选择 Sheet1 工作表中的任意数据单元格；❷ 在"插入"选项卡的"图表"组中单击"数据透视图"按钮；❸ 在弹出的下拉列表中选择"数据透视图和数据透视表"选项。

步骤 02 打开"创建数据透视表"对话框，❶ 确定选择区域是表格中的所有数据区域；❷ 选中"新工作表"单选按钮；❸ 单击"确定"

按钮。

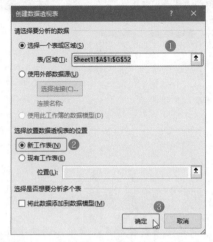

步骤 03 返回工作表中，即可看到已经创建了空白的数据透视表和数据透视图。❶ 在"数据透视图字段"任务窗格中选中"部门""月份""销售额" 3 个字段；❷ 调整字段的位置，如下图所示。

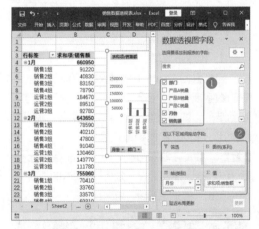

2. 插入和使用切片器

Excel 中的切片器实际上就是一个筛选器，在其中罗列了可以用于筛选的选项，通过选择相应项即可快速实现数据筛选。要使用切片器，首先需要插入对应字段的切片器，具体操作方法如下。

步骤 01 ❶ 选择数据透视表中的任意数据单元格或选择数据透视图；❷ 在"数据透视表（图）工具 - 分析"选项卡的"筛选"组中单击"插

入切片器"按钮。

步骤 02 打开"插入切片器"对话框，① 选中需要插入的切片器字段，如"部门"和"月份"；② 单击"确定"按钮。

步骤 03 此时会创建两个对应的切片器筛选框，① 选择切片后拖动鼠标将其移动到空白处；② 在"部门"切片器筛选框中选中销售部门的几个销售组选项，即可在数据透视表和数据透视图中筛选出销售部门的相关数据。

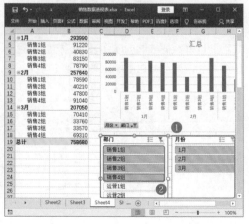

步骤 04 在"月份"切片器筛选框中选中"2 月"选项，即可筛选出各销售部门 2 月的相关数据，效果如下图所示。

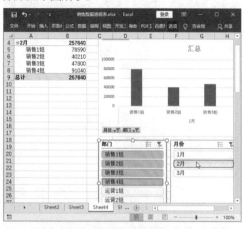

小技巧

单击切片器右上方的"清除筛选器"按钮，可以清除当前字段切片的所有筛选操作。

3. 美化切片器

切片器作为一种对象，也可以像图表一样进行美化操作。一般将切片颜色设置得和表格、图表的配色一致即可，具体操作方法如下。

步骤 01 ① 按住 Ctrl 键的同时选择插入的两个切片器筛选框；② 在"切片器工具 - 选项"选项卡的"切片器样式"组中单击"快速样式"按钮；③ 在弹出的下拉列表中选择一种切片器样式。

步骤 02 此时，即可为选择的切片器筛选框应用选择的样式效果，如下图所示。

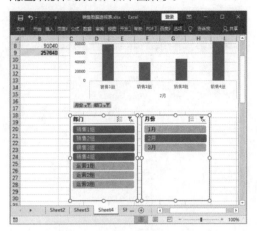

多学一点

001 排序数据，让图表更美观

扫一扫，看视频

图表中数据系列的排列顺序默认都是根据数据源的顺序进行排列的，很多人创建图表时都会采用默认的排列方式。而柱形图和条形图主要用于分类数据对比，如果在制作图表前先将数据按照升序或降序进行排列，这样做出来的图表也将呈现排序的效果，更符合内容逻辑，也便于读者阅读和比较数据。

一般情况下，会对数据进行降序排列，使柱形图前面的柱形比后面的高，条形图中最长的条形显示在最上面。例如，要让柱形图中的柱形按照从高到低的方式排列，具体操作方法如下。

步骤 01 打开"素材文件 \ 第 7 章 \ 上半年销售情况 .xlsx"文件，❶ 在创建图表的源数据中选择需要排序的列中的任意单元格；❷ 在"数据"选项卡的"排序和筛选"组中单击"降序"按钮。

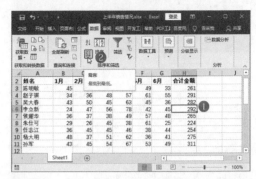

步骤 02 此时，图表中的柱形会随着原始数据的排序产生排序效果，如下图所示，图表信息就实现一目了然的效果了。

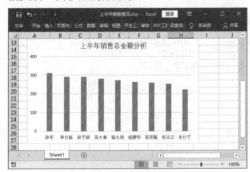

小提示

需要注意的是，并不是所有的情况都适合先排序后创建图表，如反映时间序列的图表、有些分类名称有特殊顺序要求的情况等都不适合排序。

002 通过数据删减法创建图表

在 Excel 中创建图表是要先输入数据的，并且要选择数据才能创建图表。这样就容易出现图表创建好后数据不能正确展现的情况，如下图所示。

此时，就只能通过数据删减法来更改图表的数据源——在当前已经选定的图表类型基础上，重新确认数据源的位置布置，具体操作步骤如下。

步骤 01 打开"素材文件\第 7 章\产品销量表 .xlsx"文件，❶ 选择图表；❷ 在"图表工具 - 设计"选项卡的"数据"组中单击"选择数据"按钮。

步骤 02 打开"选择数据源"对话框，发现原来图表"认为"图例项是"458 546"这两个数据。而水平轴只有"时间"二字，没有具体的时间项目。❶ 在"图例项"列表框中选择需要修改的数据系列；❷ 单击上方的"删除"按钮。

步骤 03 此时，图表中的数据已被全部清空，在 Excel 图表区域中显示为一块空白的"画布"。下面只需要在画布上重新按需添加元素即可，单击"图例项"列表框上方的"添加"按钮。

步骤 04 打开"编辑数据系列"对话框，❶ 设置系列名称为"=Sheet1!$A$1"，系列值为"=Sheet1$A$2:$A$9"；❷ 单击"确定"按钮。

步骤 05 返回"选择数据源"对话框，❶ 再次用相同的方法添加数据系列，并设置系列名称为"=Sheet1!$B$1"，系列值为"=Sheet1$B$2:$B$9"；❷ 单击"水平（分类）轴标签"列表框上方的"编辑"按钮。

步骤 06 打开"轴标签"对话框，❶ 修改轴标签区域为"=Sheet1$C$2:$C$9"；❷ 单击"确定"按钮。

步骤 07 返回"选择数据源"对话框，单击"确定"按钮。

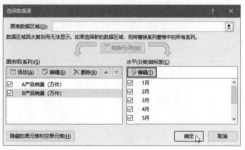

步骤 08 修改数据源后，图表的显示状态就变得正常了，效果如下图所示。

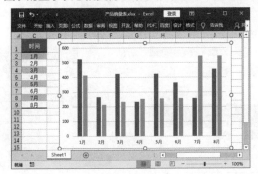

第 **8** 章　Excel 数据的预/决算分析法:

模拟运算 / 方案求解

重点索引

别看小小的Excel软件,它提供了强大的数据预算与决算分析方法。在做项目投资数据分析时,常常需要对数据的变化情况进行模拟,并分析和查看该数据变化之后所导致的结果数据的变化情况,或对表格中某些数据进行假设分析,给出多个可能性的条件,以分析使用不同的数据时可以达到的理想结果。本章将介绍Excel中数据的预/决算分析方法,包括模拟运算、方案求解等知识的应用。

知识技能

本章相关案例及知识技能如下图所示。

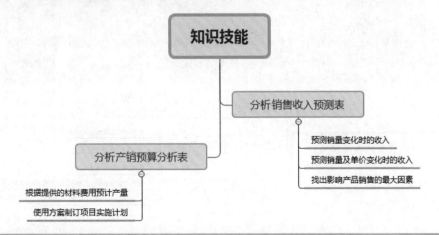

8.1 分析销售收入预测表

案例介绍

制作销售收入预测表，分析产品销量和利润，是让企业产品获得良好销售表现的必要分析手段。在销售收入预测表中，要列出产品的成本价、变动成本价、售价，以及一个假设的销量。再利用这些基础数据进行模拟运算。完成模拟运算后，可以将利润分析表提交给上级领导，让领导及时做出销售方案调整。

扫一扫，看视频

本案例制作完成后的其中一个效果如下图所示。（结果文件参见：结果文件 \ 第 8 章 \ 销售收入预测表 .xlsx）

	A	B	C	D	E	F	G	H
1	单位售价（元）	3000						
2	固定成本（元）	180000						
3	单位变动成本（元）	529						
4	销量（件）	100						
5								
6		销量及单价变化预测						
7			销量（件）					
8		67100	100	300	500	800	1200	
9		3000	67100	561300	1055500	1796800	2785200	
10		3100	77100	591300	1105500	1876800	2905200	
11	单位售价（元）	3200	87100	621300	1155500	1956800	3025200	
12		3300	97100	651300	1205500	2036800	3145200	
13		3400	107100	681300	1255500	2116800	3265200	
14		3500	117100	711300	1305500	2196800	3385200	
15		3600	127100	741300	1355500	2276800	3505200	
16								

利润变化预测　销量及单价变化预测　…　(+)

思路分析

为了让利润最大化，企业通常会在将商品正式投入市场前根据同类产品或市场需求情况预估产品的销售情况，并分析商品在不同销量、售价下的利润，最终找出利润最大化的方案，用于指导后续的工作。在模拟分析环节，可以使用 Excel 的模拟运算功能进行比较分析。后续工作中，还可以用 Excel 的相关系数功能分析不同因素对销量的影响，找出影响销量的不利因素，以便及时调整。本案例的具体制作思路如下图所示。

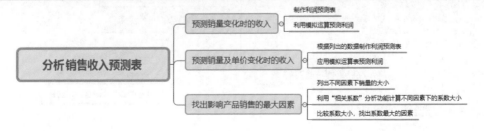

具体操作步骤及方法如下。

8.1.1 预测销量变化时的收入

本案例将应用模拟运算表对产品销量不同时的销售利润进行预测分析。已知产品的单价、销量、固定成本、单位变动成本，要计算出产品销量达到不同数量级时利润的变化。

1. 制作利润变化预测表

在 Excel 中，模拟运算表是一个单元格区域，它可以显示一个或多个公式中替换不同数值时的计算结果。在应用模拟运算表对数据的变化结果进行计算前，必须先列举已知数据和变化数据的初始值，以及计算公式，然后在行或列中列举要进行模拟分析的变化数据，具体步骤如下。

步骤 01 ❶ 新建工作簿，并重命名为"销售收入预测表"；❷ 更改工作表 Sheet1 为"利润变化预测"；❸ 在 A1:B4 单元格区域中输入如下图所示的已知数据；❹ 在 D1:E8 单元格区域中，根据要计算的产品不同销量数量级时的利润制作表格框架，并简单设置单元格格式。

步骤 02 在 E3 单元格中输入公式 "=(B1-B3)*B4-B2"，按 Enter 键计算出由已知数据得到的利润。

小提示

在创建单变量模拟运算表区域时，可将变化的数据放置于一列或一行中。若变化的数据在一列中，应将计算公式创建于其右侧列的首行，若变化的数据创建于一行中，则应将计算公式创建于该行下方的首列中。

2. 利用模拟运算预测利润

输入已知数据和变化数据的初始值，以及计算公式，并创建用于模拟运算的变化数据后，就可以应用模拟运算表功能来计算公式中变量变化后所得到的不同结果了，具体步骤如下。

步骤 01 ❶ 选择 D3:E8 单元格区域；❷ 在"数据"选项卡的"预测"组中单击"模拟分析"按钮；❸ 在弹出的下拉菜单中选择"模拟运算表"命令。

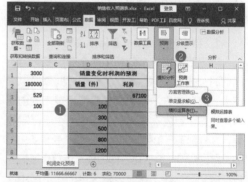

步骤 02 打开"模拟运算表"对话框，❶ 本案例中因为将变化的数据放在一列中，所以在"输入引用列的单元格"文本框中引用公式中的变量，即 B4 单元格；❷ 单击"确定"按钮。

步骤 03 完成模拟运算后，效果如下图所示，根据 D4:D8 单元格区域中列出的产品的不同销量，在 E4:E8 单元格区域中预测出了对应销量的利润大小。

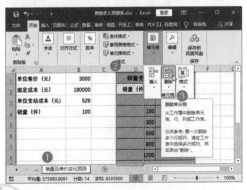

8.1.2 预测销量及单价变化时的收入

前面模拟了一个变量变化时的效果，如果要分析产品的销量和单价均发生变化时所得到的利润，可应用双变量模拟运算表对两组数据的变化进行分析，计算出两组数据分别为不同值时的公式结果。例如，要求计算出销量（件）分别为 100、300、500、800、1200，单价（元）分别为 3000、3100、3200、3300、3400、3500、3600 时的利润，具体操作如下。

1. 制作销量及单价变化预测表

当需要计算一个公式中两个变量变化为不同值时公式的不同结果，应创建双变量模拟运算表，其创建方法与单变量模拟运算表的创建方法类似。首先需要先在表格中列举出已知数据，并分别于行和列方向列举出两个变量变化的值，将这两组变量变化值作为模拟运算表区域的行标题和列标题，在该表格区域的左上角中添加要得到计算结果的公式。具体操作步骤如下。

步骤 01 ❶ 复制"利润变化预测"工作表，并重命名为"销量及单价变化预测"；❷ 选择 D、E 两列单元格；❸ 在"开始"选项卡的"单元格"组中单击"删除"按钮，删除这两列单元格。

步骤 02 在 A6:G15 单元格区域中，根据要计算的产品不同销量数量级和不同单价时的利润制作表格框架，使其构成一个双变量模拟运算表的表格区域，并简单设置单元格格式。

步骤 03 在 B8 单元格中输入公式"=(B1-B3)*B4-B2"，计算出由已知数据得到的利润。

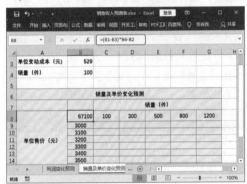

2. 应用模拟运算表预测利润

与单变量的模拟运算类似，创建好用于模拟运算的数据区域和计算公式后，就可以应用模拟运算表功能计算出公式中变量变化后所得到的不同结果了。只是在"模拟运算表"对话框中需要同时引用行的单元格和列的单元格，"引用行的单元格"需要设置为模拟运算表中行上变化的数据所对应的公式中的变量，"引用列的单元格"需要设置为模拟运算表中列上变化的数据所对应的公式中的变量。

本案例中模拟运算表中行上变化的数据为销量，故"输入引用行的单元格"文本框中应设置为公式中表示销量的单元格，即 B4；本案例中模拟运算表中列上变化的数据为单价，故"输入引用列的单元格"文本框中应设置为公式中表示单价的单元格，即 B1，具体操作如下。

步骤 01 ❶ 选择 B8:G15 单元格区域；❷ 单击"数据"选项卡"预测"组中的"模拟分析"按钮；❸ 在弹出的下拉菜单中选择"模拟运算表"命令。

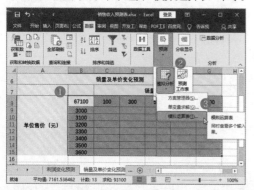

步骤 02 打开"模拟运算表"对话框，❶ 在"输入引用行的单元格"中引用 B4 单元格，在"输入引用列的单元格"中引用 B1 单元格；❷ 单击"确定"按钮。

步骤 03 完成模拟运算后，效果如下图所示，在 C9:G15 单元格区域中，根据单元格位置计算出了不同销量和单价作用下的利润结果。

8.1.3　找出影响产品销售的最大因素

Excel 2019 将数据分析时使用频率较高的分析工具收纳到一个工具箱中，包括方差分析工具、相关系数分析工具、协方差工具等。该工具箱操作简单，在开展复杂数据分析时只要为每项分析提供数据和参数，就可以快速得到相应的结果了。

例如，可以通过"相关系数"功能来分析不同因素对产品销售的影响。其操作步骤是，将影响产品销售的因素列出来，再列出对应的产品销量，通过执行"相关系数"命令，计算出不同因素与产品销量的相关系数大小，具体操作如下。

步骤 01 ❶ 新建"影响产品的销售因素分析"工作表；❷ 在表中将产品不同因素项目下对应的产品销量列出来，如下图所示。

小提示

用于进行相关系数分析的每一项相关系数都必须是数字，所以"部门"字段下不可以输入具体的部门名称，"销售人员编号"字段下也不可以输入非数字型的内容。类似于"销售 1 部""运营 2 部""GY101"这样的非数字内容都是无法计算相关系数的。数据分析的对象仅仅局限于纯粹的数字类信息，因此只能灵活地将文字、图形类信息转化为数据信息，即用数字"1""2"等来代替非数字类信息。

步骤 02 ❶ 在"文件"选项卡中选择"更多"命令；❷ 在弹出的子菜单中选择"选项"命令。

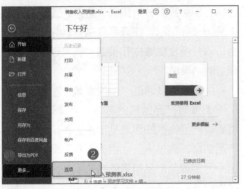

步骤 03 打开"Excel选项"对话框，❶ 单击"加载项"选项卡；❷ 在右侧的"管理"下拉列表中选择"Excel加载项"选项；❸ 单击"转到"按钮。

步骤 04 打开"加载项"对话框，❶ 在列表框中选中"分析工具库"复选框；❷ 单击"确定"按钮。

步骤 05 返回工作表中，可以看到在"数据"选项卡中添加了"分析"组。在"数据"选项卡的"分析"组中单击"数据分析"按钮。

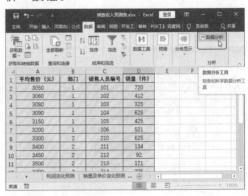

步骤 06 打开"数据分析"对话框，❶ 在列表框中选择"相关系数"选项；❷ 单击"确定"按钮。

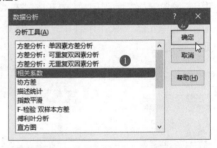

步骤 07 打开"相关系数"对话框，单击"输入区域"参数框后的"折叠"按钮。

步骤 08 ❶ 选择表格中的数据区域；❷ 单击"展开"按钮。

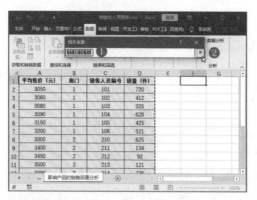

步骤 09 返回"相关系数"对话框，❶ 将文本插入点定位到"输出区域"文本框中；❷ 单击其后的"折叠"按钮。

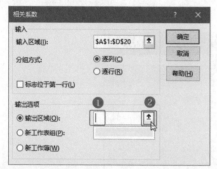

步骤 10 ❶ 在表格中选择需要放置输出结果的单元格；❷ 单击"展开"按钮。

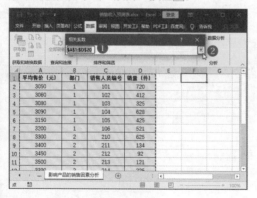

步骤 11 返回"相关系数"对话框，❶ 在"分组方式"栏中选中"逐列"单选按钮；❷ 选中"标志位于第一行"复选框；❸ 单击"确定"按钮。

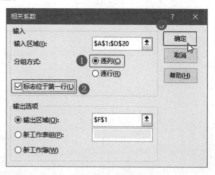

步骤 12 此时，相关系数分析的结果便出现在设置的结果输出位置了，是一个 4×4 的矩阵，数据项目的行列的交叉处就是其相关系数。变量自身是完全相关的，所以相关系数在对角线上显示为"1"。这里需要分析的是哪一列因素与销量的相关系数最大，对应分析结果来看，平均售价与销量的相关系数是"-0.74588"，是最大的数（相关系数大小只看绝对值，数的正负只表示相关关系是正相关还是负相关）。这说明在这些因素中，平均售价与销量的多少有较大的关系。要想提高销量，就有必要适当降低售价。

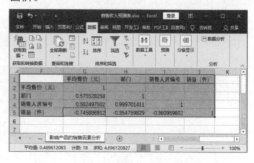

8.2 分析产销预算分析表

案例介绍

扫一扫，看视频

　　一个有计划的企业会根据前期的生产和销售情况对未来公司的生产和销售进行规划。规划时会考虑到定量和变量。常见的企业产销定量有商品的材料成本价格、固定利润率大小等，常见的变量有人工成本变动、规划产量变化、销量等。大型企业往往会同时生产多种产品，不同的产品提供多少材料费用、配备多少生产线，最终能生产出多少该产品；不同的产品销量达到多少时，才能使公司的总利润、总销售额最大，这些都是需要通过数据运算完成的问题。

　　本案例制作完成后的其中一个效果如下图所示。（结果文件参见：结果文件 \ 第 8 章 \ 产销预算分析表 .xlsx）

方案摘要				
	当前值:	方案1	方案2	方案3
可变单元格:				
产品A	2200	2000	2200	1800
产品B	2000	1950	2000	1800
产品C	1400	1500	1400	1550
产品D	1300	1400	1300	1500
产品E	1000	1100	1000	1400
产品F	999	999	999	999
结果单元格:				
总销售额	1701204.12	1727604.12	1701204.12	1776304.12
总利润	475294.17	486649.36	475294.17	507267.36
注释: "当前值"这一列表示的是在				
建立方案汇总时, 可变单元格的值。				
每组方案的可变单元格均以灰色底纹突出显示。				

思路分析

　　利用 Excel 的模拟分析功能进行不同数据的运算，首先需要明白要分析的问题是什么，其中哪些属于定量，哪些属于变量，变量有几个，如果只有一个变量，可以用"单变量求解"或"模拟运算表"功能进行模拟；如果变量有两个，可以用"模拟运算表"功能完成；如果需要对比变量变化的不同结果，就需要用到 Excel 的方案管理器。本案例的具体制作思路如下图所示。

具体操作步骤及方法如下。

8.2.1　根据提供的材料费用预计产量

本案例将应用单变量求解对材料费用不同时的各产品产量进行预测分析。已知各产品可以提供的材料费用和单位产品的材料成本，要计算出产品的产量。

1. 制作产品预计产量表

要应用单变量求解对数据变化结果进行计算，首先应列举出已知数据及相应的计算公式，然后根据公式倒推出目标结果。具体步骤如下。

步骤 01 打开"素材文件 \ 第 8 章 \ 产销预算分析表 .xlsx"文件，❶ 新建"各产品预计产量"工作表；❷ 输入如下图所示的基础数据；❸ 选择 B2 单元格；❹ 单击"公式"选项卡中的"自动求和"按钮右侧的下拉按钮；❺ 在弹出的下拉菜单中选择"平均值"命令。

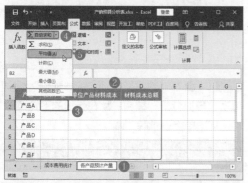

步骤 02 文本插入点会自动定位到刚插入的 AVERAGE 函数的括号中，单击"总产量"工作表标签。

步骤 03 拖动鼠标选择 B2:G2 单元格区域，按 Enter 键计算出产品 A 的平均销量。

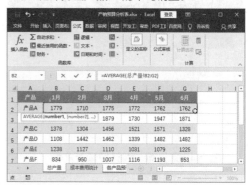

步骤 04 返回"各产品预计产量"工作表，即可看到计算出的产品 A 的预计产量。在 C2 单元格中输入"=SUM(成本费用统计 !B2:G2)/SUM(总产量 !B2:G2)"，计算出单位产品的材料成本。

步骤 05 在 D2 单元格中输入"=B2*C2"，计算出材料成本的总额。

步骤 06 选择 B2:D2 单元格区域，拖动鼠标复制公式到下面的单元格中，完成所有产品的预计产量、单位产品材料成本、材料成本总额

的计算。

2. 利用单变量求解计算预计产量

单变量求解是解决假定一个公式要取得某个结果时，其中变量的引用单元格将变化为多少的问题。在计划各产品的产量时，可以根据提供的材料费用，对产量的值不断调整，直至达到所需要求的材料费，此时产量的值就确定下来了。

在利用单变量求解分析数据时，需要输入公式引用数据，不能直接输入数值，而是需要选择数据单元格，否则不能分析出数据的变动情况。但是，用于分析的变动值必须是具体数值，不能是通过公式得到的计算结果。

步骤 01 ❶ 选择 B2:C7 单元格区域；❷ 单击"复制"按钮进行复制；❸ 单击"粘贴"按钮下方的下拉按钮；❹ 在弹出的下拉列表中选择"值"选项。

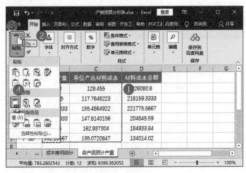

步骤 02 保持单元格区域的选中状态，在"开始"选项卡的"数字"组的下拉列表中选择"数值"，让所有数据显示为两位小数。

步骤 03 ❶ 选择 B 列单元格；❷ 单击两次"数字"组中的"减少小数位数"按钮，让数据显示为整数。

步骤 04 ❶ 在"数据"选项卡的"预测"组中单击"模拟分析"按钮；❷ 在弹出的下拉菜单中选择"单变量求解"命令。

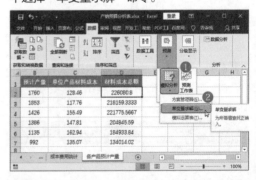

步骤 05 打开"单变量求解"对话框，❶ 输入"目标单元格"值和"目标值"；❷ 将文本插入点定位到"可变单元格"文本框中，单击 B2 单元格进行引用；❸ 单击"确定"按钮。

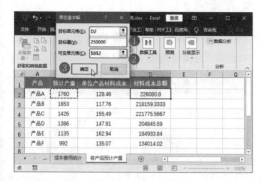

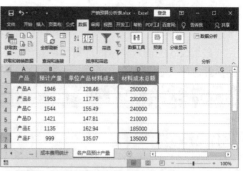

步骤 06 经过计算后，弹出"单变量求解状态"对话框，单击"确定"按钮。

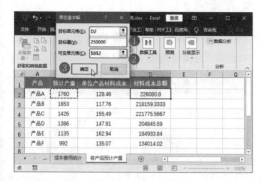

步骤 07 ① 按照同样的方法，选择 D3 单元格，打开"单变量求解"对话框，计算产品 B 的预计产量；② 设置"单变量求解"对话框中的各参数；③ 单击"确定"按钮。

步骤 08 按照同样的方法，完成余下几个产品的预计产量计算，结果如下图所示，即根据每个产品的材料成本总额推算出产品产量。

小提示

　　由于 C 列中的数据是计算得到的，表面上看都是两位小数，实际上双击可以看到计算结果可能有很多位小数，导致进行单变量求解时，需要进行复杂的运算，而且这里是进行除法运算，可能得不出正确的结果。此时，可以修改 C 列数据精确到两位小数后，再进行单变量求解。

8.2.2　使用方案制订项目实施计划

　　Excel 中的"方案管理器"功能可以对不同的方案进行假设，对比结果可以选择最优方案。下面将为各产品建立不同的销量目标方案，以便比较每种方案下的利润及总销售额。

1. 输入计算公式

　　方案实际上是一组可变单元格的输入值，每个可变单元格的集合代表一组假设分析，而这些可变单元格必须有一个运算依据才能建立联系。这个运算依据就是计算公式，在建立方案前，首先要输入计算公式。

步骤 01 ① 新建"产品销售方案"工作表；② 输入表格的基础数据；③ 在 E5 单元格中输入公式"=(C5-D5)*B5"，计算产品 A 的利润；④ 向下复制公式，完成其他产品的利润计算。

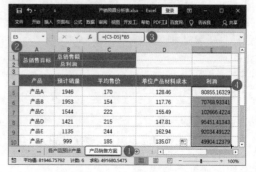

步骤 02 在 C1 单元格中输入公式"=SUM (B5:B10*C5:C10)",按 Ctrl+Shift+Enter 组合键完成数组公式的输入,从而计算出所有产品的销售额之和。

步骤 03 在 C2 单元格中输入公式"=SUM(E5: E10)",计算出所有产品的总利润。

步骤 04 ❶ 选择 C1:C2 和 E5:E10 单元格区域; ❷ 在"开始"选项卡的"数字"组中的下拉列表中选择"数值"选项,让所有数据值显示为两位小数。

2. 添加方案

完成公式计算后,就可以为产品的不同销量目标建立方案。

步骤 01 ❶ 单击"数据"选项卡"预测"组中的"模拟分析"按钮; ❷ 在弹出的下拉菜单中选择"方案管理器"命令。

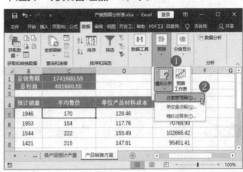

步骤 02 此时方案管理器中没有方案,单击"添加"按钮,设置第一个方案。

步骤 03 打开"添加方案"对话框, ❶ 输入第一个方案的名称"方案1"; ❷ 将文本插入点定位到"可变单元格"文本框中,选中 B5:B10 单元格区域,表示各产品的目标销量是可以变化的; ❸ 单击"确定"按钮。

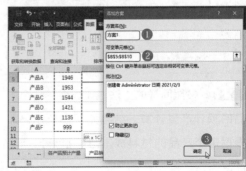

步骤 04 打开"方案变量值"对话框，❶ 在其中分别输入 6 个产品的目标销量；❷ 单击"确定"按钮。

步骤 05 返回"方案管理器"对话框中，即可看到新添加的方案选项，再次单击"添加"按钮。

步骤 06 使用前面介绍的方法再添加一个方案，❶ 在新添加的方案编辑器中，输入名称"方案 2"；❷ 选择可变区域为 B5:B10 单元格区域，与方案 1 一致；❸ 单击"确定"按钮。

小提示

在方案的可变单元格中，可以输入相邻或不相邻的单元格。相邻单元格用英文冒号"："分隔，不相邻单元格用英文逗号"，"分隔。

步骤 07 在方案 2 的"方案变量值"对话框中，❶ 输入 6 个产品的另一种目标销量；❷ 单击"确定"按钮，完成方案 2 的设置。

步骤 08 再次单击"方案管理器"对话框中的"添加"按钮，添加一个"方案 3"，选择可变区域为 B5:B10 单元格区域，与方案 1 一致。❶ 在方案 3 的"方案变量值"对话框中，输入 6 个产品的另一种目标销量；❷ 单击"确定"按钮。

3. 查看方案求解结果

在同一个工作表中建立多个方案后，要查看不同方案的求解结果，只需要在方案管理器中选择对应的方案即可。

步骤 01 打开"方案管理器"对话框，❶ 在"方案"列表框中选择需要查看的方案名称，如"方案 1"；❷ 单击"显示"按钮。

步骤 02 此时表格中便显示出要实现方案 1 中各产品的目标销量时，其利润、总销售额、总利润各是多少。

步骤 03 打开"方案管理器"对话框，❶ 在"方案"列表框中选择"方案 2"选项；❷ 单击"显示"按钮。

步骤 04 此时表格中便显示出要实现方案 2 中各产品的目标销量时，其利润、总销售额、总利润各是多少。

4. 生成方案摘要

建立方案后，还可以添加方案摘要来直观地显示不同变量值的计算结果，这样对比和选择方案会变得容易许多。具体操作步骤如下。

步骤 01 打开"方案管理器"对话框，单击"摘要"按钮。

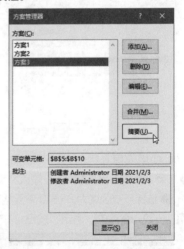

步骤 02 打开"方案摘要"对话框，❶ 在"报表类型"栏中选中"方案摘要"单选按钮；❷ 在"结果单元格"参数框中输入"=$C$1:$C$2"，即总销售额和总利润结果单元格；❸ 单击"确定"按钮。

步骤 03 修改摘要报表中的部分单元格内容，将原本为引用单元格地址的文本内容更改为对应的标题文字，并调整表格的格式，最终效果如下图所示。

小技巧

可以在"方案管理器"对话框中继续添加或删除方案。要删除方案，只需要单击"删除"按钮即可。当可变量的数据发生变化时，还可以在"方案管理器"对话框中选中方案，单击"编辑"按钮，对方案再次进行编辑。

多学一点

001　通过图表对数据进行简单预测

将数据创建为图表后，也可以为数据系列添加趋势线，以便更加直观地对系列中的数据变化趋势进行分析与预测，具体操作方法如下。

扫一扫，看视频

步骤 01 打开"素材文件 \ 第 8 章 \ 销售统计表 .xlsx"文件，❶ 选择图表；❷ 在"图表工具 - 设计"选项卡的"图表布局"组中单击"添加

图表元素"右侧的下拉按钮；❸ 在弹出的下拉菜单中选择"趋势线"命令；❹ 在弹出的子菜单中选择趋势线类型，这里选择"线性"。

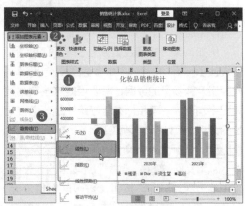

步骤 02 打开"添加趋势线"对话框，❶ 在列表框中选择要添加趋势线的系列，如选择"Dior"；❷ 单击"确定"按钮。

步骤 03 返回工作表中，即可看到图表中的趋势线已经添加，如下图所示，可以快速地看出 Dior 产品这几年的销量变化趋势。

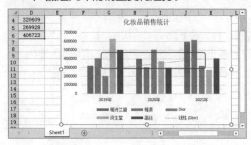

002　对数据进行全面的描述分析

在进行数据分析时，通常要先对数据进行基本的描述统计，了解数据的概况，从而发现更多的内部规律，方便选择下一步的分析方向。

对数据进行描述统计，需要描述的方面包括数据的频数分析、集中趋势分析、离散程度分析、数据分布等。对数据进行这些方面的描述分析，在 Excel 中可以用相关统计函数分别进行计算，也可以用描述统计工具一次性完成。

例如，某公司通过公众号引流销售商品，现统计了一年（12 个月）中微信文章的阅读量、收藏量及购物量的数据，需要根据这些数据计算出平均值、方差和标准差等统计量，进行初步的分析，具体操作步骤如下。

步骤 01 打开"素材文件\第 8 章\公众号数据.xlsx"文件，❶ 在"数据"选项卡的"分析"组中单击"数据分析"按钮；❷ 打开"数据分析"对话框，选择"描述统计"选项；❸ 单击"确定"按钮。

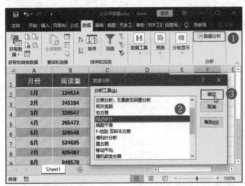

步骤 02 打开"描述统计"对话框，❶ 设置输入区域为需要分析的数据所在的单元格区域，即 B1:D13 单元格区域；❷ 因为设置的数据区域第一行为字段标题，所以选中"标志位于第一行"复选框；❸ 设置结果的输出区域；❹ 选中"汇总统计"复选框；❺ 单击"确定"按钮。

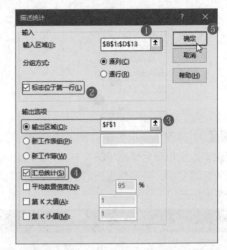

步骤 03 此时便根据数据生成了描述统计结果，如下图所示，图中显示了阅读量、收藏量、购物量的数据概况，包括平均数、中位数、众数、标准差、方差、最大值和最小值等描述统计结果。

第9章 PowerPoint 快速入门:
幻灯片的创建、编辑与设计

重点索引

PowerPoint,简称PPT,是微软办公软件Office中的一个演示文稿制作程序,可以用于制作商务汇报、公司培训、产品发布、广告宣传以及商业演示等。本章以制作公司简介PPT和摄影培训PPT为例,介绍演示文稿和幻灯片的基本操作。

知识技能

本章相关案例及知识技能如下图所示。

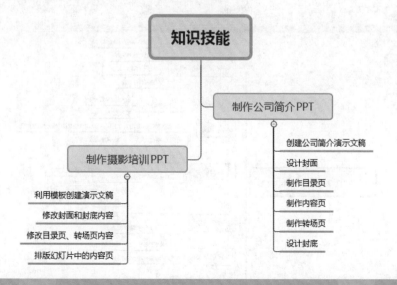

9.1 制作公司简介 PPT

案例介绍

扫一扫，看视频

当企业需要向内部新员工或者外部来访者介绍企业信息和企业文化时，就需要制作企业简介 PPT 做展示与宣传之用。这种演示文稿中包含企业品牌价值、文化理念、经营理念、企业荣誉等内容信息，力图向观众展示企业最好的一面。

本案例制作完成后的效果如下图所示。（结果文件参见：结果文件\第 9 章\公司简介 .pptx）

思路分析

制作公司简介 PPT 时，首先应该厘清需要展示的内容，然后正确地创建一份演示文稿，再将 PPT 的框架，即封面、目录、转场页以及封底的效果规划出来，接着就是将准备好的内容进行提炼，制作出具体的内容页，内容页中的通用元素还可以提取出来制作成版式，方便后面的内容页制作。制作过程中，注意多通过文字和图片资料来美化和完善 PPT 效果。本案例的具体制作思路如下图所示。

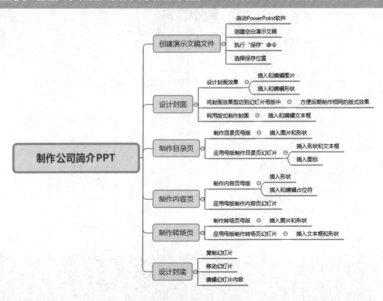

具体操作步骤及方法如下。

9.1.1　创建公司简介演示文稿

在制作公司简介演示文稿前，首先要用 PowerPoint 2019 软件正确地创建文档，并保存文档。

步骤 01 启动 PowerPoint 2019 后，单击"空白演示文稿"按钮，即可新建一个空白演示文稿。

步骤 02 创建新文档后，先不要急着制作幻灯片，先正确保存再进行内容制作，以防止内容丢失。单击快速访问工具栏中的"保存"按钮。

步骤 03 ❶ 在"文件"菜单中选择"另存为"命令；❷ 选择"浏览"命令。

步骤 04 打开"另存为"对话框，❶ 选择文件保存位置；❷ 输入文件名称；❸ 单击"保存"按钮即可以设定的名称保存该演示文稿。

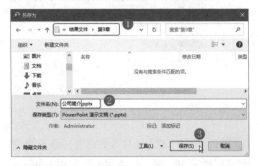

9.1.2　设计封面

完成文档创建和保存后，首先可以制作 PPT 的封面。

1. 设计封面效果

本案例中的封面需要全部重新制作，不使用模板中提供的封面版式，所以，需要先更改幻灯片版式为空白，再进行设计。

步骤 01 ❶ 在"开始"选项卡的"幻灯片"组中单击"版式"按钮；❷ 在弹出的下拉列表中选择"空白"选项。

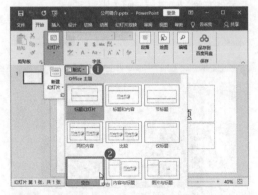

步骤 02 此时，幻灯片变为空白效果，可以按照需要在上面进行设计，这里选择先插入一张图片作为封面页幻灯片的背景效果。❶ 在"插入"选项卡的"图像"组中单击"图片"按钮；❷ 在弹出的下拉菜单中选择"此设备"命令。

步骤 03 打开"插入图片"对话框，❶ 选择需要插入图片的保存位置；❷ 选择需要插入的"素材文件\第9章\建筑.jpg"图片；❸ 单击"插入"按钮。

步骤 06 ❶ 在"插入"选项卡的"插图"组中单击"形状"按钮；❷ 在弹出的下拉列表中选择"直角三角形"选项。

步骤 04 拖动鼠标将插入的图片移动到幻灯片页面的左侧，使其与左侧边界对齐。

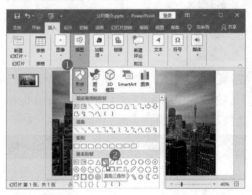

步骤 07 按住鼠标左键，在图中拖动鼠标绘制一个直角三角形。

步骤 05 保持图片的选中状态，❶ 在"图片工具-格式"选项卡的"调整"组中单击"颜色"按钮；❷ 在弹出的下拉菜单的"色调"栏中选择"色温: 11200K"选项，使图片效果看起来更梦幻一点。

步骤 08 ❶ 选择绘制的三角形；❷ 在"绘图工具-格式"选项卡的"排列"组中单击"旋转"按钮；❸ 在弹出的下拉菜单中选择"水平翻转"命令。

步骤 09 ❶ 再次单击"排列"组中的"旋转"按钮；❷ 在弹出的下拉菜单中选择"垂直翻转"命令。

小提示

这里需要的是旋转180°的效果，也可以直接在"旋转"下拉菜单中选择"其他旋转选项"命令，然后打开"设置形状格式"窗格，在"旋转"文本框中输入"180°"的旋转值。

如果不需要精确地旋转图形，在选择图形后，直接按住图形上方的旋转按钮 ⟳ 左右拖动，也可以调整图形的旋转角度。

步骤 10 保持直角三角形的选中状态，❶ 在"绘图工具 - 格式"选项卡的"形状样式"组中单击"形状填充"按钮；❷ 在弹出的下拉菜单中选择"取色器"命令；❸ 将鼠标指针移动到需要取色的位置处单击，即可为图形应用吸取的颜色。

步骤 11 ❶ 在"插入"选项卡的"插图"组中单击"形状"按钮；❷ 在弹出的下拉列表中选择"平行四边形"选项。

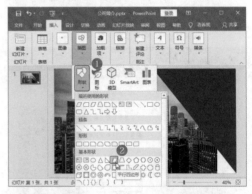

步骤 12 ❶ 在图中拖动鼠标绘制一个平行四边形；❷ 选择并拖动鼠标调整平行四边形上的黄色控制柄位置，改变平行四边形的斜率。

步骤 13 ❶ 继续在页面右侧绘制一个矩形，按住 Ctrl 键的同时选择绘制的平行四边形和矩形；❷ 在"绘图工具 - 格式"选项卡的"插入形状"组中单击"合并形状"按钮；❸ 在弹出的下拉

列表中选择"结合"选项。

步骤 14 ❶ 选择结合后的形状；❷ 单击"形状样式"组中的"形状填充"按钮；❸ 在弹出的下拉菜单中选择"渐变"命令；❹ 在弹出的子菜单中选择"其他渐变"命令。

步骤 15 显示出"设置形状格式"窗格，❶ 选中"渐变填充"单选按钮；❷ 单击"方向"按钮；❸ 在弹出的下拉列表中选择"线性向下"选项。

步骤 16 ❶ 选择下方渐变光圈设置条上位于中间的色标；❷ 单击"删除渐变光圈"按钮 。

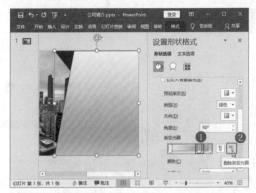

步骤 17 使用相同的方法将渐变光圈设置条上另一个中间位置的色标删除；❶ 选择第一个色标；❷ 单击"颜色"按钮；❸ 在弹出的下拉菜单中选择"其他颜色"命令。

步骤 18 打开"颜色"对话框，❶ 单击"自定义"选项卡；❷ 在数值框中分别输入要设置的颜色的 RGB 值；❸ 单击"确定"按钮。

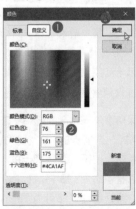

步骤 19 使用相同的方法为渐变光圈设置条上第二个色标设置颜色，得到双色渐变效果。

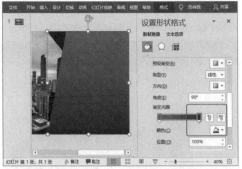

步骤 20 ① 在页面右上方绘制一个三角形，填充为白色；② 再绘制一个稍小一些的三角形，填充为墨绿色。

2. 将封面效果剪切到幻灯片母版中

创建好的封面效果，因为是由多个对象组成的，为了防止后期使用时移动或错误编辑到这个组合对象的各组成部分，也为了其他幻灯片可以快速利用这个组合效果，可以将整个效果剪切为幻灯片母版中的一个版式。

步骤 01 ① 选择并剪切幻灯片中制作的多个对象；② 在"视图"选项卡的"母版视图"组中单击"幻灯片母版"按钮。

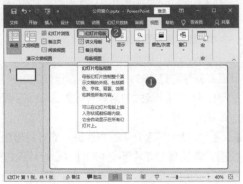

步骤 02 进入幻灯片母版视图，① 在左侧窗格中选择"空白"版式；② 在"幻灯片母版"选项卡的"编辑母版"组中单击"插入版式"按钮。

步骤 03 将在所选幻灯片母版版式的下方插入一个相同的版式，选择该版式页面中的所有对象，按 Delete 键删除。

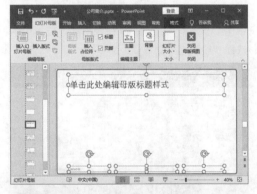

步骤 04 ① 将之前剪切的对象粘贴到该版式中；② 单击"关闭母版视图"按钮，退出幻灯片母版视图。

3．利用版式制作封面

创建好封面版式后，就可以利用版式制作封面效果了，再也不用担心会编辑到组合对象。

步骤 01 ❶ 在"开始"选项卡的"幻灯片"组中单击"版式"按钮；❷ 在弹出的下拉列表中可以看到刚刚新建的自定义版式，选择该选项。

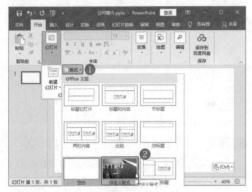

步骤 02 ❶ 在"插入"选项卡的"文本"组中单击"文本框"按钮；❷ 在弹出的下拉菜单中选择"绘制横排文本框"命令。

步骤 03 在页面右下角拖动鼠标绘制一个文本框。

步骤 04 ❶ 在文本框中输入需要的演示文稿的标题；❷ 在"字体"组中设置合适的字体格式。

步骤 05 使用相同的方法在下方绘制一个文本框，输入副标题，并设置字体格式。

9.1.3 制作目录页

完成封面页的制作后，可以开始制作目录页。目录页的制作，首先需要根据幻灯片中的大标题或大板块个数来确定要制作内容项目的数量，并且规划页面的版式布局效果。在具体制作过程中，要充分运用幻灯片中的对齐功能，将各元素排列整齐。

1．制作目录页母版

母版相当于模板，可以对母版进行设计。此后在新建幻灯片时，直接选中设计好的版式，就可以添加相应版式的幻灯片效果，减少了重复设计的过程。

步骤 01 使用前面介绍的方法进入幻灯片母版视图。❶ 选择幻灯片母版中的任意幻灯片版式；❷ 在"幻灯片母版"选项卡的"编辑母版"组中单击"插入版式"按钮。

步骤 02 ❶ 选择并删除新建版式中的所有对象；❷ 插入"建筑 .jpg"图片；❸ 在"图片工具 - 格式"选项卡的"大小"组中单击"裁剪"按钮；❹ 拖动鼠标裁剪图片到合适大小。

步骤 03 ❶ 将裁剪后的图片放置在页面右上角；❷ 在"图片工具 - 格式"选项卡的"调整"组中单击"颜色"按钮；❸ 在弹出的下拉菜单的"色调"栏中选择"色温：11200K"选项，使演示文稿中的图片效果保持一致。

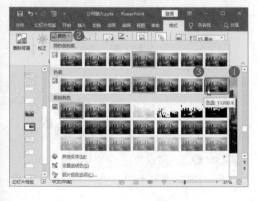

步骤 04 ❶ 使用前面介绍的方法在图片下方绘制一个梯形，填充为白色；❷ 再绘制一个稍小的梯形，填充为墨绿渐变色；❸ 单击"关闭母版视图"按钮，退出幻灯片母版视图。

2. 应用母版制作目录页幻灯片

当完成幻灯片母版的版式设计后，可以直接新建该版式的幻灯片，进行目录页的制作。

步骤 01 ❶ 在"开始"选项卡的"幻灯片"组中单击"新建幻灯片"按钮；❷ 在弹出的下拉列表中选择刚刚新建的幻灯片版式。

步骤 02 此时，便会在所选幻灯片的后面插入一个该版式的幻灯片。这里直接生成为第二张幻灯片。❶ 在新建的幻灯片页面右下角插入一个文本框，并输入"目录"的英文"CONTENTS"，设置合适的格式；❷ 在页面左上角插入一个矩形，并填充为墨绿色；❸ 在"插入"选项卡的"插图"组中单击"形状"按钮；❹ 在弹出的下拉列表中选择"直线"选项。

步骤 03 ❶ 按住 Shift 键的同时拖动鼠标绘制一条水平直线；❷ 在"绘图工具 - 格式"选项卡的"形状样式"组中单击"形状轮廓"按钮 ✍ ；❸ 在弹出的下拉列表中设置直线的轮廓颜色为灰色；❹ 选择"虚线"命令；❺ 在弹出的子菜单中选择需要的虚线样式。

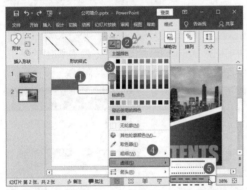

步骤 04 ❶ 在虚线的上方绘制两个文本框，并分别输入内容，设置合适的字体格式；❷ 拖动鼠标框选绘制的矩形、虚线、文本框；❸ 按住 Ctrl+Shift 组合键的同时，向下拖动鼠标复制一组图形。

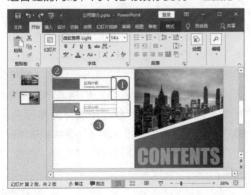

步骤 05 使用相同的方法继续复制两组图形，在复制的过程中注意查看幻灯片中显示的对齐标记，保证各组图形之间的间隔距离相同。

步骤 06 ❶ 修改每组图形中的文本框内容，使其与后面要介绍的内容保持一致；❷ 在"插入"选项卡的"插图"组中单击"图标"按钮。

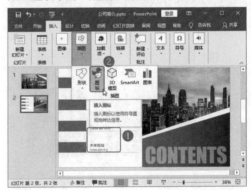

步骤 07 打开"插入图标"对话框，❶ 根据目录内容选择 4 个需要作为补充说明的图标效果；❷ 单击"插入"按钮。

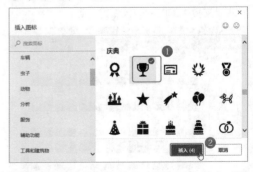

步骤 08 ❶ 选择插入的 4 个图标；❷ 单击"绘图工具 - 格式"选项卡中的"图形填充"按钮；❸

在弹出的下拉菜单中选择白色。

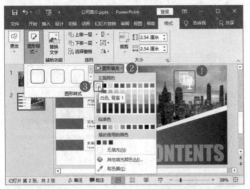

步骤 09 ① 在"大小"组中设置图标的宽度为"1厘米"；② 分别调整各图标的位置到各矩形右侧，调整时注意观察对齐标记。

9.1.4　制作内容页

制作目录页幻灯片后，就可以根据目录依次制作每个大标题或大板块下的具体内容页了。内容页是幻灯片中页数占比较大的幻灯片类型，为了提高制作效率及保持幻灯片的统一性，一般会先将内容页幻灯片中相同的元素提取出来，制作成母版。

1. 制作内容页母版

内容页幻灯片中的排版布局基本上是根据内容需求来设定的，只有上方的标题占位符和下方的页码，以及页面周边的一些装饰性元素是一致的，可以制作到幻灯片母版中。

步骤 01 进入幻灯片母版视图，① 选择幻灯片母版中的任意幻灯片版式；② 在"幻灯片母版"选项卡的"编辑母版"组中单击"插入版式"

按钮。

步骤 02 ① 选择并删除新建版式中的所有对象；② 在页面左上角和底部分别插入两个图形，并填充为墨绿色的渐变色；③ 在"幻灯片母版"选项卡的"母版版式"组中单击"插入占位符"按钮；④ 在弹出的下拉菜单中选择"文本"命令。

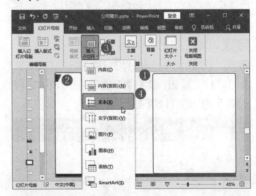

步骤 03 ① 拖动鼠标在左上方图形的右侧绘制一个文本框占位符；② 选择并删除第一级文本外的所有文本。

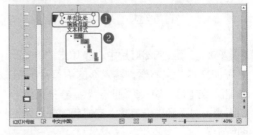

步骤 04 ① 选择文本框占位符，并在"字体"组中设置合适的字体格式；② 单击"幻灯片母

版"选项卡中的"关闭母版视图"按钮，退出
幻灯片母版视图。

2. 应用母版制作内容页幻灯片

当完成版式设计后，可以直接新建版式幻灯片，进行幻灯片内容页的制作。具体制作时，需要根据当前幻灯片中要表达的主题来安排内容和进行适当美化。操作方法与前面封面页和目录页的制作方法大致相同，这里因为页面有限，就简化具体的操作步骤了。

步骤 01 ❶ 在左侧窗格中选择第 2 张幻灯片；❷ 在"开始"选项卡的"幻灯片"组中单击"新建幻灯片"按钮；❸ 在弹出的下拉列表中选择刚刚新建的幻灯片版式。

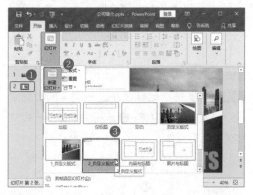

步骤 02 在新建的幻灯片中，❶ 单击"单击此处添加文本"文本框，输入新的幻灯片标题；❷ 插入文本框，输入幻灯片内容；❸ 插入图形和图片，对页面进行美化，完成后的效果如下图所示。

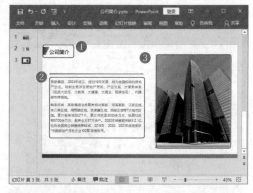

步骤 03 ❶ 在左侧窗格中选择第 3 张幻灯片；❷ 按 Enter 键快速新建一张相同版式的幻灯片；❸ 插入直线、形状和图标，制作一个时间轴效果；❹ 插入多个文本框，输入具体的内容，完成后的效果如下图所示。

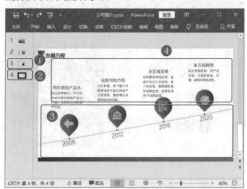

步骤 04 使用相同的方法继续制作其他内容页幻灯片，本案例因为内容比较多，部分幻灯片的页面中就只输入了标题，读者可以自行完善其中的具体内容。

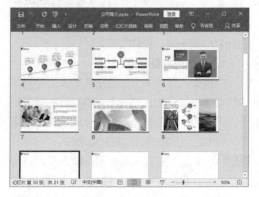

9.1.5　制作转场页

由于本 PPT 的内容页比较多，为了让读者更好地理解相关内容的组织安排，可以在不同小节前制作一个转场页。

1. 制作转场页母版

PPT 中的转场页效果基本上是相同的，可以制作一个幻灯片母版，方便后期通过简单编辑就能生成新的转场页效果。

步骤 01 进入幻灯片母版视图，❶ 选择幻灯片母版中的任意幻灯片版式；❷ 在"幻灯片母版"选项卡的"编辑母版"组中单击"插入版式"按钮。

步骤 02 ❶ 选择并删除新建版式中的所有对象；❷ 插入"建筑.jpg"图形，并填充满整个幻灯片页面；❸ 在"图片工具 - 格式"选项卡的"调整"组中单击"颜色"按钮；❹ 在弹出的下拉菜单的"色调"栏中选择"色温：11200K"选项。

步骤 03 ❶ 在页面的顶部和下方插入多个图形，并填充为合适的颜色；❷ 单击"幻灯片母版"

选项卡中的"关闭母版视图"按钮，退出幻灯片母版视图。

2. 应用母版制作转场页幻灯片

转场页幻灯片的制作非常简单，只需要应用设计的版式，再添加文本框，输入合适的小节标题和相关介绍文本即可。

步骤 01 ❶ 在左侧窗格中第 2 张和第 3 张幻灯片之间单击，定位到此处；❷ 在"开始"选项卡的"幻灯片"组中单击"新建幻灯片"按钮；❸ 在弹出的下拉列表中选择刚刚新建的幻灯片版式。

步骤 02 此时在原来的第 3 张幻灯片之前插入一张所选版式的幻灯片。❶ 在页面左下角位置插入三个文本框，分别输入内容，并设置合适的字体格式；❷ 在左右两个文本框之间插入一条直线，填充为白色；❸ 依次选择右侧的两个文本框，在"开始"选项卡的"段落"组中单击"分散对齐"按钮，方便其他转场页的文字数量不一样时也能有左右对齐的效果。

步骤 03 使用相同的方法在其他小节内容开始前插入转场页幻灯片版式，并插入文本框和图形进行美化。第二个转场页制作好的效果如下图所示。

9.1.6 设计封底

为了让一份演示文稿显得更完整，需要添加封底效果，其效果一般与封面的效果有一定联系，所以可以直接复制封面页来进行编辑修改。

步骤 01 ❶ 选择第一张幻灯片，并在其上右击；❷ 在弹出的快捷菜单中选择"复制幻灯片"命令。

步骤 02 此时在所选幻灯片之后复制了一张相同的幻灯片。使用鼠标选择并拖动新复制的幻灯片到最后一张幻灯片之后。

步骤 03 修改幻灯片中文本框的内容，并适当调整位置，就完成了本案例的制作。

✎ 读书笔记

_____

_____

_____

_____

_____

_____

_____

_____

9.2　制作摄影技能培训 PPT

案例介绍

现代企业为了提升企业的综合竞争力，非常重视人才的培养，在大一点的企业中，经常会组织开展有效的员工培训。培训内容多种多样，主要包括针对岗位需求的员工技能方面的培训和员工素质方面的培训，如心理素质、工作态度、工作习惯等。为了更好地传授技能技巧，大部分培训师都会制作对应的 PPT 来配合演示。为了提高员工的学习积极性，在制作培训类 PPT 时，可以适当添加图片进行说明。

本案例制作完成后的效果如下图所示。（结果文件 \ 第 9 章 \ 摄影培训 .pptx）

扫一扫，看视频

思路分析

制作培训 PPT 前，首先要根据培训环境、培训方式和培训时间长短确定要演讲的主题内容，再根据培训师的演讲风格在网上查看是否有可用的文件或模板，通过再次加工来提高培训课件的制作效率。本案例的具体制作思路如下图所示。

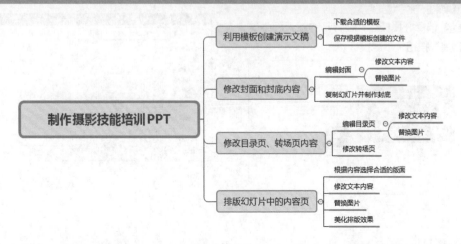

具体操作步骤及方法如下。

9.2.1 利用模板创建演示文稿

PowerPoint 2019 中提供了许多在线的 PPT 模板，通过模板来创建 PPT，比从零开始完全手工制作 PPT 的效率高很多。具体操作方法如下。

步骤 01 启动 PowerPoint 2019 软件，❶ 选择"文件"选项卡的"新建"命令；❷ 在右侧选择"教育"类模板。

步骤 02 在"教育"类模板中选择所需要的模板。

步骤 03 选择好模板后，在打开的新页面中单击"创建"按钮，下载模板。

步骤 04 模板下载完成后，会自动新建一个用该模板创建的演示文稿，❶ 大致浏览模板内容，确定是否符合需求；❷ 如果符合需求，就单击快速访问工具栏中的"保存"按钮，否则重复前面的步骤，下载其他模板进行查看。

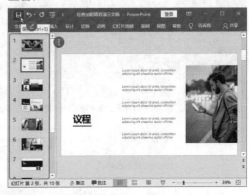

步骤 05 打开"另存为"界面，选择"浏览"命令。

步骤 06 打开"另存为"对话框，❶ 选择演示文稿的保存位置；❷ 输入演示文稿的保存名称；❸ 单击"保存"按钮。

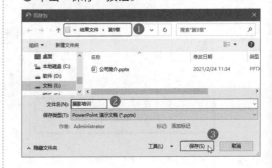

小提示

> 如果下载的模板中的幻灯片版式与需求有一定的差距，还可以进入幻灯片母版视图适当地进行修改后再编辑幻灯片内容。

9.2.2 修改封面和封底内容

根据实际需求对下载的模板进行初步的页面调整后，就可以按完全手动制作演示文稿的方法，先制作封面和封底的幻灯片。这里的操作很简单，一般只需要对标题文字和图片进行替换即可。

步骤 01 ① 切换到封面幻灯片中；② 将文本插入点定位到文本框中，删除原本的标题文字，输入新的标题文字；③ 选择标题上方的图片；④ 在"图片工具-格式"选项卡的"调整"组中单击"更改图片"按钮；⑤ 在弹出的下拉菜单中选择"来自文件"命令。

步骤 02 打开"插入图片"对话框，① 选择需要插入的新图片；② 单击"插入"按钮。

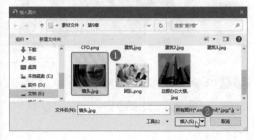

步骤 03 ① 在左侧窗格中第一张幻灯片上右击；② 在弹出的快捷菜单中选择"复制幻灯片"命令。

步骤 04 ① 将复制得到的幻灯片移动到最后一张幻灯片之后；② 修改其中的文字内容。

9.2.3 修改目录页和转场页内容

完成封面和封底页后，就可以开始制作目录页和节标题页了，方法也是对目录中的标题文字进行更换即可。

步骤 01 ① 选择目录页；② 在原来的标题文本框中删除原来的内容，输入新的标题文字；③ 替换原来的图片，并保持图片的选中状态；④ 在"图片工具-格式"选项卡的"排列"组中单击"旋转"按钮；⑤ 在弹出的下拉菜单中选择"水平翻转"命令。

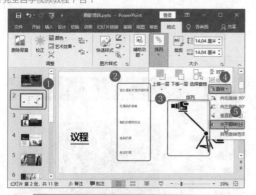

小提示

　　找到的素材图片在插入到幻灯片中时，还可以根据页面的整体排版需求来调整图片的效果，或旋转图片方向，使其与内容更协调。

步骤 02 选择模板中适合做转场页的幻灯片，拖动鼠标将其移动到目录页幻灯片的后面。

步骤 03 ❶ 输入节标题文字即可，其他的格式不用改变，直接使用模板中的格式；❷ 在窗格中选择第 3 张幻灯片；按 Ctrl+Shift+Enter 组合键，快速新建一个相同版式的幻灯片。

步骤 04 使用相同的方法继续制作 4 个转场页幻灯片效果，完成后的效果如下图所示。

9.2.4　排版演示文稿中的内容页

　　接下来就要制作内容页了，制作时根据页面中要放置的内容，选择模板中合适的幻灯片稍加修改即可快速完成。制作过程中，注意内容的对齐方式和文字字体的格式是否统一，选择的图片要尽量符合整体的配色效果，或者修改幻灯片中的配色。

步骤 01 选择适合制作第一张内容页的幻灯片，并将其移动到第一个转场页的后面。

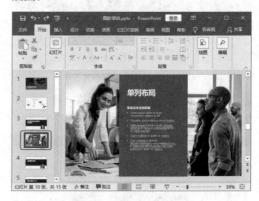

步骤 02 ❶ 修改文本框中的文字为需要的内容；❷ 重新替换图片，并调整图片效果。

步骤 03 选择适合制作第二个内容页的幻灯片，并将其移动到第一个内容页的后面。

小提示

使用模板制作演示文稿时，首先在模板中选择适合内容展示的幻灯片，将其移动到合适的位置，然后进行页面编辑。

步骤 04 ❶ 修改文本框中的文字为需要的内容；❷ 重新替换图片，并调整图片效果；❸ 选择插入的两张图片；❹ 在"图片工具 - 格式"选项卡的"排列"组中单击"对齐"按钮；❺ 在弹出的下拉菜单中选择"水平居中"命令。

步骤 05 使用相同的方法再制作 4 张相同版式的幻灯片，修改其中的文字内容和准备好的图片，完成后的效果如下图所示。

步骤 06 至此，已经完成了第一个小节的内容页制作。使用相同的方法完成其他小节的内容页制作，完成后的效果如下图所示。

小提示

演示文稿制作完成后，如果还存在多余的下载模板时带来的幻灯片，要记得将不需要的页面删除。

多学一点

001 在 Word 中制作好的文档如何快速生成 PPT 文稿

如果要将已经编辑好的 Word 文档中的内容应用到演示文稿中，

扫一扫，看视频

逐一粘贴会非常麻烦，此时可以通过 PPT 的新建幻灯片功能快速实现，具体方法如下。

步骤 01 打开"素材文件 \ 第 9 章 \ 会议内容 .docx"文件，在 Word 中，在大纲视图下为内容设置相应的大纲级别（素材文件已经提前设置了大纲级别），然后关闭 Word，如下图所示。

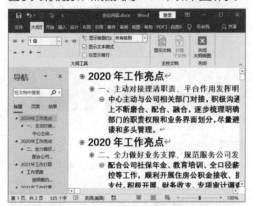

步骤 02 在 PowerPoint 中，❶ 新建空白演示文稿；❷ 在"开始"选项卡的"幻灯片"组中单击"新建幻灯片"按钮；❸ 在弹出的下拉菜单中选择"幻灯片（从大纲）"命令。

步骤 03 打开"插入大纲"对话框，❶ 选择要转换为演示文稿的 Word 文档；❷ 单击"插入"按钮。

步骤 04 返回 PowerPoint 窗口，即可看到自动根据 Word 文档中的内容生成了多张幻灯片，后期适度地对幻灯片进行编辑和美化即可。

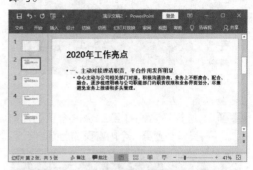

小提示

将 Word 文档转换为 PPT 文稿后，Word 文档中的一级标题会成为 PPT 文稿中幻灯片的页面标题，Word 文档中的二级标题会成为 PPT 文稿中幻灯片的第一级正文，Word 文档中的三级标题会成为 PPT 文稿中幻灯片的第一级正文下的主要内容，依此类推。

002 如何重复利用以前制作好的幻灯片

在编辑 PPT 的过程中，如果需要使用其他 PPT 中的幻灯片，除了通过复制 / 粘贴操作之外，还可以使用"重用幻灯片"功能实现。

例如，要使用"重用幻灯片"功能将"相册 .pptx"文件中的部分幻灯片引用到"销售技巧培训 .pptx"演示文稿中，具体操作方法如下。

步骤 01 打开"素材文件 \ 第 9 章 \ 销售技巧培训 .pptx"文件，❶ 选择需要引用外部幻灯片的前一张幻灯片，这里选择第 7 张幻灯片；❷ 在"开始"选项卡的"幻灯片"组中单击"新建幻灯片"按钮；❸ 在弹出的下拉菜单中选择"重用幻灯片"命令。

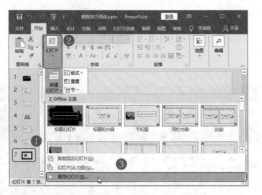

步骤 02 显示"重用幻灯片"窗格,单击"浏览"按钮。

步骤 03 打开"浏览"对话框, ❶ 选择需要使用的幻灯片所在的演示文稿文件; ❷ 单击"打

开"按钮。

步骤 04 此时即可在"重用幻灯片"窗格中显示出所选演示文稿的所有幻灯片内容,在列表框中单击需要插入当前演示文稿的幻灯片,即可将其插入到当前演示文稿中所选幻灯片的后面,如下图所示。

第10章 PPT锦上添花：
幻灯片的动画设计与放映

重点索引

当制作和编辑好幻灯片的内容后，还可以给幻灯片中的对象添加动画效果，以及设计每张幻灯片的切换画面等。在放映幻灯片时，也有很多操作技巧。本章将以两个案例来讲解幻灯片中动画的制作以及放映时的设置技巧。

知识技能

本章相关案例及知识技能如下图所示。

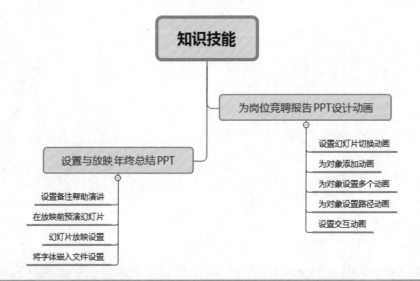

10.1　为岗位竞聘报告 PPT 设计动画

案例介绍

　　内部竞聘上岗，打破了因循守旧的传统观念，摒弃了论资排辈的落后体制，非常适合市场化的现代企业内部根据能力提拔人才。在企业宣布竞聘岗位后，想竞聘该岗位的员工为了更好地展示自己的能力，让别人对自己更加了解，可以制作一份岗位竞聘报告 PPT 配合进行个人演讲。为了增强展示效果，通常还要为 PPT 设置动画效果，包括页面切换动画和内容动画，设置完动画的幻灯片下方会带有星型符号。本案例制作完成后的效果如下图所示。（结果文件参见：结果文件 \ 第 10 章 \ 岗位竞聘报告 .pptx）

扫一扫，看视频

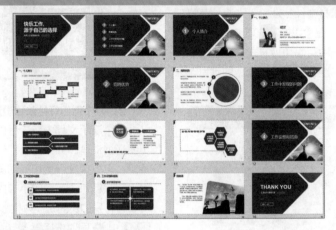

思路分析

　　为岗位竞聘报告 PPT 设计动画时，可以先为幻灯片设计页面切换动画，再为内容元素设计动画。设计过程中，也应该遵循"先整体，后个体"的设计思路。内容元素的动画以进入动画为主，可以添加强调动画和路径动画作辅助，还可以添加超链接交互动画。本案例的具体制作思路如下图所示。

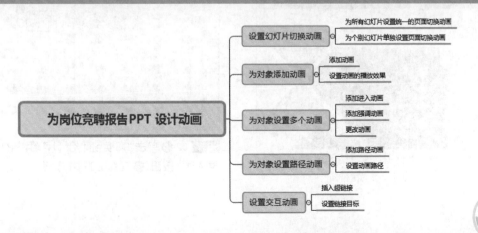

具体操作步骤及方法如下。

10.1.1 设置幻灯片切换动画

在演示文稿中为幻灯片添加动画时，可以针对各幻灯片添加切换动画效果及音效。为幻灯片设置页面切换动画时，可以先针对整个演示文稿中的所有幻灯片应用相同的一种幻灯片切换动画及音效，然后针对个别幻灯片应用不同的切换动画。

1. 为所有幻灯片设置统一的页面切换动画

本案例中要为所有幻灯片先设置统一的"淡入 / 淡出"页面切换动画，具体操作如下。

步骤 01 打开"素材文件 \ 第 10 章 \ 岗位竞聘报告 .pptx"文件，在"切换"选项卡的"切换效果"组中选择一种页面切换方式，这里选择"细微"栏中的"淡入 / 淡出"动画，即可为当前所选幻灯片应用该动画效果。

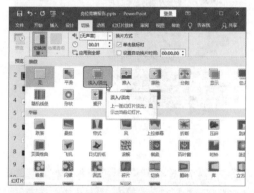

步骤 02 在"切换"选项卡的"预览"组中单击"预览"按钮，即可播放该幻灯片的切换效果。

步骤 03 对当前幻灯片页面切换动画满意后，在预览页面切换动画的同时，还要进一步查看切换动画还有哪些细节需要设置。例如，本案例中还需要设置动画的维持时间。❶ 在"计时"组的"持续时间"数值框中设置为"01.50"；❷ 单击"应用到全部"按钮，将该页面切换动画应用到所有幻灯片中。

2. 为个别幻灯片单独设置页面切换动画

一个演示文稿中应该尽量设置一种统一的页面切换动画，如果有个别幻灯片的内容比较特别，可以单独设置切换动画。例如，本案例中为了强调每个不同的小节内容，可以为转场页设置特殊的页面切换效果。

步骤 01 ❶ 同时选择第 3、6、8、12 张幻灯片；❷ 在"切换"选项卡的"切换效果"组中选择"分割"选项，即可为所选的 4 张幻灯片都应用该页面切换效果。

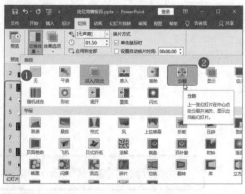

步骤 02 ❶ 单击"切换到此幻灯片"组中的"效果选项"按钮；❷ 在弹出的下拉列表中选择"中

央向上下展开"选项。

步骤 03 ❶ 单击"声音"下拉列表右侧的下拉按钮；❷ 在弹出的下拉列表中选择"抽气"选项，即可让这几张幻灯片在切换时同时带有声音。

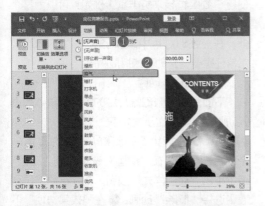

步骤 04 ❶ 在"计时"组的"持续时间"数值框中设置为"00.75"；❷ 单击"预览"组中的"预览"按钮，预览切换效果，直到满意为止。

10.1.2　为对象添加动画

在制作幻灯片时，除设置幻灯片切换的动画效果外，还可以为幻灯片中的内容添加动画效果，如对象显示出来的进入动画效果、用于强调内容的强调动画效果、对象消失前的退出动画效果。

1. 添加动画

进入动画是幻灯片内容最常用的动画，很多演示文稿中都会为一些特殊的对象添加进入动画。

步骤 01 ❶ 选择第 1 张幻灯片；❷ 选择红色图形；❸ 在"动画"选项卡的"动画"组中单击"动画样式"按钮；❹ 在弹出的下拉列表中选择一种动画样式，这里选择"进入"栏中的"飞入"动画。

步骤 02 ❶ 单击"预览"按钮，查看动画效果；❷ 单击"效果选项"按钮；❸ 在弹出的下拉列表中选择"自左侧"选项。

2．设置动画的播放效果

为幻灯片对象添加动画后，还可以设置动画的播放效果，是单击时播放，还是自动播放，播放的时间是多少等。

步骤 01 ❶ 使用相同的方法为第 1 张幻灯片中除标题外的其他对象添加相同的飞入动画；❷ 在"动画"选项卡的"高级动画"组中单击"动画窗格"按钮；❸ 在显示的"动画窗格"窗格中选择"任意多边形：形状"选项；❹ 在"计时"组的"开始"下拉列表中选择"上一动画之后"选项。

步骤 02 使用相同的方法，❶ 依次选择"动画窗格"窗格中的其他动画选项；❷ 在"计时"组的"开始"下拉列表中选择"上一动画之后"选项，通过动画选项后的播放时间轴缩略图就可以大致了解各动画的播放开始时间和持续时间；❸ 单击"预览"按钮，预览整个动画的播放效果。

步骤 03 预览时发现动画播放时间有点短，

❶ 选择"动画窗格"窗格中的所有动画选项；
❷ 在"计时"组的"持续时间"数值框中设置为"00.75"。

10.1.3 为对象设置多个动画

为同一个对象还可以添加多个动画效果，使整个效果看起来更丰富。例如，可以为某个对象添加进入动画的同时再添加强调动画。此外，在一张幻灯片中添加了多个动画效果时，常常还需要调整动画的播放顺序。

1．添加进入动画

下面为第 5 张幻灯片中的多个对象添加进入动画，具体操作步骤如下。

步骤 01 ❶ 选择第 5 张幻灯片；❷ 选择第一个组合图形；❸ 在"动画"选项卡的"动画"组中单击"动画样式"按钮，在弹出的下拉列表中选择"擦除"动画；❹ 在"效果选项"下拉列表中选择"自底部"选项；❺ 在"计时"组的"持续时间"数值框中输入"01.00"。

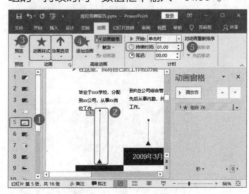

步骤 02 ❶ 为组合图形上方的文本框设置相

同的动画效果；❷ 在"计时"组的"开始"下拉列表中选择"上一动画之后"选项。

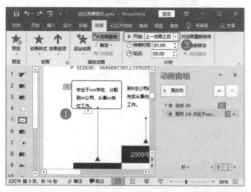

步骤 03 ❶ 选择组合图形；❷ 双击"高级动画"组中的"动画刷"按钮；❸ 将鼠标指针移动到第二个组合图形上并单击，即可复制动画到该图形上。

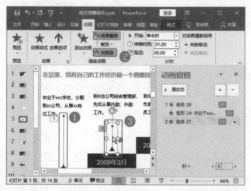

步骤 04 ❶ 继续在后面的几个组合图形上单击复制相同的动画效果；❷ 在"动画窗格"窗格中选择最后两个组合图形上的动画；❸ 在"效果选项"下拉列表中选择"自顶部"选项。

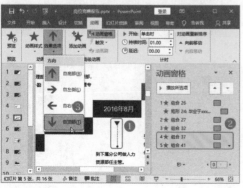

步骤 05 ❶ 选择添加了动画的文本框，通过"动画刷"复制动画到其他文本框上；❷ 选择后面两个文本框；❸ 在"效果选项"下拉列表中选择"自顶部"选项。

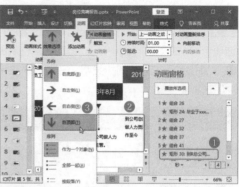

步骤 06 ❶ 在"动画窗格"窗格中选择第二个文本框的动画；❷ 单击右上方的 按钮，逐步将其移动到对应组合图形动画的下方。

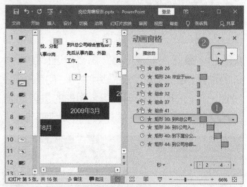

步骤 07 ❶ 使用相同的方法将各文本框的动画移动到对应组合图形动画的下方；❷ 选择第一个动画；❸ 单击 播放自 按钮，即可从头预览该页幻灯片中的所有动画。

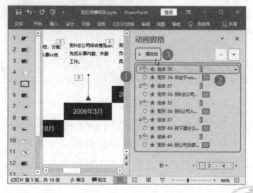

2. 添加强调动画

强调动画是通过放大、缩小、闪烁、陀螺旋等方式突出显示对象和组合的一种动画。在为幻灯片内容设置进入动画后，接下来讲解如何在进入动画的基础上添加强调动画及声音效果。

步骤 01 ① 选择第三个组合图形；② 在"动画"选项卡的"高级动画"组中单击"添加动画"按钮；③ 在弹出的下拉列表的"强调"栏中选择"脉冲"选项。

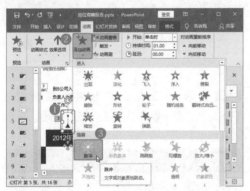

步骤 02 ① 在"动画窗格"窗格中选择刚刚添加的动画；② 单击"计时"组中的"向前移动"按钮，将该动画移动到该组合图形的进入动画之后；③ 单击"预览"按钮，预览动画效果。

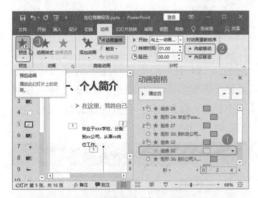

小提示

如果对象上没有设置动画，直接打开动画列表选择一种动画即可。如果对象本身已有动画，则需要通过添加动画来让一个内容有多种动画效果。退出动画常常用于播放后不需要再显示的对象。

3. 更改动画

如果对添加的动画不满意，还可以在选择该动画时，重新选择动画样式，用于替换当前动画。例如，在预览组合图形的脉冲动画时，发现强调效果并不明显，需要替换为陀螺旋动画，具体操作步骤如下。

① 在"动画窗格"窗格中选择刚刚添加的动画；② 单击"动画样式"按钮；③ 在弹出的下拉列表中选择"强调"栏中的"陀螺旋"选项。

10.1.4 为对象设置路径动画

在一些幻灯片中可以对一些对象的运动轨迹进行设置，这些轨迹并不是系统预设的有规律的路径，这样的动画往往会有不俗的表现。这就是路径动画，它允许用户自行绘制路径，让对象按照绘制的路径运动。

步骤 01 ① 选择第 7 张幻灯片；② 选择幻灯片中的圆形图片，并将其移动到幻灯片页面外侧靠上的位置；③ 单击"动画样式"按钮；④ 在弹出的下拉列表的"动作路径"栏中选择"弧形"选项。

步骤 02 此时即可在图形上添加一条弧形路径线，❶ 拖动鼠标调整该弧形的起始位置和弧度，使其最终能斜向下移动到幻灯片中需要的位置；❷ 在"计时"组中，设置路径动画的开始方式为"上一动画之后"，持续时间为"01.50"，延迟时间为"01.00"。

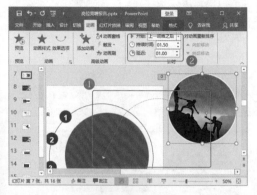

10.1.5　设置交互动画

在 PPT 中还可以通过超链接来设置交互动画，最常见的就是为目录添加内容页链接的交互动画，即单击某个目录便跳转到相应的内容页面，具体实现方法如下。

步骤 01 ❶ 选择第 2 张幻灯片；❷ 选择目录中的第一个文本框；❸ 在"插入"选项卡的"链接"组中单击"链接"按钮。

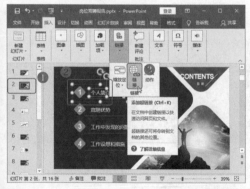

步骤 02 打开"插入超链接"对话框，❶ 选择"本文档中的位置"选项；❷ 在列表框中选择该文本框需要链接到的幻灯片，这里选择"幻灯片 3"选项；❸ 单击"确定"按钮，此时就将该目录成功链接到第 3 张幻灯片上了。

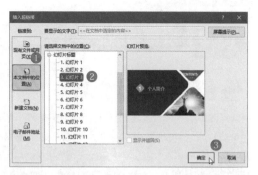

步骤 03 ❶ 按照同样的方法为该页幻灯片中的其他目录文本框设置对应的链接；❷ 完成目录链接设置后，单击状态栏中的"阅读视图"按钮 ▦，切换到阅读视图模式；❸ 将鼠标指针移动到设置了超链接的文本框上，此时鼠标指针会变成手指形状，单击这个目录就会切换到相应的幻灯片页面。例如，单击第三个文本框内容的效果如下图所示。

步骤 04 此时即可快速切换到第 8 张幻灯片。

10.2 设置与放映年终总结 PPT

案例介绍

扫一扫，看视频

总结是最好的老师，没有总结就没有进步。除了平时需要总结外，绝大多数企业都要求员工、部门进行年终总结。用于汇报的年终总结经常需要制作成 PPT，其中主要包括本年度的工作回顾、取得的成绩或导致失败的原因分析、对当前形势的展望与分析、下一年度的工作计划与安排等模块。为了保证在年终总结大会上的演讲不出差错，演讲者还需要做一些与 PPT 放映有关的准备工作。

本案例制作完成后的效果如下图所示。（结果文件参见：结果文件 \ 第 10 章 \ 年终总结 .pptx ）

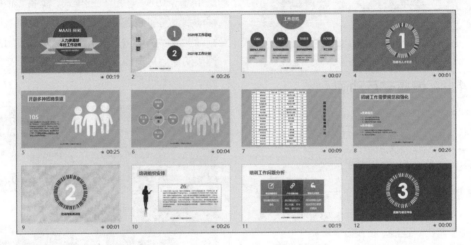

思路分析

年终总结报告是非常有条理的一种报告，PPT 的制作只是为了配合演示，主要是给观众看的。为了保证演讲的逻辑严谨，演讲者可以将重点内容、关键数据等单独提取出来放在备注区，在放映演示文稿时只有自己能看到备注内容，以便提示要点。此外，还需要对演示文稿中的内容进行审核，避免出错。在放映前根据演讲环境和需求设置演示文稿的放映选项。如果时间充裕，还可以预演一遍。本案例的具体制作思路如下图所示。

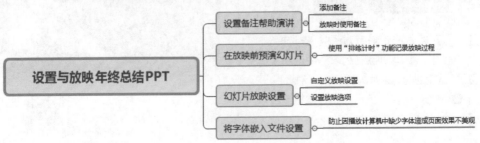

具体操作步骤及方法如下。

10.2.1　设置备注帮助演讲

在制作幻灯片时，幻灯片页面中仅输入了主要内容，这些内容基本上还是提炼过的。为了避免演讲时忘词，可以将一些关键内容添加到备注中，作为提示使用。

1. 添加备注

备注主要是起提示作用，所以只需要将重点内容、关键内容记录在其中就可以了，切忌长篇大论，否则会影响演讲效果。

打开"素材文件\第 10 章\年终总结 .pptx"文件，❶ 切换到需要添加备注的页面，如第 5 张幻灯片；❷ 单击状态栏中的"备注"按钮；❸ 在显示出的备注窗格中输入备注内容即可；❹ 当要添加的备注比较多时，可以拖动鼠标调整备注窗格的大小。

小技巧

如果要输入的备注内容比较长，可以在"视图"选项卡的"演示文稿视图"组中单击"备注页"按钮，打开备注页视图添加备注。

2. 放映时使用备注

在放映添加了备注的演示文稿时，还需要掌握一定的技巧，才能保证在放映时观众看到的只是幻灯片内容，而演讲者可以看到幻灯片和备注内容。

步骤 01 按 F5 键，进入幻灯片播放状态，❶ 在播放时在幻灯片上右击；❷ 在弹出的快捷菜单中选择"显示演示者视图"命令。

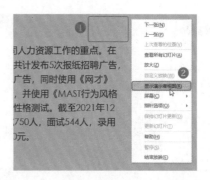

步骤 02 进入演示者视图模式后，效果如下图所示，在界面右边显示了备注内容。在放映时，备注文字可能过小不方便辨认，此时可以单击下方的"放大文字"按钮 $\mathbf{A}$，增加备注的字号。

小技巧

按 Win+P 组合键，然后选择"扩展"模式，其作用和执行"显示演示者视图"命令一样，可以让放映幻灯片的计算机屏幕与投影屏幕显示不同的内容。

10.2.2　在放映前预演幻灯片

在正式放映演示文稿前，为了了解放映所有内容需要花费的时间，可以提前预演幻灯片，进入计时状态，将幻灯片放映过程的时间长短及操作步骤录制下来。同时，保存了放映计时的演示文稿还可以以该方式自动播放。

步骤 01 在"幻灯片放映"选项卡的"设置"组中单击"排练计时"按钮。

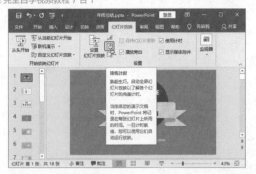

步骤 02 此时进入放映状态，界面左上方出现"录制"窗格，里面记录了每一页幻灯片的放映时间以及演示文稿的总放映时间。在放映时，可以设置鼠标为激光笔，方便演讲者指向重要内容。❶ 在播放界面右击；❷ 在弹出的快捷菜单中选择"指针选项"命令；❸ 在弹出的子菜单中选择"激光笔"选项。

步骤 03 将鼠标指针变成激光笔后，在界面中可以用激光笔指向任何位置，效果如下图所示。

步骤 04 ❶ 单击界面下方的笔状按钮；❷ 在弹出的下拉列表中选择"荧光笔"选项。

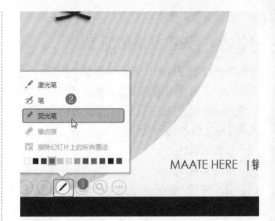

步骤 05 当鼠标指针变成荧光笔后，按住鼠标左键，拖动鼠标即可突出重点内容，效果如下图所示。

步骤 06 ❶ 单击界面下方的笔状按钮；❷ 在弹出的下拉列表中选择"笔"选项；❸ 再次单击笔状按钮，在弹出的下拉列表中选择一种颜色。

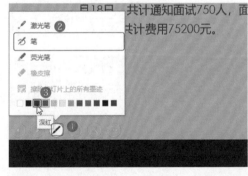

步骤 07 当鼠标指针变成笔后，按住鼠标左键拖动即可圈画重点内容，效果如下图所示。

105

- 招聘工作是2021年公司人力资源工作的重点。在这一年的时间内，公司共计发布5次报纸招聘广告，开通前程无忧网络招聘广告，同时使用《网才》系统发布紧急招聘岗位，并使用《MAST行为风格测评》对招聘人才进行性格测试。截至2021年12月18日，共计通知面试750人，面试544人，录用105人，共计费用75200元。

步骤 08 对于重点内容，还可以使用放大镜放大播放。❶ 在播放页面上右击；❷ 在弹出的快捷菜单中选择"放大"命令。

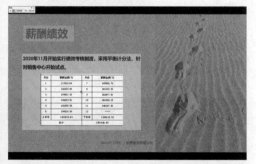

步骤 09 激活放大镜功能后，将鼠标指针移动到需要放大的内容区域单击。

步骤 10 被放大镜选中的区域会放大显示，效果如下图所示。

步骤 11 当完成所有幻灯片页面的放映后，会弹出如下图所示的对话框，询问是否保留在幻灯片中使用荧光笔、笔等添加的墨迹注释，单击"保留"按钮，即可保留所有墨迹。

步骤 12 保留注释后会弹出对话框询问是否保留计时，单击"是"按钮，即可记录本次排练播放的计时。

步骤 13 结束放映后，单击状态栏中的"幻灯片浏览"按钮，此时可以看到每一页幻灯片下方都记录了放映时长，并且用荧光笔、笔等绘制的痕迹也保存在幻灯片上。

10.2.3 幻灯片放映设置

放映幻灯片之前，应该根据不同的放映场合和需求，设置不同的放映类型、放映选项、放映幻灯片的数量和换片方式等。

1. 设置放映内容

有些时候，同一个 PPT 可能在多个场合下使用，根据不同的放映环境，可能需要调整具体放映的幻灯片内容，此时不必重新制作 PPT，只需要设置放映内容的参数即可，如选择要从哪一张幻灯片开始放映，选择要放映的幻灯片，甚至调整放映时幻灯片的播放顺序。具体操作如下。

步骤 01 放映幻灯片时，❶ 切换到需要开始放映的页面；❷ 在"幻灯片放映"选项卡的"开始放映幻灯片"组中单击"从当前幻灯片开始"按钮，可以从当前的幻灯片页面开始放映，而不是从头开始放映。

步骤 02 ❶ 在"幻灯片放映"选项卡的"开始放映幻灯片"组中单击"自定义幻灯片放映"按钮；❷ 在弹出的下拉菜单中选择"自定义放映"命令。

步骤 03 打开"自定义放映"对话框，单击"新建"按钮。

步骤 04 打开"定义自定义放映"对话框，❶ 在"幻灯片放映名称"文本框中输入放映文件的名称；❷ 在左侧列表框中选中要放映的幻灯片前的复选框，这里选中除 4、6、9、12、14 外的所有幻灯片；❸ 单击"添加"按钮。

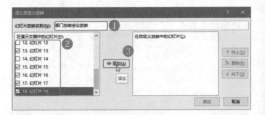

步骤 05 此时即可将所选的幻灯片添加到右侧的列表框中，并重新进行编号。单击"确定"按钮，就能确定要放映的自定义幻灯片了。

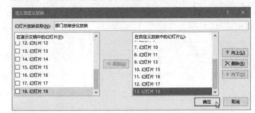

步骤 06 返回"自定义放映"对话框中，单击"关闭"按钮，完成幻灯片的自定义放映设置。

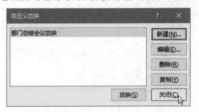

步骤 07 ❶ 单击"自定义幻灯片放映"按钮；❷ 在弹出的下拉菜单中选择设置好的放映文件，即可按照自定义的方式进行放映。

小提示

如果需要调整自定义放映时幻灯片的放映顺序，可以在"定义自定义放映"对话框的右侧列表框中选择该幻灯片，单击"向上"

或"向下"按钮进行调整。单击"删除"按钮，还可以将选择的幻灯片从该放映方式中删除。

2. 设置放映方式

幻灯片有"演讲者放映""观众自行浏览""在展台浏览"3 种放映类型，可以根据播放环境选择放映类型，还可以设置放映时的一些细节问题。

步骤 01 在"幻灯片放映"选项卡的"设置"组中单击"设置幻灯片放映"按钮。

步骤 02 打开"设置放映方式"对话框，① 选择需要的放映方式，并进行设置；② 单击"确定"按钮。

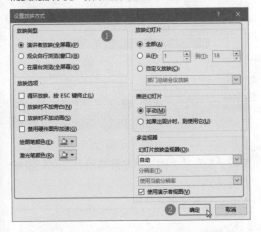

10.2.4 将字体嵌入文件设置

通常情况下，用于放映幻灯片的计算机和制作幻灯片的计算机并不是同一台。一般各台计算机中安装的字体不一样，如果用于放映幻灯片的计算机中没有安装文档中使用的字体，就会导致幻灯片中的字体出现异常。为避免这样的

情况发生，可以将文档中的字体进行嵌入设置。

步骤 01 在"文件"选项卡中选择"选项"命令。

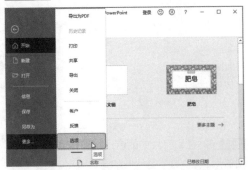

步骤 02 打开"PowerPoint 选项"对话框，① 单击"保存"选项卡；② 选中"将字体嵌入文件"复选框；③ 选中"仅嵌入演示文稿中使用的字符"单选按钮；④ 单击"确定"按钮。

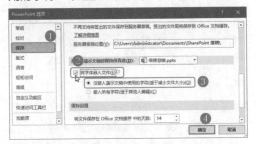

多学一点

001 通过插入动作按钮，让常用幻灯片切换方式更便捷

在制作 PPT 时，可以在不同内容之间添加转场页来引导观众思路，但如果只是偶尔需要过渡一下，可以直接利用动作按钮返回之前标题索引所在幻灯片，具体操作方法如下。

扫一扫，看视频

步骤 01 打开"素材文件 \ 第 10 章 \ 求职简历 .pptx"文件，① 选择需要设置动作按钮的第 4 张幻灯片；② 单击"插入"选项卡中的"形状"按钮；③ 在弹出的下拉列表的"动作按钮"栏中选择合适的动作按钮，这里选择"动作按钮：转到主页"按钮。

步骤 02 在幻灯片中的合适位置拖动鼠标绘制出该形状。

步骤 03 释放鼠标左键后，自动弹出"操作设置"对话框，❶ 单击"超链接到"下拉列表右侧的下拉按钮；❷ 在弹出的下拉列表中选择"幻灯片"命令。

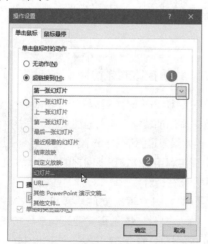

步骤 04 打开"超链接到幻灯片"对话框，❶ 选择需要链接到的幻灯片名称，这里选择幻灯片 2；❷ 单击"确定"按钮。

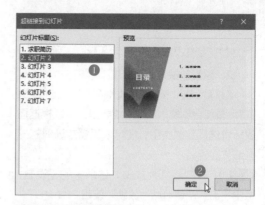

步骤 05 返回"操作设置"对话框，❶ 选中"播放声音"复选框；❷ 在下方的下拉列表中选择"风声"选项；❸ 单击"确定"按钮。

步骤 06 设置完成后，❶ 单击状态栏中的"阅读视图"按钮 ，切换到阅读视图模式；❷ 将鼠标指针移动到设置了超链接的动作图标上，变成手指形状，单击这个形状就会返回到设置的链接页面。

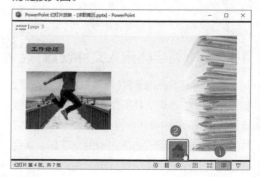

小技巧

如果幻灯片中有现成的对象需要制作为动作按钮，可以在选中对象后，单击"插入"选项卡中的"动作"按钮，在打开的"操作设置"对话框中即可进行设置。

002　宣传类的自动播放 PPT，可以直接制作成视频文件

为了让没有安装 PowerPoint 程序的计算机也能够正常播放 PPT，可以将其转换成视频格式。一些宣传类的 PPT 也可以直接转换成视频文件。

转换成视频格式后，依然会播放动画效果、嵌入的视频，以及录制的语音旁白等。将 PPT 转换成视频文件的具体方法如下。

步骤 01　打开"素材文件\第 10 章\旅游宣传片.pptx"文件，❶ 在"文件"选项卡中选择"导出"命令；❷ 在中间列选择"创建视频"命令；❸ 在右侧对将要发布的视频进行详细设置；❹ 单击"创建视频"按钮。

步骤 02　打开"另存为"对话框，❶ 设置文件的保存位置和文件名称；❷ 单击"保存"按钮。

步骤 03　开始制作视频文件，并在状态栏中显示转换进度，如下图所示。

步骤 04　转换完成后，进入刚才设置的存放路径便可看见生成的视频文件，双击该视频文件，便可使用播放器进行播放。

小提示

在 PowerPoint 2019 中，转换为视频的操作方法为：打开需要转换的 PPT，选择"文件"选项卡中的"保存并发送"命令，在中间列的"文件类型"栏中选择"创建视频"命令，在右侧单击"创建视频"按钮，然后在打开的"另存为"对话框中进行设置即可。

第 11 章 Photoshop

数码照片后期处理

重点索引

Photoshop是一款位图处理软件，具有强大的照片后期处理能力。当今社会中，即便不是设计从业人员也会随时面临需要处理照片的情况。使用Photoshop处理图像已经成为职场人士的必备技能。本章将从图像构图调整、图像色调与影调调整和人像照片后期处理3个部分介绍使用Photoshop处理数码照片的基本操作。

知识技能

本章相关案例及知识技能如下图所示。

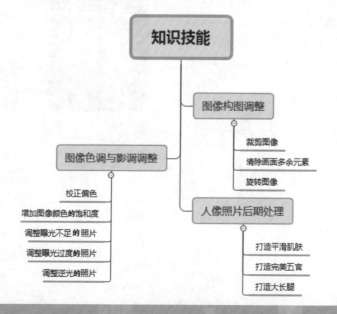

11.1 图像构图调整

 案例介绍

　　拍摄照片时，会因为一些客观因素，如图片拍摄角度、地点等，不能达到理想的构图效果。这时可以在 Photoshop 中调整照片的构图，使其看起来更加完美。调整构图后的效果对比如下表所示。

扫一扫，看视频

案例	调整前	调整后
裁剪图像		
清除画面多余元素		
旋转图像		

思路分析

　　调整图像构图有 3 种方法，分别是裁剪图像，进行二次构图；清除画面中的多余元素，使画面更加干净，突出主体；旋转图像的角度，得到特殊视角的构图效果。本案例的具体制作思路如下图所示。

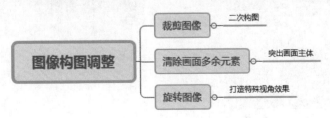

具体操作步骤及方法如下。

11.1.1　裁剪图像

利用裁剪工具裁剪图像，既可以删除图像中的多余元素，又可以对图像进行二次构图，如将横图变成竖图等。使用裁剪工具裁剪图像，进行二次构图的具体操作步骤如下。

步骤 01 打开"素材文件 \ 第 11 章 \ 构图 .jpg"文件，如下图所示。

步骤 02 选择裁剪工具 ，在画面上拖动鼠标，绘制裁剪区域，如下图所示。

步骤 03 将鼠标放在上方的裁剪框线上，拖动鼠标，调整裁剪区域，如下图所示。

步骤 04 在选项栏中选中"内容识别"复选框，按 Enter 键确认裁剪，如下图所示。超出画布外的区域，软件会自动识别周围的像素并填充画布。此时，横图构图的图像变成了竖图的构图。

11.1.2　清除画面多余元素

为了突出照片中的主体，可以清除画面中的多余元素，使画面更加干净，从而突出主体。Photoshop 中有多种用于清除画面多余元素的工具，如"修补工具" 、"仿制图章工具" 、"污点修复画笔工具" 等。在 Photoshop 中清除画面多余元素的具体操作步骤如下。

步骤 01 打开"素材文件 \ 第 11 章 \ 游湖 .jpg"文件，如下图所示，可以清除右下角多余的游船。

步骤 02 按 Ctrl+J 组合键复制 "背景" 图层，得到 "图层 1" 图层，如下图所示。

步骤 03 使用 "修补工具" 选择右下角的对象，将其拖动到其他地方，删除多余的元素，如下图所示。拖动时注意边界的地方要对齐。

步骤 04 使用 "修补工具" 多次拖动鼠标清除图像，直到清除所有的多余元素，效果如下图所示。

11.1.3　旋转图像

利用 "旋转图像" 命令旋转图像角度可以得到特别视角的构图效果，具体操作步骤如下。

步骤 01 打开 "素材文件 \ 第 11 章 \ 倒影 .jpg" 文件，如下图所示。

步骤 02 执行 "图像" → "图像旋转" → "水平翻转画布" 命令，水平翻转图像，如下图所示。

步骤 03 执行 "图像" → "图像旋转" → "垂直翻转画布" 命令，垂直翻转图像，如下图所示。

11.2 图像色调与影调调整

案例介绍

扫一扫，看视频

使用数码相机拍摄照片时，有时会出现曝光不准确、色彩不鲜艳甚至偏色的情况，这时可以利用 Photoshop 中的光影调整和调色命令矫正照片的曝光和偏色，从而还原照片的真实色彩。图像调整前后的效果对比如下表所示。

案 例	调整前	调整后
校正偏色		
增加图像饱和度		
调整曝光不足照片		
调整曝光过度照片		
调整逆光照片		

📑 **思路分析**

　　偏色、曝光不足或者曝光过度，以及图像颜色不鲜艳是数码照片经常会发生的色调和影调方面的问题。在调整图像色调与影调时要根据具体情况进行调整。本案例的具体制作思路如下所示。

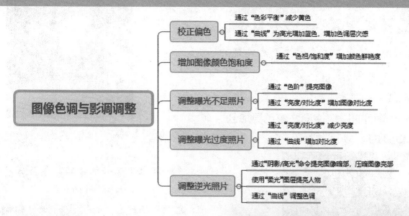

　　具体操作步骤及方法如下。

11.2.1　校正偏色

　　在拍摄照片时，由于光线或角度问题，照片可能出现偏色现象。例如本案例中，照片颜色偏黄，具体的处理偏色问题的步骤如下。

步骤 01 打开"素材文件 \ 第 11 章 \ 女孩 .jpg"文件，如下图所示。

步骤 02 创建"色彩平衡"调整图层，选择"中间调"，增加青色和蓝色，如下图左所示，减少画面中的黄色；选择"高光"，增加蓝色和青色，如下图右所示，为高光区域增加蓝色，使画面色调更具有层次感。

 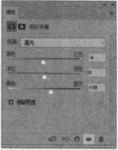

步骤 03 通过前面的操作减少画面中大部分的黄色，如下图所示。

步骤 04 减少画面中的黄色后，会发现皮肤色调偏黄，不是特别健康。创建"可选颜色"调整图层，选择"红色"，减少青色，如下图左所示；

选择"黄色",减少青色,如下图右所示。

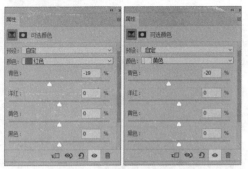

步骤 05 通过前面的操作使皮肤颜色更加红润,看起来更加健康,如下图所示。

步骤 06 创建"曲线"调整图层,选择"RGB"通道,调整曲线形状,如下图左所示;选择"蓝"通道,调整曲线形状,如下图右所示。

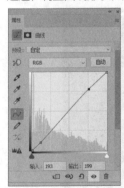

步骤 07 通过前面的操作,适当地增加了图像对比度。因为高光区域增加了一些蓝色,所有图像整体看起来更具有层次,效果如下图所示。

小提示

皮肤中主要包含红色和黄色,所以调整肤色时可以选择"可选颜色"命令,并选择"红色"和"黄色"进行调整;此外,调整肤色时,为皮肤的高光区域增加一点蓝色,可以使皮肤颜色更加通透。

11.2.2 增加图像颜色饱和度

使用数码相机拍摄的照片有时会出现颜色不够鲜艳的情况,这时可以使用"自然饱和度"命令增加图像的饱和度,从而使画面更加鲜艳。具体操作步骤如下。

步骤 01 打开"素材文件\第 11 章\商店 .jpg"文件,如下图所示,图像色彩不够鲜艳。

步骤 02 执行"图像"→"调整"→"自然饱和度"命令,打开"自然饱和度"对话框,设置"自然饱和度"为 +60,"饱和度"为 +20,单击"确定"按钮,如下图所示。

步骤 03 通过前面的操作，图像色彩更加鲜艳，如下图所示。

![小提示]

　　自然饱和度会检测画面中颜色的鲜艳程度，尽量让照片中所有颜色的鲜艳程度趋于一致；饱和度用于控制画面中所有色彩的鲜艳程度。

11.2.3　调整曝光不足照片

　　拍摄照片时，如果光线不足，就有可能导致拍摄的照片曝光不足。这时可以通过在 Photoshop 中提亮图像改变图像的曝光，恢复照片的正常光线。具体操作步骤如下。

步骤 01 打开"素材文件＼第 11 章＼石头 .jpg"文件，如下图所示。可以发现图像曝光不足，整体偏暗。

步骤 02 创建"色阶"调整图层，在"属性"面板中向右侧拖动阴影滑块，向左侧拖动中间调滑块和高光滑块，如下图所示。

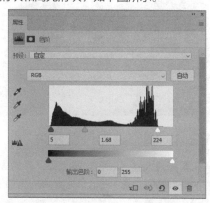

步骤 03 通过前面的操作，图像整体被提亮，如下图所示。

步骤 04 提亮后的图像对比度下降，创建"亮度／对比度"调整图层，增加对比度，如下图所示。

步骤 05 通过前面的操作，增加了图像对比度，完成对曝光不足照片的调整，如下图所示。

11.2.4　调整曝光过度照片

如果光线太强，或者光圈太大，容易导致拍摄的照片曝光过度。这时可以在 Photoshop 中通过压暗图像来修复曝光过度的情况。具体操作步骤如下。

步骤 01 打开"素材文件 \ 第 11 章 \ 曝光过度 .jpg"文件，如下图所示。可以发现图像的曝光过度，整体偏亮。

步骤 02 创建"亮度 / 对比度"调整图层，在"属性"面板中，减小亮度参数，如下图所示。

步骤 03 通过前面的操作，图像整体被压暗，如下图所示，高光区域的细节得到恢复。

步骤 04 创建"曲线"调整图层，调整曲线形状，如下图所示，提亮高光区域，压暗阴影区域。

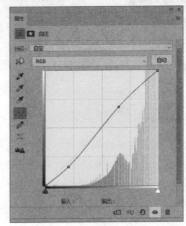

步骤 05 通过前面的操作，适当增加图像对比度，完成曝光过度照片的调整，效果如下图所示。

11.2.5　调整逆光照片

逆光拍摄的照片，画面中被摄主体因为曝光不足而亮度偏暗，高光区域则会因为曝光过度而整体发白。修复逆光照片的具体操作步骤如下。

步骤 01 打开 "素材文件 \ 第 11 章 \ 逆光 .jpg" 文件，如下图所示。因为逆光拍摄，所以背景很亮，而人物很暗。

步骤 02 按 Ctrl+J 组合键，复制 "背景" 图层，得到 "图层 1"，如下图所示。

步骤 03 执行 "图像" → "调整" → "阴影 / 高光" 命令，打开 "阴影 / 高光" 对话框，如下图所示，设置 "阴影" 和 "高光" 参数。

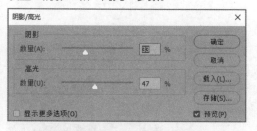

小提示

在 "阴影 / 高光" 对话框中，设置 "阴影" 参数可以提亮图像的阴影区域，恢复阴影细节；设置 "高光" 参数可以压暗图像的高光区域，恢复高光细节。

步骤 04 通过前面的操作，提亮图像暗部，压暗图像背景，如下图所示。

步骤 05 新建 "图层 2"，设置图层混合模式为 "柔光"，如下图所示。

步骤 06 设置前景色为白色。选择 "画笔工具" ，在选项栏中设置 "流量" 为 1%。使用柔角画笔在人物上描绘，提亮人物，如下图所示。

小提示

使用白色画笔在柔光图层上描绘，可以提亮图像；使用黑色画笔描绘，可以压暗图像。

步骤 07 创建"曲线"调整图层，选择"RGB"通道，调整曲线形状，如下图所示，增加图像对比度。

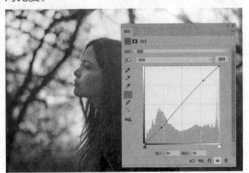

步骤 08 选择"蓝"通道，调整曲线形状，使高光区域增加蓝色，阴影区域减少蓝色，如下图左所示；选择"红"通道，调整曲线形状，增加红色，如下图右所示。

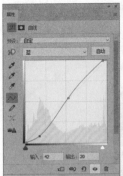

步骤 09 通过前面的操作，完成逆光图像的调整，如下图所示。

11.3 人像照片后期处理

案例介绍

人像照片的后期处理主要包括 3 个部分，分别是皮肤处理、五官修饰以及身形的塑造。调整前后的效果对比如下表所示。

案　例	调整前	调整后
打造平滑肌肤		

打造完美五官	
打造大长腿	

思路分析

处理皮肤时，一般先修饰瑕疵，然后通过磨皮操作使皮肤变得更加细腻光滑；修饰五官时，可以使用"液化"滤镜中的"脸部工具"，使五官更加精致；调整身材比例时，可以通过"自由变换"功能拉长腿部，从而使人物看起来更加高挑。本案例的具体制作思路如下图所示。

扫一扫，看视频

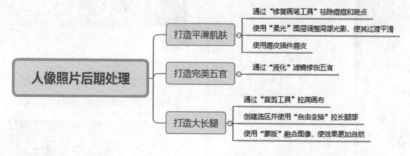

具体操作步骤及方法如下。

11.3.1 打造平滑肌肤

处理皮肤时，可以先使用基本的修复工具清除皮肤上的痘痘、皱纹等瑕疵，然后利用第三方磨皮插件进行磨皮，就可以快速地打造平滑肌肤，具体操作步骤如下。

步骤 01 打开"素材文件\第 11 章\人物 .jpg"文件，如下图左所示。

步骤 02 单击图层面板底部的"新建图层"按钮□，创建"图层 1"，如下图右所示。

步骤 03 选择"修复画笔工具" ，在选项栏中设置"样本"为"当前和下方图层"。按住 Alt 键在光滑的肌肤上单击进行取样，再将鼠标移动至有痘痘的地方单击，修复痘痘，如下图所示。

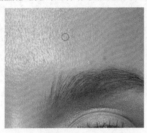

步骤 04 使用相同的方法，继续取样光滑的肌肤，修复脸部的斑点、痘痘等瑕疵以及手部的皱纹，如下图左所示。

步骤 05 创建"图层 2"，并设置图层混合模式为"柔光"，如下图右所示。

步骤 06 使用基本的修复工具清除脸部明显的瑕疵后，会出现一些光影问题，造成一些像素过亮，一些像素过暗。按 D 键恢复默认的前景色（黑色）和背景色（白色）。按 X 键切换前景色为白色。选择"画笔工具" ，在选项栏

中设置"流量"为 1%。使用柔角画笔在左眼处描绘，提亮图像，如下图左所示；按 X 键切换前景色为黑色，使用柔角画笔在左眼处颜色暗的像素上描绘，提亮图像，使光影过渡更加平滑，如下图右所示。

步骤 07 继续使用黑色柔角画笔描绘，压暗过亮的像素；使用白色柔角画笔描绘，提亮过暗的像素，使整体光影过渡更加平滑，如下图左所示。

步骤 08 按 Alt+Shift+Ctrl+E 组合键盖印图层，得到"图层 3"，如下图右所示。

步骤 09 执行"滤镜"→"Imagenomic"→"Portraiture3"命令，打开 Portraiture3 对话框，设置"平滑"和"皮肤蒙版"选项卡中的参数，如下图所示，单击"确定"按钮。

Portraiture 滤镜是一款优秀的磨皮插件，自行安装后才能使用。

步骤 10 返回文档中，完成皮肤的处理，效果如下图所示。

11.3.2 打造完美五官

使用"液化"滤镜可以修饰人物的五官，具体操作步骤如下。

步骤 01 打开"素材文件 \ 第 11 章 \ 夏季 .jpg"文件，如下图所示。

步骤 02 执行"滤镜"→"液化"命令，打开"液化"对话框。单击"脸部工具"按钮，进入脸部修饰状态，如下图上所示。因为人物的眼睛大小不一样，将鼠标放在右眼上，拖动鼠标调整眼睛的高度，如下图下所示。

步骤 03 继续调整两只眼睛的大小，使其大小一致，如下图所示。

步骤 04 将鼠标放在鼻子上拖动，调整鼻子的高度和宽度，如下图所示。

步骤 05 将鼠标放在嘴唇右侧拖动，使嘴巴呈现微笑的状态，如下图所示。

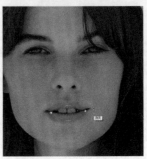

步骤 06 将鼠标放在脸部轮廓上拖动，调整脸部宽度，下颌、前额和下巴的高度，使脸部变得小一点，如下图所示。

步骤 07 使用"向前变形工具" ，在头发上拖动，使头发变得蓬松一些，如下图所示。拖动时注意不要影响到脸部和帽子区域，如果有误操作，可以使用"重建工具" 在误操作图像上拖动，将其恢复。

步骤 08 设置完成后，单击"确定"按钮，应用滤镜效果。返回文档，完成五官修饰后的图像效果如下图所示。

11.3.3 拉长腿部，打造完美身材比例

使用"自由变换"命令可以拉高人物，使用"液化"命令，可以对人物进行瘦身的操作，塑造更加完美的身材。具体操作步骤如下。

步骤 01 打开"素材文件\第 11 章\塑形 .jpg"文件，如下图左所示。

步骤 02 选择"裁剪工具" ，显示裁剪框。向下拖动裁剪框，增加画布的高度，如下图右所示。

步骤 03 按 Ctrl+J 组合键，复制背景图层，得到"图层 1"，如下图左所示。

步骤 04 使用"矩形选框工具" ，沿着腿部创建选区。按 Ctrl+T 组合键，执行"自由变换"命令，按住 Shift 键向下拖动选区，按 Enter 键确认变换，如下图右所示。

步骤 05 为"图层 1"添加蒙版，使用黑色柔角画笔在图像衔接处描绘，融合图像，使效果更加自然，如下图所示。

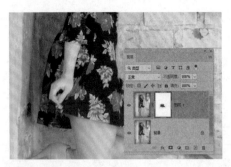

步骤 06 选择"背景"图层，使用"仿制图章工具"，按住 Alt 键取样裙子边，将左侧的花朵覆盖，如下图所示。

步骤 07 通过前面的操作，拉高人像，效果如下图所示。

多学一点

001 校正图像透视问题

扫一扫，看视频

拍摄建筑，特别是拍摄高楼时，由于透视的原因，图像会有一些倾斜变形。编辑此类图像时，使用"透视裁剪工具" 裁剪图像，就可以解决图像由于透视引起的倾斜问题。

步骤 01 打开"素材文件\第 11 章\建筑 .jpg"文件，如下图所示，可以发现由于透视原因，图像有点倾斜。

步骤 02 选择"透视裁剪工具" ，在图像上拖动鼠标，绘制裁剪范围，如下图所示。

步骤 03 拖动左上角的控制点，倾斜网格，如下图所示。

步骤 04 继续拖动其他控制点，使网格与建筑处于相同的倾斜角度，如下图所示。

步骤 05 将鼠标指针放在两侧的网格线上，鼠标指针变换为双向箭头的形状时，拖动网格线，调整裁剪范围，如下图所示。

步骤 06 按 Enter 键确定裁剪，如下图所示，倾斜建筑被拉直。

002 在"色阶"对话框的阈值模式下调整照片的对比度

使用"色阶"调整图像时，滑块越靠近中间，对比度越强烈，也容易丢失细节。如果能将滑块精确定位于直方图的起点和终点上，就可以在调整对比度的同时保持细节不会丢失。具体操作步骤如下。

步骤 01 打开"素材文件\第 11 章\动物 .jpg"文件，如下图所示。

步骤 02 按 Ctrl+L 组合键，执行"色阶"命令。打开"色阶"对话框，观察直方图，图像的阴影和高光都缺乏像素，说明图像整体偏灰，按住 Alt 键向右拖动阴影滑块，如下图所示。

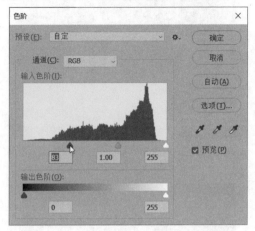

步骤 03 切换为阈值模式，出现一个高对比度的预览图像，如下图所示。

步骤 04 往回拖动滑块，当画面出现少量图像时放开滑块，如下图所示。

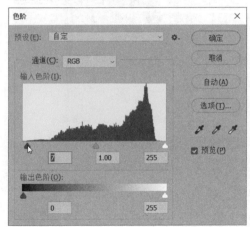

步骤 05 图像效果如下图所示。

步骤 06 使用相同的方法向左拖动高光滑块，如下图所示。

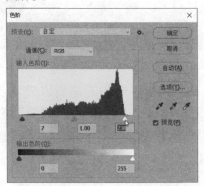

步骤 07 图像效果如下图所示。

步骤 08 通过前面的操作，完成调整对比度，并且最大限度地保留图像细节，效果如下图所示。

第12章 Photoshop
图像特效与创意合成

重点
索引

Photoshop除了可以对照片进行色彩、光影、构图的编辑以外，还具有强大的特效制作和合成功能。无论有什么样的创意，只需要在Photoshop中使用相应的工具，就可以将其真实地呈现出来。本章将通过制作故障艺术风格效果文字、合成星空城市和合成超现实空间效果3个案例来介绍Photoshop图像特效和创意合成的操作。

知识
技能

本章相关案例及知识技能如下图所示。

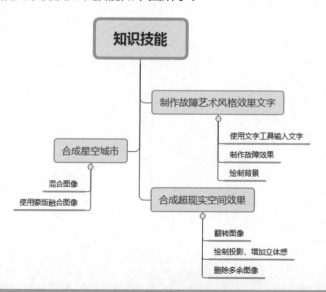

12.1　制作故障艺术风格效果文字

案例介绍

　　故障艺术来源于数据和数字设备的故障，是利用事物的故障进行艺术加工，从而形成一种特殊的艺术风格，这是近年来十分流形的一种设计风格。故障艺术的特点在于图像和颜色的失真、错位变形，同时会辅助穿插一些条纹图形。故障风格效果文字如下图所示。

扫一扫，看视频

思路分析

　　制作故障艺术风格效果文字时，先使用图层样式中的混合选项模拟色彩，再使用选框工具创建选区并移动选区图像，制作错位扭曲的效果，最后绘制线条风的背景，就可以完成效果制作。本案例的具体制作思路如下图所示。

制作故障艺术风格效果文字

- 输入文字
  - 使用"文字工具"输入文字
  - 通过"属性"面板设置字体系列、大小和颜色
- 制作故障效果
  - 通过图层样式改变文字色彩
  - 使用选框工具制作错位扭曲效果
- 绘制背景
  - 利用"渐变工具"填充渐变色
  - 使用再次变换功能制作线条图形

具体操作步骤及方法如下。

12.1.1 输入文字

使用"文字工具" T 可以输入文字。输入文字后可以通过"属性"面板设置文字的字体系列、大小、颜色以及字符间距等基本参数，具体操作步骤如下。

步骤 01 执行"文件"→"新建"命令，打开"新建文档"对话框，❶设置"宽度"为1080像素，"高度"为720像素，"分辨率"为72像素 / 英寸，❷"背景内容"为黑色，❸单击"创建"按钮，如下图所示。

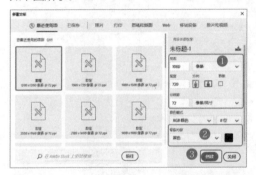

步骤 02 选择"文字工具" T ，在画布上单击以确认输入点，输入文字，如下图所示。

步骤 03 选择"文字工具" T ，将鼠标放在字符之间并单击，按 Ctrl+A 组合键，全选文字。执行"窗口"→"属性"命令，打开"属性"面板，设置字体系列为"迷你简大黑"，大小为240点，字符间距为 -50，颜色为白色，如下图所示。

步骤 04 返回文档，按 Ctrl+Enter 组合键，确认文字输入，如下图所示。

小提示

输入文字后，在选项栏中也可以设置字体系列、大小、颜色等基本参数。

12.1.2 制作故障效果

使用"图层样式"中的高级混合功能，可以将文字颜色设置为纯青色和纯品红色。然后利用选框工具，制作文字破碎变形的效果，具体操作步骤如下。

步骤 01 选择文字图层右击，在快捷菜单中选择"栅格化文字"命令，将文字图层转换为普通图层，如下图所示。

步骤 02 按 Ctrl+J 组合键，复制文字图层，得到"赛博朋克 拷贝"图层，如下图所示。

小提示

　　Photoshop 中的文字图层是一种矢量图层，不能对其进行填充渐变、切割、使用滤镜等操作。而栅格化可以将矢量图转换为位图。为了制作错位的文字效果，就需要将文字图层栅格化，将其转换为普通的位图图层。

步骤 03 双击文字拷贝图层，打开"图层样式"对话框，❶ 在"混合选项"选项卡的"高级混合"栏中取消"G"通道（绿通道）复选框的勾选，❷ 单击"确定"按钮，如下图所示。

步骤 04 选中"移动工具" ，按←方向键，移动文字位置，显示品红色文字，如下图所示。

步骤 05 按 Ctrl+J 组合键，复制文字拷贝图层，得到"赛博朋克 拷贝 2"图层，如下图所示。

步骤 06 双击文字拷贝 2 图层，打开"图层样式"对话框，在"高级混合"栏中取消"R"通道（红通道）复选框的勾选，如下图所示。

步骤 07 返回文档中，选中"移动工具" ，按→方向键，移动文字位置，显示青色文字，如下图所示。

步骤 08 返回文档中，选中"移动工具" ⊕，按→方向键，移动文字位置，显示青色文字，如下图所示。

步骤 09 选择所有文字图层，按 Ctrl+E 组合键，合并图层，将其重命名为"文字"，如下图所示。

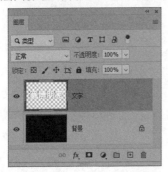

步骤 10 选择"矩形选框工具" ⬚，在文字上创建选区，再选中"移动工具" ⊕，移动选区的图像，产生文字错位的效果，如下图所示。

步骤 11 使用相同的方法，继续制作文字错位的效果，如下图所示。

步骤 12 单击图层面板底部的"新建图层"按钮，创建"图层 1"，如下图所示。

步骤 13 使用"矩形选框工具"创建选区并填充青色和品红色，效果如下图所示。

12.1.3　绘制背景

　　故障艺术风格会穿插一些条纹图形，所以可以在背景上绘制一些线条元素。具体操作步骤如下。

步骤 01 选择"渐变工具" ▢，❶单击选项栏中渐变色条右侧的下拉按钮 ⌄，❷打开"渐变"拾色器，选择蓝色组中的"蓝色 –24"渐变，❸单击"线性渐变"按钮 ▢，如下图所示。

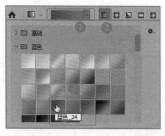

步骤 02 选择"背景"图层，从画布右上角向左下角方向拖动鼠标，填充渐变色，如下图所示。

步骤 03 单击"图层 1"和"文字"图层前面的"指示图层可见性"按钮 ⊙，隐藏图层，并在"背景"图层上方新建"图层 2"，如下图所示。

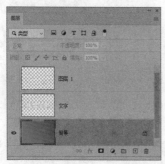

步骤 04 选择"多边形工具" ⬡，在选项栏中设置绘图模式为"形状"，"填充"为无，"描边"为"红色 -01"渐变，粗细为 1 像素，如下图左所示；设置"边数"为 5，单击"设置其他形状和路径选项"按钮 ⚙，在下拉面板中选中"平滑拐角"和"星形"复选框，设置"缩进边依据"为 30%，如下图右所示。

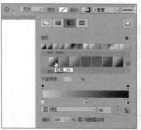 

步骤 05 选择"背景"图层，在画布上拖动鼠标，绘制形状，图层面板上会自动创建形状图层，如下图所示。

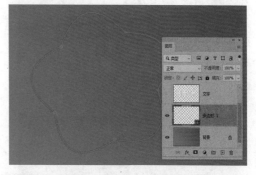

步骤 06 选择"多边形 1"形状图层右击，在打开的快捷菜单中选择"栅格化图层"命令，将其转换为普通图层，如下图左所示。按 Ctrl+J 组合键，复制图层，如下图右所示。

 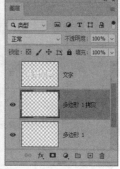

🔖 小提示

Photoshop 中的形状图层也是一种矢量图层，需要将其栅格化后才能使用再次变换功能来绘制线条图形。

步骤 07 选择拷贝的形状图层，按 Ctrl+T 组合键，执行"自由变换"命令，按 Alt 键，拖动鼠标等比例缩小图像，按 Enter 键确认变换，如下图所示。

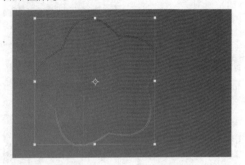

步骤 08 按 Alt+Shift+Ctrl+T 组合键多次，复制并以相同的变换方式变换图像，得到线条图形，如下图所示。

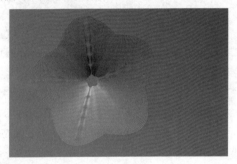

步骤 09 选择所有多边形图层，按 Ctrl+E 组合键，合并图层，并重命名为"多边形"，如下图左所示；按 Ctrl+J 组合键多次，多次复制"多边形"图层，如下图右所示。

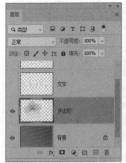

步骤 10 选择拷贝的多边形图层，按 Ctrl+T 组合键，执行"自由变换"命令，调整图形的大小和位置，如下图所示。

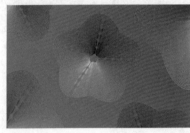

步骤 11 单击"图层 1"和"文字"图层前面的"指示图层可见性"按钮■，显示图像，完成故障艺术风格效果文字的制作，如下图所示。

12.2 合成星空城市

案例介绍

扫一扫，看视频

使用图层混合模式，可以混合上方图层和下方图层的像素，制作出多个图层混合的效果，增加画面的冲击力；蒙版不仅可以控制画面的显示内容，还可以将部分图像处理成透明或半透明效果，从而使图像很好地进行融合。因此，图层混合模式和蒙版常用于合成图像。使用图层混合模式和蒙版合成星空城市的效果如下图所示。

思路分析

本案例的制作非常简单，先使用混合模式混合图像，再使用蒙版融合图像，就可以完成星空城市效果的制作。本案例的具体制作思路如下图所示。

合成星空城市 ── 混合图像 ── 使用图层混合模式混合图像

合成星空城市 ── 使用蒙版融合图像 ── 添加图层蒙版，融合图像

具体操作步骤及方法如下。

12.2.1　混合图像

使用图层混合模式混合图像时，通常需要配合降低图层的不透明度，才能达到满意的效果。使用图层混合模式混合图像的具体操作步骤如下。

步骤 01 打开"素材文件 \ 第 12 章 \ 城市 .jpg"文件，如下图左所示。

步骤 02 打开"素材文件 \ 第 12 章 \ 星空 .jpg"文件，如下图右所示。

步骤 03 使用"移动工具" ⊕，拖动"星空"图像到"城市"文档中，如下图左所示。

步骤 04 按 Ctrl+T 组合键，执行"自由变换"命令，缩小图像至画布大小，如下图右所示。

小提示

在最新版本的 Photoshop 中，使用"移动工具" ⊕ 可以直接拖动背景图层上的图像到其他文档中，如果不能直接拖动，可以先双

击背景图层，将其转换为普通图层，然后使用"移动工具"拖动。

步骤 05 选择"图层1"，设置图层混合模式为"强光"，并降低图层不透明度，如下图左所示。

步骤 06 通过前面的操作混合图像，效果如下图右所示。

12.2.2 使用蒙版融合图像

使用数码相机拍摄的照片有时会出现颜色不够鲜艳的情况，这时可以使用"自然饱和度"命令增加图像的饱和度，从而使画面更加鲜艳。具体操作步骤如下。

步骤 01 选择"图层1"，单击"图层"面板底部的"添加图层蒙版"按钮 🔳，添加图层蒙版，如下图所示。

步骤 02 选择"画笔工具" ✏️，❶ 单击选项栏中的"画笔预设选取器" 🔘 右侧的下拉按钮，

❷ 在下拉面板中，选择"柔边圆"画笔，如下图所示。

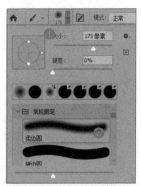

🔖 小提示

按 [键可以缩小画笔笔尖，按] 键可以放大画笔笔尖。

步骤 03 设置前景色为黑色，在画面下方描绘，融合图像，完成星空城市效果的合成，如下图左所示。

步骤 04 通过前面的操作，图层面板的效果如下图右所示。

🔖 小提示

在蒙版上填充黑色，可以隐藏当前图层的图像；填充白色，可以显示当前图层的图像；填充灰色，可以将当前图层的图像处理成半透明效果。

12.3 合成超现实空间效果

案例介绍

折叠空间效果是近几年比较流行的一种合成效果。这种风格的合成特效主要是利用翻转图像，从而形成一种立体空间的超现实效果，如下图所示。

思路分析

制作本案例时，首先要选择留白比较多的素材，再利用自由变换功能，翻转图像，形成立体空间；然后制作投影，加强立体感，最后删除多余的元素，就可以完成制作。本案例的具体制作思路如下图所示。

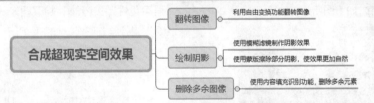

具体操作步骤及方法如下。

12.3.1 翻转图像

通过翻转图像可以制作出折叠空间的效果，具体操作步骤如下。

步骤 01 打开"素材文件\第 12 章\船 .jpg"文件，如下图所示。

步骤 02 按 Ctrl+J 组合键，复制"背景"图层，得到"图层 1"，如下图所示。

步骤 03 按 Ctrl+T 组合键，执行"自由变换"命令，在图像上右击，选择"顺时针旋转 90 度"命令；再次右击，选择"垂直翻转"命令翻转

图像，将其放在左侧，如下图所示。

步骤 04 选择"背景"图层，按 Ctrl+J 组合键复制图层，得到"背景 拷贝"图层，如下图所示。

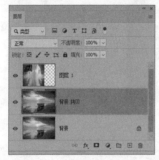

步骤 05 按 Ctrl+T 组合键，执行"自由变换"命令，右击，选择"逆时针旋转 90 度"命令；再次右击，选择"水平翻转"命令翻转图像，将其放在右侧，如下图所示。

步骤 06 分别选择"图层 1"和"背景 拷贝"图层，右击，选择"转换为智能对象"命令，将其转换为智能对象图层，如下图所示。

步骤 07 使用"钢笔工具" ⊘ 绘制路径，如下图所示。

步骤 08 按 Ctrl+Enter 组合键，将路径转换为选区。选择"图层 1"，按住 Alt 键的同时，单击图层面板底部的"添加蒙版"按钮 ▢，添加蒙版，隐藏选区图像，如下图所示。

步骤 09 选择"图层 1"，单击前面的"指示图层可见性"按钮 ◉，隐藏图像。使用"钢笔工具" ⊘ 绘制路径，如下图所示。

步骤 10 按 Ctrl+Enter 组合键，将路径转换为选区。选择"背景 拷贝"图层，按住 Alt 键的同时，单击图层面板底部的"添加蒙版"按钮 ▢，添加蒙版，隐藏选区图像，如下图所示。

小提示

　　路径和选区是可以相互转换的。创建选区后，单击"路径"面板底部的"从选区生成工作路径"按钮 ◇，可以将选区转换为路径。

步骤 11 单击"图层 1"前面的"指示图层可见性"按钮，显示图像，如下图所示。

12.3.2 绘制投影，增加空间立体感

　　为了使折叠空间的效果更加自然，可以通过绘制阴影的方式进一步增强空间感，从而增强真实性。具体操作步骤如下。

步骤 01 选择"背景 拷贝"图层和"图层 1"，按 Ctrl+G 组合键编组图层，如下图左所示。

步骤 02 按 Ctrl+J 组合键复制图层组，得到"组 1 拷贝"图层组，如下图右所示。

小提示

　　选择编组图层，按 Shift+Ctrl+G 组合键可以取消编组。

步骤 03 按 Ctrl+E 组合键，合并"组 1 拷贝"图层组，如下图所示。

步骤 04 按 Ctrl 键，单击"组 1 拷贝"图层缩览图载入选区，如下图所示。

步骤 05 选择"组 1"图层，按住 Ctrl 键的同时单击图层面板底部的"新建图层"按钮，在"组 1"图层下方新建"图层 2"，如下图左所示。

步骤 06 设置前景色为黑色，按 Alt+Delete 组合键为选区填充黑色，如下图右所示。

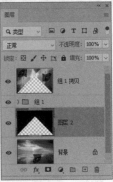

步骤 07 按 Ctrl+D 组合键取消选区。选择"图层 2"，执行"滤镜"→"模糊画廊"→"光圈模糊"命令，进入模糊画廊工作界面，设置参数，添加投影效果，如下图所示。

步骤 08 单击"确定"按钮，返回文档。单击"组 1 拷贝"选择图层，单击该图层前面的"执行图层可见性"按钮，隐藏图层，如下图所示。

步骤 09 选择"图层 2"，单击图层面板底部的"添加蒙版"按钮，添加图层蒙版，如下图所示。

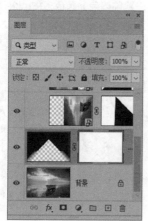

步骤 10 使用黑色柔角画笔，并降低画笔不透明度，在黑色阴影处描绘，使其过渡更加自然，如下图所示。

步骤 11 选择"图层 1"的蒙版缩览图，如下图所示。

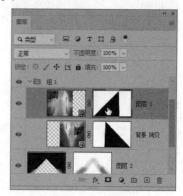

步骤 12 使用黑色柔角画笔在右上方描绘，使其与下方图像融合，如下图所示。

12.3.3 删除多余图像

制作出折叠空间效果后，可以将画面中多余的元素删除，使效果更加逼真。具体操作步骤如下。

步骤 01 双击"图层 1"右下角的智能对象图标，进入源文档。使用"套索工具"选择小船，如下图左所示。

步骤 02 执行"编辑"→"内容识别填充"命令，删除小船图像，如下图右所示。

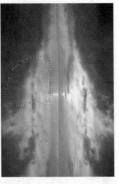

步骤 03 使用相同的方法删除太阳元素，如下图所示。

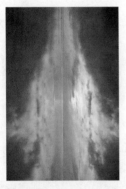

步骤 04 按 Ctrl+S 组合键保存修改，返回文档，可以查看删除效果，如下图所示。

步骤 05 使用相同的方法，删除右侧的小船和太阳，完成超现实空间效果的制作，如下图所示。

多学一点

001　如何分辨选中的是图层还是蒙版

如果要编辑蒙版，就需要先选中蒙版缩览图，这时在画布上进行的操作才是调整蒙版。因为蒙版缩览图和图层缩览图在同一个图层上，所以在操作中需要分辨选中的是图层缩览图还是蒙版缩览图，具体操作步骤如下。

扫一扫，看视频

步骤 01 添加图层蒙版后，单击蒙版缩览图，蒙版缩览图的周围会出现黑色的边框，如下图所示，这表示当前选中的是蒙版。此时的操作编辑的就是蒙版。

步骤 02 单击图层缩览图，图层缩览图周围会显示黑色边框，如下图所示，这表示当前选中的是图层。此时的操作编辑的就是图层。

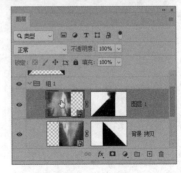

002　合并形状的方法

创建多个形状图层后，可以将其合并为一个形状图层，具体操作步骤如下。

步骤 01 新建一个任意大小的空白文档。选择"自定形状工具" 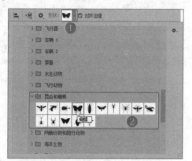，❶ 在选项栏中单击形状右侧的下拉按钮，❷ 在下拉面板中选择"昆虫和蜘蛛"栏中的"蝴蝶"形状，如下图所示。

步骤 02 单击选项栏中的填色按钮，在下拉面板中选择一种填充颜色，如下图所示。

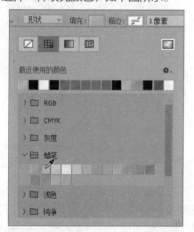

步骤 03 在画布上拖动鼠标，绘制蝴蝶形状，如下图所示。

步骤 04 此时图层面板上会自动创建一个"蝴蝶"形状图层，如下图所示。

步骤 05 使用"自定形状工具"绘制一个小一点的蝴蝶形状，如下图所示。

步骤 06 此时图层面板上会自动创建一个"蝴蝶 2"形状图层，如下图所示。

步骤 07 使用"路径选择工具"  移动小蝴蝶形状到适当位置，如下图所示。

步骤 08 使用"路径选择工具" 框选所有的形状，如下图所示。

步骤 09 执行"图层"→"合并形状"→"减去重叠处形状"命令，合并形状，如下图所示。

步骤 10 此时，图层合并为一个形状图层，并以图层的上层名称命名，如下图所示。

第13章 Photoshop 广告设计

重点
索引

Photoshop除了被广泛应用于数码艺术、特效合成的领域外，广告设计也是其重要的应用领域。通过对Photoshop中各种工具的灵活运用，可以轻松地进行网页美化、各种宣传海报的制作，以及产品包装图的制作，等等。本章将通过制作水果网店首页、招聘海报和产品包装设计3个案例来详细介绍Photoshop在广告设计中的应用。

知识
技能

本章相关案例及知识技能如下图所示。

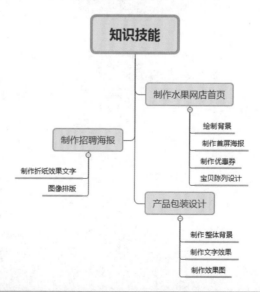

13.1　制作水果网店首页

案例介绍

　　首页是店铺的重点，是顾客进入店铺的通道，首页的效果决定着店铺是否能够带给人好的印象。本案例中制作水果网店首页，以青色为主色调，给人以清新的感觉，整体布局上力求简洁大方。本案例制作完成后的效果如下图所示。

扫一扫，看视频

思路分析

　　本案例可以分为背景、首屏海报、优惠券和宝贝陈列设计四个部分来制作。本案例的具体制作思路如下图所示。

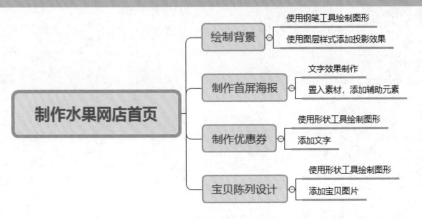

具体操作步骤及方法如下。

13.1.1 绘制背景

制作网店首页时可以先绘制背景，具体操作步骤如下。

步骤 01 执行"文件"→"新建"命令，打开"新建文档"对话框，❶ 设置"宽度"为 1920 像素，"高度"为 5000 像素，"分辨率"为 72 像素 / 英寸；❷ 单击"创建"按钮，如下图所示。

步骤 02 设置前景色为青色 #73c8b2，按 Alt+Delete 组合键填充前景色，如下图左所示。

步骤 03 按 Ctrl+R 组合键显示出标尺。执行"视图"→"新建参考线"命令，分别在水平方向 1000 像素、2400 像素和 4400 像素的位置创建参考线，如下图右所示。

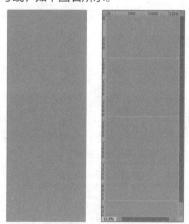

小提示

创建参考线后，执行"视图"→"清除参考线"命令，可以删除参考线；或者按 Ctrl+H 组合键，可以隐藏参考线。

步骤 04 选择"钢笔工具"，在选项栏中设置绘图模式为"形状"，填充颜色为深青色 #58b39c，拖动鼠标在画布最上方绘制形状，如下图所示。

小提示

使用钢笔工具和形状工具绘制时，可以设置"形状""路径"或"像素"的绘图模式。

形状绘图模式：用于绘制带有填充颜色的图形，并自动创建形状图层。可以使用"直接选择工具""路径选择工具"等编辑图形形状。

路径绘图模式：用于绘制无填充、无描边的图形，可以轻松改变其形状。但需要将图形转换为选区，填充颜色后才能显示图形形状。

像素绘图模式：用于绘制带有填充颜色的图形，并自动创建普通图层。绘制后不可更改形状。

步骤 05 使用"钢笔工具"，根据参考线，在不同的位置绘制形状，如下图左所示。

步骤 06 双击"形状 1"图层，打开"图层样式"对话框，选择"投影"选项，设置"混合模式"为正片叠底，投影颜色为黑色，"不透明度"为 30%，"角度"为 90 度，"距离"为 2 像素，"扩展"为 5%，"大小"为 21 像素，单击"确定"按钮，如下图右所示。

步骤 07 通过前面的操作为"形状 1"图层添加投影效果，如下图所示。

步骤 08 选择"形状 1"图层，右击后选择"拷贝图层样式"命令，选择"形状 2"图层，右击后选择"粘贴图层样式"命令，粘贴图层样式，如下图左所示。

步骤 09 双击"形状 2"图层，打开"图层样式"对话框，选择"投影"选项，修改投影参数，如下图右所示。

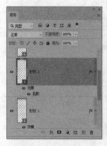 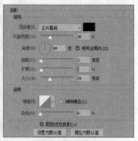

步骤 10 使用相同的方法复制投影图层样式到"形状 3"和"形状 4"图层上，并修改投影参数，完成投影效果的制作，如下图左所示。

步骤 11 使用"矩形选框工具" 在画布上方创建选区，如下图右所示。

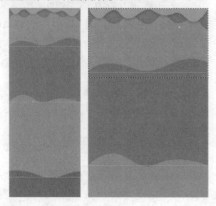

步骤 12 选择"背景"图层，按 Ctrl+J 组合键复制选区图像，得到"图层 1"，如下图所示。

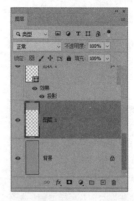

步骤 13 新建"图案填充 1"图层，❶ 设置填充图案为旧版图案中的"贝伯轻薄缎面织物"，❷ 单击"确定"按钮，如下图所示。

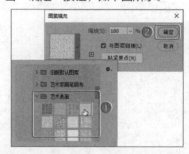

小提示

在最新版的 Photoshop 中需要先在"图案"面板中载入"旧版图案"，创建图案填充图层时才能填充旧版图案。

步骤 14 选择"图案填充 1"图层，右击后选择"创建剪贴蒙版"命令，创建剪贴蒙版。设置图层混合模式为"线性加深"，降低不透明度，如下图所示。

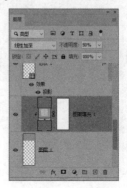

步骤 15 通过前面的操作将图案限制在"图层 1"上显示，如下图所示。

步骤 16 使用"矩形选框工具" ▢，在画布下方创建选区，如下图左所示。

步骤 17 选择"背景"图层，按 Ctrl+J 组合键复制选区图像，得到"图层 2"，如下图右所示。

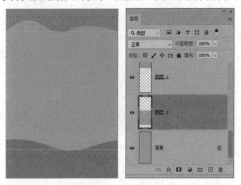

步骤 18 创建"图案填充 2"图层，设置填充图案为旧版图案中的"纱布"，图层混合模式为"叠加"，降低图层的不透明度，并创建剪贴蒙版，如下图左所示。

步骤 19 通过前面的操作将图案填充限制在"图层 2"上显示，完成背景的制作，如下图右所示。

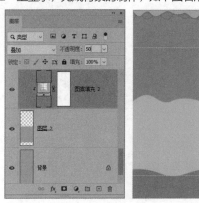

13.1.2 制作首屏海报

首屏海报是店铺首页设计中非常重要的内容，它是店铺内部的横幅广告，可以起到宣传、促销的作用。具体操作步骤如下。

步骤 01 使用"矩形工具" ▭ 绘制矩形，设置填充色为浅青色 #80e2c9，如下图左所示。

步骤 02 选择"矩形 1"形状图层，降低图层的不透明度，如下图右所示。

步骤 03 使用"文字工具"输入文字，在选项栏中设置字体系列为"汉仪水滴体简"，大小为 175 点，颜色为深青色 #013e2f，如下图所示。

步骤 04 选择文字图层，按 Ctrl+J 组合键复制文字，修改文字颜色为白色，如下图所示。

步骤 05 选择文字"新"，单击选项栏中的"切换字符和段落面板"按钮 ▤，打开"字符"面板，设置"基线偏移"为 -30，将文字向下移动，

如下图所示。

步骤 06 使用相同的方法，为其余的文字设置不同的基线偏移参数，使文字产生错落的效果，如下图所示。

步骤 07 选择文字图层，按 Ctrl+J 组合键复制文字图层，并修改文字颜色为白色，如下图所示。

步骤 08 选择下方的文字图层，并选择"移动工具" ⊕ ，按→方向键移动文字位置，形成立体的文字效果，如下图所示。

步骤 09 使用"圆角矩形工具" ⬭ 在文字上方绘制圆角矩形，设置其填充色为浅青色 #9de0cf，如下图所示。

🔔 小提示

使用矩形工具绘制矩形后，也可以通过设置圆角的半径将其变成圆角矩形。

步骤 10 拖动圆角矩形图层到文字图层下方，将文字显示出来，如下图所示。

步骤 11 选择"圆角矩形 1"图层，按 Ctrl+J 组合键复制图层，并将其移动到"圆角矩形"图层的下方，设置其填充色为深青色 #013e2f，移动其位置，形成立体按钮的效果，如下图所示。

步骤 12 添加水果元素的素材，并调整图层顺序，如下图所示。

步骤 13 双击一个水果图层，打开"图层样式"对话框，选择"投影"选项，设置"混合模式"为正片叠底，投影颜色为青 #165d4a，"不透明度"为 35%，"角度"为 122 度，"距离"为 6 像素，"扩展"为 0%，"大小"为 16 像素，单击"确定"按钮，为水果添加投影效果，如下图所示。

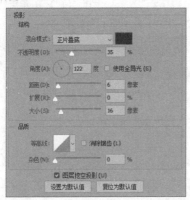

步骤 14 通过复制图层样式的方式为所有的水果元素添加投影效果，如下图所示。

13.1.3 制作优惠券

优惠券是顾客购买宝贝时用于优惠的购物券。设计优惠券时需要遵循色彩鲜明、文字显示清晰的原则。制作优惠券的具体操作步骤如下。

步骤 01 使用"圆角矩形工具"  绘制圆角矩形，设置填充色为青色 #80d4be，如下图所示。

步骤 02 执行"窗口"→"属性"命令，打开"属性"面板，设置"圆角半径"为 122 像素，如下图所示。

步骤 03 通过前面的操作，修改圆角矩形的形状，效果如下图所示。

步骤 04 按 Ctrl+J 组合键复制圆角矩形图层。按 Ctrl+T 组合键执行自由变换命令，缩小圆角矩形的尺寸，并修改填充色为白色，如下图所示。

步骤 05 使用"圆角矩形工具" ▢ 绘制形状，并设置填充色为青色 #27836c，圆角半径为 70 像素，效果如下图所示。

步骤 06 继续绘制填充色为红色（#ff1d4a）的圆角矩形，如下图所示。

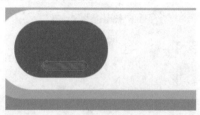

步骤 07 按 Ctrl+J 组合键复制红色的圆角矩形图层，修改填充色为无，描边颜色设置为黄色 #fde100，描边大小为 1 像素。将该图层拖动到红色的圆角矩形图层的下方，并调整其位置，形成错落的效果，如下图所示。

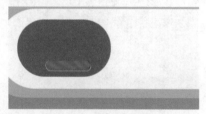

步骤 08 使用"文字工具" T 输入文字，并做好文字排版，如下图所示。

步骤 09 选择"直线工具" ╱，在选项栏中设置填充为无，描边为白色，描边大小为 1 像素，直线粗细为 1 像素，拖动鼠标绘制直线，如下图所示。

图所示。

步骤 10 选择白色文字、红色圆角矩形、直线段以及黄色圆角矩形框的图层，按 Ctrl+G 组合键将其编组，并重命名为"优惠券"，如下图所示。

步骤 11 按 Ctrl+J 组合键两次，复制"优惠券"图层组，并修改文案和调整图形的位置，完成优惠券的制作，如下图所示。

13.1.4　宝贝陈列设计

陈列宝贝时，整体设计风格要统一，辅助元素要简洁，注意突出宝贝，具体操作步骤如下。

步骤 01 单击图层面板底部的"新建组"按钮 ▢，新建图层组，并重命名为"产品布局"，如下图所示。

步骤 02 使用"圆角矩形工具" 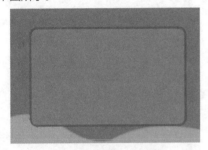 绘制圆角矩形，填充色为青色，圆角半径为 30 像素，如下图所示。

步骤 03 双击圆角矩形的形状图层，打开"图层样式"对话框，选择"内阴影"选项，设置"混合模式"为正片叠底，阴影颜色为青色 #034736，"不透明度"为 50%，"角度"为 90 度，"距离"为 3 像素，"阻塞"为 13%，"大小"为 92 像素，单击"确定"按钮，如下图所示。

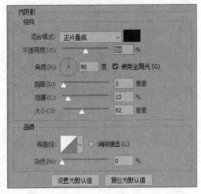

步骤 04 通过前面的操作添加内阴影效果，如下图所示。

步骤 05 使用"圆角矩形工具"  绘制圆角矩形形状，设置填充色为青色 #27836c，圆角半径为 30 像素，如下图所示。

步骤 06 使用"圆角矩形工具" 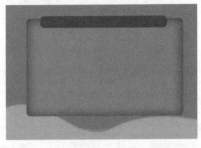 绘制圆角矩形形状，设置填充色为青色 # 034736，圆角半径为 20 像素，如下图所示。

步骤 07 按 Ctrl+J 组合键复制圆角矩形图层，修改填充色为浅青色，并适当调整形状位置，如下图所示。

步骤 08 按 Ctrl+J 组合键复制圆角矩形图层，

修改填充色为白色，并调整其大小，如下图所示。

步骤 09 在"属性"面板中单击"将角半径值链接到一起"按钮 ⊖，取消链接。设置左上角半径和左下角半径为 0 像素，如下图所示。

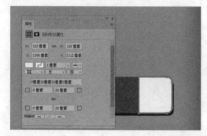

步骤 10 使用"文字工具" T 输入文字并做好排版，如下图所示。

步骤 11 置入相应的水果素材，完成第一个产品图的制作，如下图所示。

步骤 12 使用相同的方法，完成其他产品图的制作与排版，如下图所示。

步骤 13 使用"椭圆工具" ◯ 在第一个产品推介上方绘制白色椭圆框，并使用"文字工具" T 输入文本，如下图所示。

步骤 14 置入水果素材，并调整其大小和位置，使画面看起来更加饱满，完成水果网店首页的制作，如下图所示。

13.2 制作招聘海报

案例介绍

扫一扫，看视频

海报设计必须做到重点突出，富有冲击力，才能发挥其最大的广告作用。本案例制作招聘海报，制作时首先通过突出"招聘"二字来显示海报的目的，然后突出其职位信息，并进行适当的排版，就可以完成招聘海报的设计制作。本案例制作完成后的效果如下图所示。

思路分析

本案例在制作时使用当下比较流行的折纸效果来制作"招聘"文字，让观看者一眼便能抓住海报要表达的信息，然后输入职位信息并进行排版即可。本案例的具体制作思路如下图所示。

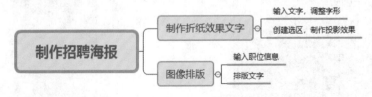

具体操作步骤及方法如下。

13.2.1 制作折纸效果文字

通过在文字上创建选区，并填充黑色投影，就可以制作出折纸效果的文字。具体操作步骤

如下。

步骤 01 执行"文件"→"新建"命令，打开"新建文档"对话框，❶ 设置"宽度"为1701像素，"高度"为2268像素；❷ "分辨率"为150像素/英寸；单击"创建"按钮，如下图所示。

步骤 02 置入"素材文件 / 第 13 章 / 底纹 .jpg"文件，如下图所示。

步骤 03 使用"文字工具" **T** 输入文字"招"，在选项栏中设置字体系列为"锐字锐线怒放黑简体"，大小为 350 点，颜色为白色，将其放在画布左上角，如下图所示。

步骤 04 选择文字图层，右击后选择"栅格化文字"命令，将其转换为普通图层，如下图所示。

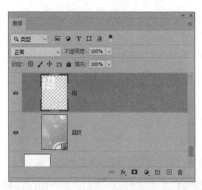

步骤 05 按 Ctrl+R 组合键在水平方向和垂直方向拖出参考线，如下图所示。

步骤 06 选择"多边形套索工具" ，在文字左下方创建选区，如下图所示。

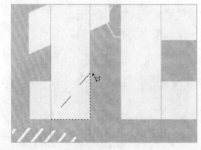

步骤 07 选择文字图层，按 Delete 键删除选区内的图像，按 Ctrl+D 组合键取消选区，如下图所示。

步骤 08 使用相同的方法删除文字的其余部分，如下图所示。

步骤 09 单击图层面板底部的"创建新图层"按钮，新建"图层 1"，如下图所示。

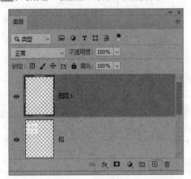

步骤 10 使用"多边形套索工具" 沿着文字边缘创建选区，如下图所示。

步骤 11 设置前景色为黑色。选择"渐变工具" ，❶ 单击选项栏中渐变色条右侧的下拉按钮 ；❷ 在下拉面板中选择"基础"组中的"前景色到透明渐变"的效果；❸ 单击"线性渐变"按钮 ，如下图所示。

步骤 12 选择"图层 1"，从选区右侧向选区内部拖动鼠标，填充渐变色，按 Ctrl+D 组合键取消选区，如下图所示，添加投影效果。

步骤 13 使用相同的方法继续为文字的其他部分添加投影效果，制作出折纸的文字效果，如下图所示。

步骤 14 使用"文字工具" 输入文字"聘"，在选项栏中设置字体系列为"锐字锐线怒放黑简体"，大小为 350 点，颜色为白色，将其放在画布右下角，如下图所示。

步骤 15 选择文字图层，执行"文字"→"转换为形状"命令，将文字转换为形状，此时，文字图层会变成形状图层，如下图所示。

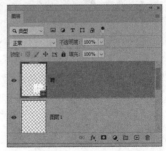

小提示

　　将文字转换为形状后，可以使用"直接选择工具" ▶ 调整文字的字形。

步骤 16 选择"直接选择工具" ▶，单击文字，显示出锚点，再拖动锚点修改文字形状，如下图所示。

步骤 17 选择文字形状图层，执行"图层"→"栅格化"→"形状"命令，将其转换为普通图层，如下图所示。

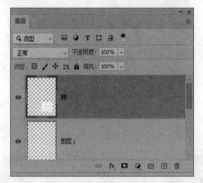

步骤 18 使用"多边形套索工具" ▶ 在文字上创建选区并删除选区内的图像，效果如下图所示。

步骤 19 使用前面的方法为文字创建选区，添加投影效果，制作折纸效果的文字，如下图所示。

13.2.2　图像排版

　　制作海报时，为了使各种要素和谐、统一地出现在一个版面上，需要对版式进行设计。本案例使用分割型版式设计，使画面结构稳定、风格平实，从而给人和谐理性的感觉。具体操作步骤如下。

步骤 01 使用"多边形套索" ▶ 工具创建选区，如下图所示。

步骤 02 单击"图层"面板底部的"新建图层"按钮 ⊞，创建"白底"图层，如下图所示。

步骤 03 设置前景色为白色，按 Alt+Delete 组合键填充前景色，按 Ctrl+D 组合键取消选区，如下图所示。

步骤 04 使用"文字工具" T 输入英文字母，按 Ctrl+Enter 组合键确认文字的输入，如下图所示。

步骤 05 选择文字。执行"窗口"→"属性"命令，打开"属性"面板，❶ 设置字体系列为"Georgia"；❷ 字体样式为"Bold"；❸ 大小为"200 点"，如下图所示。

步骤 06 按 Ctrl+T 组合键执行自由变换命令，旋转文字角度与白底图像一致，如下图所示。

步骤 07 选择英文字母图层与"招"图层之间的所有图层，按 Ctrl+G 组合键编组图层，将其重命名为"挖空"，如下图所示。

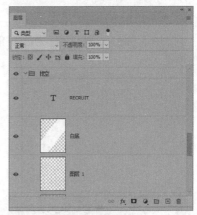

步骤 08 双击英文字母图层，打开"图层样式"对话框，在"混合选项"选项卡的"高级混合"栏中，❶ 设置"填充不透明度"为 0%；❷ "挖空"为浅，如下图所示。

步骤 09 单击"确定"按钮，返回文档中，制作完成的挖空文字效果如下图所示。

步骤 10 使用"文字工具" T 输入其他文字信息，并做好文字排版，如下图所示。

步骤 11 使用"直线工具" / 和"椭圆工具" ○ 绘制其他元素，如下图所示。

步骤 12 调整"招"和"聘"文字的大小及其位置，完成招聘海报的制作，效果如下图所示。

13.3 产品包装设计

案例介绍

包装设计效果的好坏，直接决定商品带给人的第一印象。制作产品包装时，需要结合产品本身的特质进行设计。本案例中制作糖果手提袋的包装设计时，选择粉红色作为主色调，给人一种甜蜜的感觉；再添加糖果图案，突出产品特性；最后配合可爱有趣的文字增强效果。本案例制作完成后的效果如下图所示。

扫一扫，看视频

思路分析

制作本案例时，先制作整体的背景效果，再输入文字并进行排版，完成平面图的制作；然后制作立体效果。本案例的具体制作思路如下图所示。

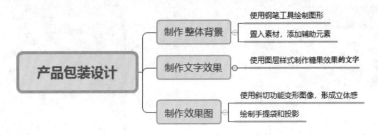

具体操作步骤及方法如下。

13.3.1 制作整体背景

制作产品包装时，可以先制作整体的背景效果，操作步骤如下。

步骤 01 执行"文件"→"新建"命令，打开"新建文档"对话框，设置"宽度"为 4016 像素，"高度"为 3661 像素，"分辨率"为 150 像素 / 英寸，单击"创建"按钮，创建文档，如下图所示。

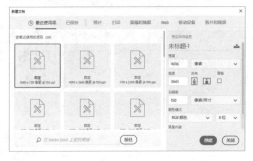

步骤 02 设置前景色为粉红色 #ff7d87，按 Alt+Delete 组合键填充前景色，如下图所示。

步骤 03 执行"视图"→"新建参考线"命令，在"水平"方向 600 像素的位置和"垂直"方向 3060 像素的位置分别创建参考线，如下图所示。

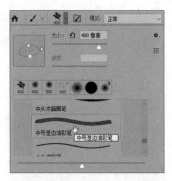

步骤 04 选择"钢笔工具" ，在选项栏中设置绘图模式为"形状"，设置填充色为浅青色 #ddffff，根据参考线的位置拖动鼠标，绘制形状，如下图所示。

步骤 07 设置前景色为深红色 #d9535d，单击"图层"面板底部的"新建图层"按钮，创建"图层 1"。使用"画笔工具" 沿着形状边缘绘制，如下图所示。

步骤 05 置入"素材文件 \ 第 13 章 \ 糖果 .png"文件，调整其大小和位置，如下图所示。

步骤 08 选择"图层 1"，降低图层的不透明度，图像效果如下图所示。

步骤 09 置入"素材文件 \ 第 13 章 \ 条纹糖 .png"文件，如下图所示。

步骤 06 选择"画笔工具" ，单击选项栏中的"打开画笔预设选取器"按钮，打开"画笔预设选取器"面板，选择"旧版画笔"组中的"中号湿边油彩画笔"，如下图所示。

步骤 10 双击"条纹糖"图层，打开"图层样式"对话框，选中"投影"选项，设置"混合模式"为正片叠底，投影颜色为深红色 #1e0101，"不透明度"为 40%，"角度"为 130 度，"距离"为 31 像素，"扩展"为 18%，"大小"为 57 像素，如下图所示。

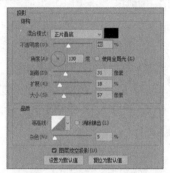

步骤 11 添加投影效果后，图像效果如下图所示。

步骤 12 置入"素材文件\第13章\拐杖糖.png"文件，调整大小和位置，并使用前面步骤的方法添加投影效果（注意调整投影角度），如下图所示。

步骤 13 置入"素材文件\第13章\悬浮颗粒.png"文件，调整大小和位置，如下图所示。

步骤 14 按 Ctrl+J 组合键两次，复制"悬浮颗粒"图层，调整图像大小和位置，并将图层置于"背景"图层上方，如下图所示。

13.3.2　制作文字效果

文字设计可以增强视觉传达效果，提高作品的诉求力。本案例是制作糖果产品的手提袋，所以可以模拟糖果效果来设计文字，进一步突出产品特性。具体操作步骤如下。

步骤 01 使用"文字工具" T 输入文字"糖果"，在选项栏中设置字体系列为"腾祥孔淼卡通简"，大小为 510 点，颜色为黑色，如下图所示。

步骤 02 双击文字图层，打开"图层样式"对话框，选择"斜面和浮雕"选项，设置"样式"为内斜面，"方法"为平滑，"深度"为 95%，"方向"为上，"大小"为 50 像素，"软化"为 0 像素，

"角度"为 90 度,"高度"为 67 度,"高光模式"为滤色,"高光颜色"为白色,"不透明度"为 100%,"阴影模式"为正片叠底,"阴影颜色"为黑色,"不透明度"为 0%,如下图所示。

步骤 03 选择"等高线"子选项,单击等高线缩览图,打开"等高线编辑器"对话框,设置等高线的形状如下图所示。

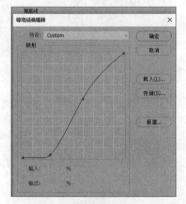

步骤 04 选择"颜色叠加"选项,设置颜色为紫红色 #d51574,如下图所示。

步骤 05 选择"光泽"选项,设置"混合模式"叠加,颜色为红色 #ff0707,"不透明度"为 100%,"角度"为 90 度,"距离"为 88 像素,"大小"为 88 像素,选择"环形"等高线,如下图所示。

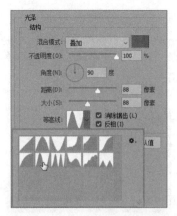

步骤 06 选择"内阴影"选项,设置"混合模式"为正片叠底,颜色为浅红色 # 993131,"不透明度"为 85%,"角度"为 90 度,"距离"为 13 像素,"阻塞"为 25%,"大小"为 27 像素,如下图所示。

步骤 07 选择"投影"选项,设置"混合模式"为正片叠底,颜色为浅红色 #d84d4d,"不透明度"为 70%,"角度"为 90 度,"距离"为 19 像素,"扩展"为 0%,"大小"为 13 像素,如下图所示。

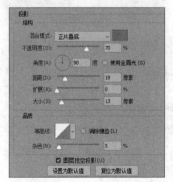

步骤 08 选择"描边"选项，设置"大小"为8 像素，"位置"为外部，"混合模式"为正常，"不透明度"为 100%，"填充颜色"为白色，如下图所示。

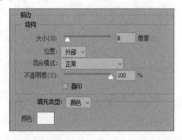

步骤 09 通过前面的操作制作完成糖果效果的文字，如下图所示。

步骤 10 使用"文字工具"，在垂直参考线的右侧输入文字并排版，完成平面图的制作，如下图所示。

13.3.3 制作效果图

如果只是制作平面图，会看不出整体的包装效果。可以通过制作立体效果来查看真实的包装效果，具体操作步骤如下。

步骤 01 打开"素材文件 \ 第 13 章 \ 糖果包装平面图 .jpg"文件，使用"矩形选框工具"创建选区，如下图所示。

步骤 02 按 Ctrl+J 组合键复制图层，得到"图层 1"，如下图左所示。按 Shift+Ctrl+I 组合键反选选区，选择"背景"图层，按 Ctrl+J 组合键复制选区内的图像，得到"图层 2"，如下图右所示。

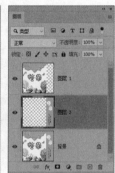

步骤 03 执行"文件"→"新建"命令，打开"新建文档"对话框，设置"宽度"为 2048 像素，"高度"为 2738 像素，"分辨率"为 150 像素 / 英寸，单击"创建"按钮，新建空白文档，如下图所示。

步骤 04 选择"糖果包装平面图"文档中的"图层 1"和"图层 2"，并将其拖动到新文档中，调整其大小和位置，如下图所示。

步骤 05 选择"图层 2",按 Ctrl+T 组合键执行"自由变换"命令,显示定界框。在定界框上右击,在快捷菜单中选择"斜切"命令,拖动定界框上的控制点,调整斜切图像,如下图所示。

步骤 06 选择"图层 1",使用相同的方法斜切图像,如下图所示。

步骤 07 选择"图层 1"和"图层 2",按 Ctrl+T 组合键执行"自由变换"命令,拉长图像,如下图所示。

步骤 08 选择"钢笔工具" ✎ ,在选项栏中设置绘图模式为"路径",在图像上绘制路径,如下图所示。

步骤 09 切换到"路径"面板中,拖动"工作路径"到面板底部的"创建新路径"按钮,创建"路径 1",如下图左所示。

步骤 10 单击"图层"面板底部的"新建图层"按钮 ⊞ ,新建"图层 3",如下图右所示。

步骤 11 设置前景色为红色 #e5404c。选择硬

边圆画笔,并设置合适的画笔大小。选择"路径"面板中的"路径1",单击面板底部的"使用画笔描边路径"按钮○,描边路径的效果如下图所示。

步骤 12 双击"图层3",打开"图层样式"对话框,选择"图案叠加"选项,选择"旧版图案"组中的"蜂窝"图案,如下图所示。

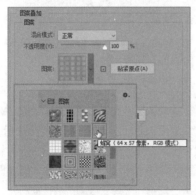

步骤 13 选择"颜色叠加"选项,设置"混合模式"为叠加,颜色为浅粉色 #df4954,如下图所示。

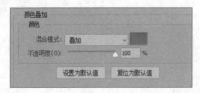

步骤 14 通过前面的操作,完成的路径效果如下图所示。

步骤 15 使用"钢笔工具" ⌀ 绘制路径,如下图所示。

步骤 16 按住 Ctrl 键单击图层面板底部的"新建图层"按钮,在"图层3"下方创建"图层4",如下图所示。

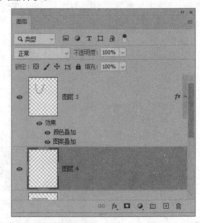

步骤 17 设置前景色为黑色。选择"路径"面板中的"路径2"并右击,选择"描边路径"命令,打开"描边路径"对话框,设置"工具"为画笔,

单击"确定"按钮，为路径用黑色描边，如下图所示。

步骤 18 执行"滤镜"→"模糊"→"高斯模糊"命令，打开"高斯模糊"对话框，设置"半径"为 3.7 像素，单击"确定"按钮，如下图所示。

步骤 19 降低"图层 4"的不透明度，制作绳子的阴影效果，如下图所示。

步骤 20 在"背景"图层上方新建"图层 5"。选择"画笔工具"，按 F5 键打开"画笔设置"面板，选择"柔角"画笔，设置"大小"为 400 像素，"角度"为 0°，"圆度"为 35%，如下图所示。

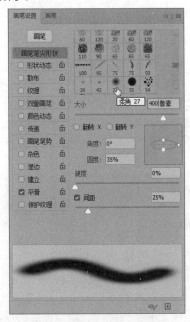

步骤 21 设置前景色为黑色。在图像下方绘制黑色阴影（绘制时可以适当降低画笔的不透明度），如下图所示。

步骤 22 选择"图层 5"，降低图层的不透明度，效果如下图所示。

步骤 23 新建"图层 6"，继续绘制投影（投影范围需要绘制得小一些），如下图所示。

步骤 24 选择"图层 6"，降低图层的不透明度，完成糖果手提袋包装效果的制作，如下图所示。

多学一点

001 如何绘制精确大小的形状

选择形状工具后，在画布上单击，会弹出"创建形状"对话框，可以设置形状的"宽度"

扫一扫，看视频

和"高度"等基本参数，单击"确定"按钮就可以绘制精确大小的形状。具体的操作步骤如下。

步骤 01 选择"椭圆工具"后单击，会弹出"创建椭圆"对话框，设置"宽度"为 200 像素，"高度"为 200 像素，单击"确定"按钮，如下图所示。

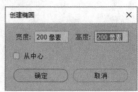

步骤 02 此时会自动创建直径为 200 像素的正圆，如下图所示。如果绘制其他形状（如矩形和多边形等），操作方法是一样的。

002 如何编辑路径

创建路径后，可以根据情况进行添加、删除锚点，移动路径位置以及改变路径形状等操作。使用"路径选择工具" ▶ 可以移动路径位置，"直接选择工具" ▷ 可以调整路径形状，"添加锚点工具" ✎ 和"删除锚点工具" ✎ 可以添加或者删除锚点。具体的操作步骤如下。

步骤 01 如下图所示，绘制一个任意形状的路径。

步骤 02 选择 "路径选择工具" ，此时路径上的锚点全部呈现实心状态，表示所有锚点均被选中。拖动鼠标，可以移动路径，如下图所示。

步骤 03 选择 "直接选择工具" ，单击路径上的某个锚点，该锚点呈现实心状态，表示选中该锚点，该锚点的方向线也会显示出来，如下图所示。

步骤 04 拖动锚点可以移动该锚点的位置，拖动方向线，则可以调整路径形状，如下图所示。

步骤 05 选择 "添加锚点工具" ，在路径上单击，可以添加锚点，如下图所示。

步骤 06 选择 "删除锚点工具" 后单击锚点，可以删除锚点，如下图所示。

第14章 手机云办公
常用操作指南

智能终端的普及和移动通信网络技术的不断进步，给整个社会的生活与工作方式都带来了全方位的变革。当下，移动终端正在逐渐取代PC，并占据主导地位。未来企业的移动化云办公应用将成为信息化的标配之一，并体现出更大的应用价值。目前，已经有许多功能强大的云办公软件，其功能不输于桌面软件，甚至借助移动设备的优势，办公软件发挥着更大的功效。

知识
技能

本章的相关案例及知识技能如下图所示。

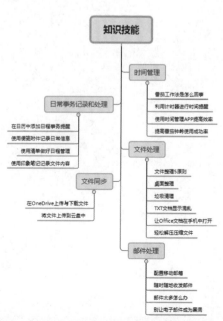

14.1 时间管理

思路分析

时间是最伟大的艺术家，它公平、无私，无论你贫穷还是富有，一天给你的永远只有 24 小时。但相同的时间，每个人完成的事项却有不同，产生的价值更是千差万别。这里不好对每件事的价值进行评判，只讨论如何在快节奏的当下，如何更合理地利用有限的时间做更多的事。用移动终端——手机，就能办到！时间管理的思路如下图所示。

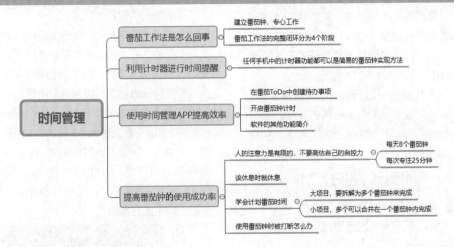

具体操作步骤及方法如下。

14.1.1 番茄工作法是怎么回事

番茄工作法是一种简单易行的时间管理方法，其工作原理是：选择一个待完成的任务，设定一个番茄时间，在番茄时间内专注工作，中途不允许做任何与该任务无关的事，直到番茄钟响起，然后短暂休息一下（5 分钟就行），接着进入下一个番茄时间。

番茄工作法极大地提高了工作效率，在设置的每一个番茄时间段里是高度集中在一项工作中，还会得到意想不到的成就感。

为了更好地利用番茄工作法，在刚开始实施的过程中需要完善好以下 4 个阶段。

1. 计划

找两张 A4 纸，一张命名为"待办事件"，另一张命名为"今日计划"，在"待办事件"中把最近要处理的所有工作都列出来，然后从中选取今日要完成的工作列入"今日计划"中。

2. 跟踪

开始工作前，首先从"今日计划"中选择最重要的一件事，并定时 25 分钟（可以在手机上定时），开始计时后便全身心投入到此工作中，直到 25 分钟计时结束。不管这项工作是否完成，立刻休息 5 分钟，在休息过程中，要让自己处于完全放松的状态，不要处理跟工作相关的任何事情。可以记录一下这 25 分钟内被打断的次数，也可以在"今日计划"中画一个记号，记录下该项任务的完成度（打一个钩或画一个叉）。休息 5 分钟后，开始进入下一个 25 分钟，以此类推。每 4 个番茄时间段多休息一会儿，直到结束今日的工作时间。

3. 记录与统计

执行番茄工作法的过程中，还需要再拿出一张 A4 纸，命名为"记录表"，对当天"今日计划"中的原始数据进行记录，例如，每 25 分钟被打断的次数。结束一天的工作后，根据记录对当日的工作或学习情况进行统计、复盘，例如，今日完成的任务有哪些等。

4. 可视化

将"记录表"中的数据以某种可视化形式呈现出来，如制作成一张曲线图，分析一下在哪个阶段被打断的次数最多，然后要对此情况给出解决对策并调整，以保证之后能获得最佳的工作状态。这个阶段是形成番茄工作法完整闭环的最终环节，容易被忽视。

在每天开始时，进行计划；每天结束时，进行记录、处理和可视化；在两者之间，进行对 25 分钟周期循环的跟踪，就能更好地利用番茄工作法了。

14.1.2　利用计时器进行时间提醒

番茄工作法实际就是由许多个倒计时组合而成的，所以利用手机的计时器就可以简单地实现番茄工作法。

打开闹钟程序，❶ 单击下方的"计时器"按钮，进入计时器页面；❷ 设置计时时间为"25 分钟"；❸ 单击"开始"按钮即可，如下图所示。当计时时间退回到 0 时便会自动响铃。

14.1.3　使用时间管理 APP 提高效率

要实现番茄工作法，需要不停地对手机中自带的计时器进行计时设置，过于麻烦。智能手机的应用商店里提供了很多丰富和人性化的时间管理 APP。几乎所有的时间管理类 APP 都采用了番茄工作法的原理，而且操作大同小异。

下面以上线时间长、发展比较成熟、使用人数较多的一款番茄钟 APP"番茄 ToDo"为例，介绍使用番茄钟的具体方法。

步骤 01 安装并打开"番茄 ToDo"APP，单击右上角的"+"按钮，新建番茄钟计划。当然，也可以直接单击下方建好的待办事项等项目来进入番茄钟计时状态，如下图左所示。

步骤 02 在添加待办项目时，可以设置"普通番茄钟"（每个番茄钟为 25 分钟，中间可以休息 5 分钟）。❶ 输入项目的名称，如"写作"；❷ 设置计时方式，通常为"倒计时"；❸ 设置番茄钟时间，通常为"25 分钟"；❹ 单击"确定"按钮，如下图右所示。

步骤 03 此时就成功创建了一个名为"写作"的使用番茄钟的项目。单击该项目后的"开始"按钮，即可进入计时状态。首次使用时，还会打开一个提示界面，用于设置番茄钟结束时的

铃声和振动选项，根据需要设置即可，如下图左所示。

步骤 04 当手机进入 25 分钟的倒计时状态时，排除干扰，专心完成工作，如下图右所示。

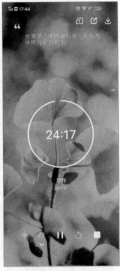

使用这款 APP，不仅可以根据需要定制番茄钟，还可以以长期目标的形式设置番茄钟。在添加待办事项时，选择"定目标"选项，写下自己的目标和截止时间，以及完成该目标总体需要专心的番茄钟时间即可。这样在应用界面一直会有显示，下次直接单击进行就可以了，系统会自动根据设置计算出为了达成目标而积累的时间，以此来激励自己努力完成目标，如下图左所示。

如果在添加待办事项时，选择"养习惯"选项，还可以设置每天 / 每周 / 每月完成多少分钟的番茄钟，以及每个番茄钟的时间长短，从而让自己按计划完成任务，形成习惯，如下图右所示。

小技巧

单击主界面右上角的┇按钮，在弹出的下拉列表中可以查看历史时间轴，进入自习室，设置为"学霸模式"等。在"学霸模式"下，在开始番茄钟计时后，如果打开其他 APP 应用，就会发出提醒，帮助减少手机的使用。

14.1.4　提高番茄钟的使用成功率

使用番茄钟科学合理地进行工作和休息，可以提升工作时的注意力，缩短做事时的时间，实现劳逸结合、高效工作。其使用方法也很简单，只要稍加学习就可以上手，但执行起来并不容易，很多人中途就放弃了。为了能更好地使用番茄钟，应该清楚以下几点。

1. 人的注意力是有限的

很多人在一开始使用番茄钟时，总是信心满满，认为自己可以从早到晚地循环使用番茄钟计时来高效工作。事实上，人的注意力是有限的，不可能一整天都保持专注状态。因此，在开始番茄工作法之前，建议先找出一天中自己最能集中注意力的黄金时间段，在这段时间里使用番茄钟高效工作。例如，某人的黄金时间是上午 9 点到 12 点，那么可以在这个时间内完成 6 个番茄钟。下午的时间就可以少安排几个番茄钟。一般来说，每天完成 8 个番茄钟是比较合理的。

另外，普通的番茄钟每个为 25 分钟，具体的执行时间也可以根据情况修改。有些人以为自己可以集中注意力的时间很长，会将番茄钟定为 1 小时甚至更长时间。实际上，将番茄钟设定为 25 分钟，是经过研究和证实的，人的注意力高度集中的时间段就是 25 分钟，超过 25 分钟就容易分心。因此，刚开始使用番茄工作法的用户都建议设置为 25 分钟，经过一定时间的训练后，如果专注力有所提升，可以适当地增加番茄钟的时长。

2. 该休息时就休息

一个番茄钟计时完成后，就进入短暂的休

息时间。这个时候，就该完全停止工作，脑海中不要想与工作相关的事，可以站起来喝杯茶，也可以拉伸一下身体，为下一个番茄钟做好充分的准备。不要以为还可以坚持，就继续工作，不让大脑得到放松，这样反而不能在下一个番茄钟时段里高度地集中注意力。

3. 学会计划番茄时间

基于前面所讲的可以得知，在番茄钟内就集中注意力做事，该休息时就休息。实际工作时，并不是每项事件都刚好需要一个番茄钟来完成。所以，还需要合理地列计划，将处理时间比较长的项目合理地分解为多个番茄钟来完成，对于处理时间比较短的多个项目，合并在一个番茄钟内完成。

例如，写一篇微信文章，可以计划用 1 个番茄钟的时间进行内容调查，用 1 个番茄钟的时间进行提纲拟定，用 2~3 个番茄钟的时间进行内容写作，用 1 个番茄钟的时间进行内容检查和排版。在每个番茄钟的时间内，只需要专注地完成一件事，整个项目就可以高效地完成。

4. 使用番茄钟时被打断怎么办

在实际应用番茄工作法时，常常会出现一些干扰，打断番茄钟的使用。这时就要根据干扰事项的重要性来区别对待。

对于紧急事项，必须马上做的事，可以终止或暂停番茄钟，处理完成后再进入番茄钟，以专注状态继续完成工作。

但是，很少有事项是必须立刻去做的，大部分事情都可以等到这个番茄钟结束后再处理。对于这些事情，可以用便签记下，告诉自己番茄钟结束后再处理，然后集中精力，继续处理手上的工作。因为事情已被记录好，所以可以避免自己注意力不集中，分散精力去思考其他事项。

14.2 日常事务记录和处理

思路分析

在日常工作和生活中，总是有忙不完的事情需要解决。有些事项是计划完成的，有些事项是突然增加的，有些事项可以在某个时间段内完成，有些事项必须在某个时间点完成，等等。事情一多，总是有些工作或事务就会很"自然"地被遗忘。为了避免因此带来的不必要的麻烦和后果，需要掌握一些实用的日常事务记录和处理技巧，对待办事项进行规划。管理日常事务的思路如下图所示。

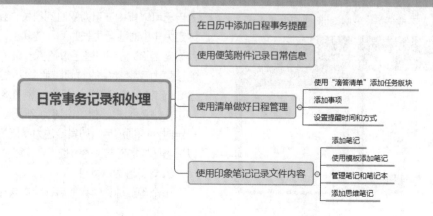

具体的操作步骤及方法如下。

14.2.1　在日历中添加日程事务提醒

日程管理无论对个人还是对企业来说都是很重要的，做好日程管理，个人可以更好地规划自己的工作、生活，企业能确保各项工作及时有效地推进，保证在规定时间内完成既定任务。

大部分手机上都默认安装有日历，利用好这个工具就可以轻松记录一些日程事务了，并可以实现自动提醒。具体操作步骤如下。

步骤 01 打开日历，❶单击要添加日程事务的日期，进入到该日期的编辑页面，这里选择3月7日；❷单击右上角的"＋"按钮，添加新的日程事务，如下图左所示。

步骤 02 ❶在"输入标题"栏中输入事项名称，这里输入"收看 WPS 二级考试直播课程"，如果需要，还可以在下方的"输入地点"栏中输入相关地址；❷单击"开始"栏中的时间；❸打开时间设置界面，滚动时间滚轮，设置该事项的开始时间；❹设置好开始时间后，单击"确定"按钮，如下图右所示。

步骤 03 ❶使用相同的方法设置结束时间；❷单击"重复"栏中的内容；❸在新界面中可

以设置该事项的重复方式，如一次性日程、每天重复、每周重复等；❹完成后，可以单击上角的 ＜ 按钮，返回上一界面；❺继续设置该事项的提醒时间，默认为开始执行该事项的前5分钟，并设置提醒方式等；❻单击"完成"按钮，便完成了该日程事务的记录，如下图所示。

🔔 小技巧

利用手机的闹钟程序也可以添加日程事务，尤其对每天都需要在固定时间重复的事项，非常便捷。

14.2.2　使用便笺附件记录日常信息

手机中还常常安装有便签程序，它小巧轻便。用户可以直接启用便笺程序来记录日常的待办事项或记录文字相对较多的重要事务。具体操作方法如下。

步骤 01 打开便签，单击主页面下方的 ⊕ 按钮，添加新的便签页，如下图左所示。

步骤 02 ❶在"标题"栏中输入要记录内容的名称，如"学习时间管理"；❷在下方的空白处输入需要记录的主要内容；❸如果此前记录了同类型的便签页面，可以单击"未分组"按钮，创建文件夹，将它们放在同一个文件夹下，或直接添加到某个已经创建好的文件夹中；④ 单击右上角的 ☑ 按钮，完成便签的创建，如下图右所示。

14.2.3 使用清单做好日程管理

做好日程管理工作，还可以借助一些日程管理软件来实现。日程管理 APP 比较多，选择其中一款软件管理事项即可。

下面以好评度较高的"滴答清单"为例讲解日程管理的具体方法。"滴答清单"APP 是一款基于 GTD 理念设计的跨平台云同步的待办事项和任务提醒程序，不仅可以进行任务管理，还可以设置任务的优先级，方便工作中按照先后缓急，有条不紊地逐个事项进行办理。

步骤 01 安装并打开"滴答清单"APP，单击"我是新手"按钮，进入软件使用向导界面，如下图左所示。

步骤 02 ① 根据需要选择该软件记录的内容，选中相应的选项；② 单击"选好了"按钮，如下图右所示。

步骤 03 根据上一步选择的内容，进入第一个版块的设置界面，单击"试试这些事情"按钮，如下图左所示。

步骤 04 在打开的界面中提供了该版块常用的一些待办事项，① 选中需要添加的一些事项；② 单击"完成"按钮，如下图右所示。

步骤 05 返回该版块的主界面时，可以看到已经建立了所选择的事项。单击界面右下角的"+"按钮，如下图所示。

步骤 06 进入新事项的创建界面，❶ 输入计划完成事项的名称；❷ 单击下方的日历按钮 📅，如下图所示。

💡 小提示

在创建新事项的界面中，单击下方的 █ 按钮，可以设置事务的优先级；单击 🏷 按钮，可以创建标签，如"# 高效""# 基础技能"；

后面的 ☰ 📷工作任务 按钮用于快速对当前创建的任务进行版块分组。

步骤 07 ❶ 在日历界面中设置计划完成事项的提醒日期；❷ 单击"设置时间"按钮，如下图左所示。

步骤 08 ❶ 在时间界面中设置计划完成事项的提醒时间；❷ 单击"确定"按钮，如下图右所示。

步骤 09 返回上一个界面，单击"更多"按钮，如下图左所示。

步骤 10 在展开的界面中单击"准时"按钮，如下图右所示。

步骤 11 ❶ 在打开的界面中设置需要提醒该事项的时间；❷ 单击"完成"按钮，如下图左所示。

步骤 12 返回上一个界面，单击"确定"按钮，如下图右所示。

步骤 13 返回上一个界面，单击▶按钮，该事项的创建就成功了，如下图左所示。

步骤 14 在版块的主页面中可以看到刚刚创建的事项。❶ 如果完成了某个事项，可以单击该事项前面的小方框，这里就会出现一个"√"标记，同时会将该事项移动到"已完成"栏中，表示已经做完了这件事；❷ 单击刚刚创建的事项，如下图右所示。

步骤 15 进入该事项的编辑界面，❶ 在"描述"栏中输入该事项的具体内容或注意事项；❷ 单

击右上角的▥按钮，在弹出的下拉列表中设置事务的优先级；❸ 完成编辑后，单击左上角的←按钮，就可以退回到上一个界面，如下图左所示。

步骤 16 在版块主界面中单击左上角的☰按钮，如下图右所示。

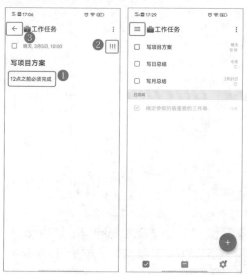

步骤 17 在弹出的界面中可以单击不同的选项切换到其他版块，也可以进入收集箱，如下图左所示。

步骤 18 收集箱的界面如下图右所示，操作方法与其他版块的操作方法相同，这里不再赘述。如果你正在高效工作，突然想起一件事，或者有突发事件，为避免当前工作被强行打断，可以先在收集箱中记录下来。

在创建新事项的界面中，单击下方的 ▥ 按钮，可以设置事务的优先级，是根据四象限法则来管理这些任务的。四象限法则根据事务的重要性和紧急程度，将所有任务分为四种，对应了不同的处理办法，如下图所示。

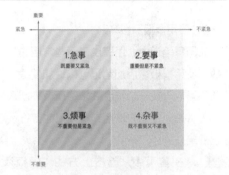

14.2.4　使用印象笔记记录文件内容

我们处在一个信息爆炸的时代，每天接收的信息和需要处理的事务实在太多了。我们的大脑需要减负，它的主要功能是思考，而不是记忆。所以，需要准备一个工具专门用于记忆。

笔记类的 APP 有很多，下面以最常用的跨平台的电子笔记应用——印象笔记为例，简单介绍这类软件的使用方法。

印象笔记是一款多功能的笔记类应用程序，不仅可以对平时工作和生活中的想法和知识进行记录，还可以将需要按时完成的工作事项记录在笔记内，并设置事项的定时或者在预定位置提醒。同时笔记内容可以通过账户在多个设备之间进行同步，做到随时随地对笔记内容进行查看和记录。

1. 添加笔记

印象笔记中可以添加文字、图片、录音、清单、网页、思维导图、文档和附件等多种类型的笔记，最常用的还是文字笔记。下面介绍添加文字笔记的具体方法。

步骤 01 安装并打开"印象笔记"APP，单击界面下方的"+"按钮，新建笔记，如下图左所示。

步骤 02 在新界面中显示出可以创建的新笔记类型，这里选择"文字笔记"选项，如下图右所示。

步骤 03 打开"添加笔记"界面，❶ 在"笔记标题"栏中输入该笔记的标题名称；❷ 在"开始书写或选择"栏中输入笔记的详细内容；❸ 单击右上方的 🔒 按钮，如下图左所示。

步骤 04 ❶ 在打开的界面中输入标签名称；❷ 单击"好"按钮，新建一个标签，如下图右所示。

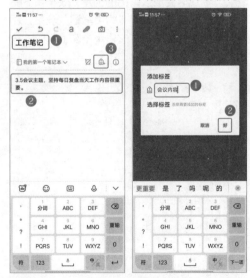

步骤 05 为笔记添加标签后，会点亮 🔒 按钮，并同时显示添加的标签数量。单击"笔记本"图标，默认显示此时的笔记本名称为"我的第

一个笔记本",如下图左所示。

步骤 06 切换到"移动1条笔记"界面,❶ 单击当前笔记本的名称选项,在打开的"新建笔记本"提示框中输入新笔记本的名称;❷ 单击"好"按钮,如下图右所示。

步骤 07 返回"添加笔记"界面后,可以看到已经将当前笔记移动到新建的笔记本中了。单击左上角的"√"按钮,如下图左所示。

步骤 08 此时完成该笔记的创建,效果如下图右所示。单击右下方的"编辑笔记"按钮,还可以继续编辑该笔记。这里单击左上方的←按钮,可以回到主页中。

小提示

在"添加笔记"界面中,可以单击上方的 a 按钮,对编辑的内容设置字体格式,如设置字号、下画线、字体颜色、编号、项目符号、待办框等。单击 📎 按钮,可以为笔记添加素材和附件。

2. 使用模板添加笔记

在印象笔记中,还提供了一些常用的笔记模板。使用模板来添加笔记可以更加便捷。建议新手可以寻找一个符合需求的模板来创建笔记,等掌握一定的方法后,再完善或自行设定笔记框架。

步骤 01 在首页中,单击上方的"模板库"按钮,如下图左所示。

步骤 02 切换到模板界面,在"模板库"选项卡中提供了很多模板,单击某个模板下方的"立即应用"按钮,即可快速根据该模板创建一个笔记,如下图右所示。

步骤 03 在其中的可编辑区域输入笔记内容,就可以快速地完成笔记的添加了,这里不再赘述,如下图所示。

3. 管理笔记和笔记本

当创建的笔记增多时，就需要对笔记进行管理了。笔记管理就是要将多余或无用的文件删除，然后分门别类地进行文件整理，具体操作方法如下。

步骤 01 在主界面中默认显示了添加的全部笔记，❶ 在某个笔记选项上长按，即可选中该笔记，同时进入管理状态；❷ 单击下方显示的"删除"按钮，如下图左所示。

步骤 02 在打开的界面中，单击"好"按钮，便可将所选笔记删除，如下图右所示。

> 小提示

　　在笔记管理界面中，单击下方的"移动"按钮，可以在打开的界面中选择要将当前笔记移动到哪个笔记本中；单击"更多"按钮，可以为当前笔记添加标签、生成思维导图目录、实现复制等。

步骤 03 单击"全部笔记"右侧的下拉按钮，在打开的界面中可以选择具体查看哪个笔记本中的笔记，如下图所示。

> 小提示

　　在"切换笔记列表"界面中，可以看到创建的所有笔记本，单击 按钮，还可以新建笔记本；单击"笔记本"栏后的 按钮，可以对笔记本进行管理，如排序、同步、设置等。

4. 添加思维笔记

对于某些不好描述的笔记或者某些框架性的内容，可以通过添加思维笔记来记录。添加思维笔记的大部分操作方法与文字笔记的方法相同，这里主要介绍记录思维笔记的具体操作。

步骤 01 在首页中，单击上方的"思维笔记"按钮，如下图左所示。

步骤 02 新建一个思维笔记，同时可以看到创建了一个主节点"思维导图笔记"。❶ 连续单击"思维导图笔记"节点两次，进入该节点的编辑状态，输入需要的主节点内容；❷ 单击下方的 回 按钮，如下图右所示。

步骤 03 此时在主节点的右侧创建了一个下级节点。❶ 在该节点中输入需要的内容；❷ 单击下方的 📇 按钮，如下图左所示。

步骤 04 此时在当前节点的下方创建了一个同级节点。❶ 在该节点中输入需要的内容；❷ 使用相同的方法继续创建几个同级节点，并分别输入需要的内容；❸ 选择创建的多余节点；❹ 单击下方的 🗑 按钮，如下图右所示。

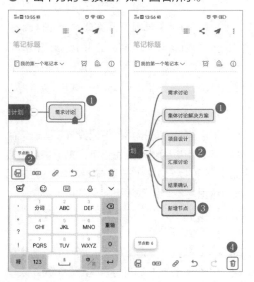

步骤 05 此时可以将所选节点删除，效果如下图所示。❶ 选择二级节点中的第一个节点；❷ 单击下方的 回 按钮，如下图所示。

步骤 06 此时在当前节点后创建了一个下级节点。❶ 继续使用前面介绍的方法创建其他节点，完成该思维导图的制作；❷ 当创建的节点数太多，需要查看该思维导图的全貌时，可以在手机界面上滑动来调整思维导图的显示比例，如下图所示。

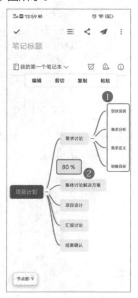

14.3　文件处理

思路分析

云办公时通常需要使用手机查看或编辑文件，但目前在手机上打开、查看和编辑文件还不像计算机中那样轻松。所以，需要掌握一些常用和实用的文件整理的方法和技巧，以便更好地管理和使用这些文件。

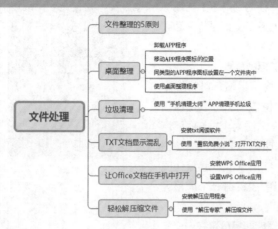

具体操作步骤及方法如下。

14.3.1　文件整理 5 原则

无论是计算机、手机还是其他设备，都会存放一些文件。随着工作量的增加、时间的延长，还会增加大量的文件。为了方便文件的处理和调用等，可按照以下 5 项原则进行整理。

1. 手机自带内存存放系统文件和 APP 运行文件

手机自带内存中最好只存放与系统和 APP 运行有关的文件，这样会减少手机卡顿的现象。一些下载的文件，或是可以设置保存位置、与软件运行无关的文件，可以放在扩充内存中。

2. 文件分类存放

将同类文件或相关文件尽量存放在同一文件夹中，便于文件的查找和调用。

3. 文件或文件夹命名准确

根据文件内容对文件准确命名，同样，将存放文件的文件夹准确命名，从而便于文件的查找和管理。

4. 删除无价值文件

对于那些不再使用或无实际意义的文件或文件夹，可以将它们直接删除，以腾出更多空间放置有价值的文件或文件夹。

5. 重要文件备份

为了避免文件的意外损坏或丢失，可以通过复制的方式对重要文件进行手动备份，如备份到计算机、其他移动设备或云端。

14.3.2　桌面整理

手机中使用最多的就是桌面。整洁有序的桌面有助于用户快速找到相应的程序或文件，还能令人神清气爽。但随着使用的需要，手机中的 APP 程序总是会不断增加，手机桌面也越来越拥挤。

下面介绍几个常用和实用的整理桌面的方法与技巧。

1. 卸载APP程序

对于手机中不再需要的程序或恶意安装的程序，可以将其直接卸载。方法为：按住任一APP程序图标，直到进入屏幕管理状态，单击目标程序图标上出现的卸载符号 ⊗；或按住桌面屏幕的空白处，进入屏幕管理状态，按住要卸载的程序图标并将其移动到屏幕上出现的"卸载"按钮上，删除该程序的桌面图标并卸载该程序。

2. 移动APP程序图标的位置

手机桌面分成多个屏幕区域，可将指定程序的图标移到指定的位置（也可以是当前屏幕区域的其他位置），方法为：进入屏幕管理状态后，按住指定程序图标并将其拖动到目标屏幕区域的位置，然后释放。尽量让同类型的APP程序图标集中放置在一个屏幕区域中。

3. 同类型的APP程序图标放置在一个文件夹中

若APP程序图标过多，可以将指定的APP程序图标放置在指定的文件夹中。方法为：进入屏幕管理状态，按住目标程序图标移向另一个目标程序图标，让两个应用处于重合状态，系统就会自动新建文件夹，再输入文件夹名称即可。

4. 使用桌面整理程序

在手机中可借助于一些桌面管理程序，自动地对桌面进行整理，如360手机桌面、点心桌面等。这些程序的操作都比较简单，根据提示操作即可，这里不再赘述。

14.3.3 垃圾清理

使用手机的过程中会产生大量的垃圾，会占用内存空间，导致其他文件的放置空间减少，还会使手机反应变慢。这时需要借助相关软件进行清理。下面以"手机清理大师"为例，介绍垃圾清理的具体操作方法。

步骤 01 安装并打开"手机清理大师"APP，单击"垃圾清理"按钮，如下图左所示。

步骤 02 程序自动对手机垃圾进行扫描，❶ 扫描完成后会自动选择手机中安装的所有程序进行垃圾清理，也可以手动设置需要清理哪些程序的垃圾；❷ 单击"清理"按钮，等待程序完成清理垃圾即可，如下图右所示。

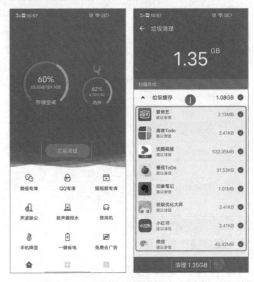

🔔 小技巧

若需对手机进行深度垃圾清理和空间净化，可以在首页单击"微信专清""QQ专清"等按钮，针对相应的APP程序产生的垃圾进行净化。

14.3.4 TXT文档显示混乱

在计算机中可以轻松地打开各类文档，但在手机中查看有些文件时，会没有那么方便。例如，要查看一份TXT文档，在手机中打开时可能会出现显示混乱的情况。这种情况大概率是因为手机中还没有安装对应的TXT应用程序造成的。具体的解决方法如下。

步骤 01 打开"应用商店"，❶ 在搜索框中输入"txt阅读器"；❷ 单击"搜索"按钮；

❸ 在搜索到的应用中单击需要的应用（这里选择评分较高的"番茄免费小说"）后的"安装"按钮，如下图左所示。

步骤 02 安装完成后，单击"打开"按钮，如下图右所示。

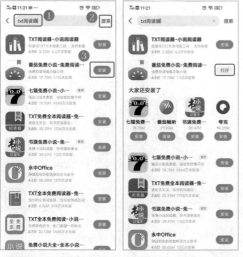

步骤 03 在弹出的面板中单击"同意"按钮，开始使用该应用，如下图左所示。

步骤 04 在弹出的面板中单击"允许"或"禁止"按钮，设置应用的相关权限，完成基本设置。此时使用安装好的阅读器打开 TXT 文档，文档便不会再出现显示问题了，如下图右所示。

14.3.5 让 Office 文档在手机中打开

有些常用的 Office 文档（如 Word、Excel 和 PPT 文件）无法在手机上正常打开，这对协同工作和云办公的影响比较大。这就需要在手机中安装相应的 Office 应用，如 WPS Office，或单独安装 Office 的 Word、Excel 和 PowerPoint 组件。这里以 WPS Office 应用为例进行讲解，安装该程序后就可以打开多种常用类型的文件。

步骤 01 安装并打开 WPS Office 应用，单击"同意"按钮，同意服务条款和隐私政策等的内容，如下图左所示。

步骤 02 在弹出的面板中提示该软件需要获取存储和设置信息的权限，以及这些权限在获取后将用于何种用途。单击"我知道了"按钮，进入下一步，如下图右所示。

步骤 03 在弹出的面板中单击"允许"或"禁止"按钮，设置应用的相关权限，完成基本设置，如下图左所示。

步骤 04 在弹出的面板中可以选择登录账号或暂时不登录。此时就可以使用安装好的 WPS Office 应用打开 Office 文档了，如下图右所示。

14.3.6 轻松解压压缩文件

为了方便传输，日常使用的文件中有一些是经过压缩的。手机中收到了压缩文件，一般是不能自动解压的，需要先下载并安装解压应用程序。具体方法也是在应用商店搜索并下载软件。

步骤 01 打开"应用商店"，❶ 在搜索框中输入"zip"关键字；❷ 单击"搜索"按钮；❸ 在搜索到的应用中单击需要的应用（这里选择评分较高的"解压专家 -ZIP"）后的"安装"按钮，如下图左所示。

步骤 02 在手机中收到并下载压缩文件后，单击"用其他应用打开"按钮，如下图右所示。

步骤 03 在弹出的软件列表中选择安装好的解压软件"解压专家"，如下图所示。

步骤 04 此时就会打开"解压专家"界面，❶ 在搜索框中输入要解压文件的关键字；❷ 在搜索到的文件列表中单击需要解压的文件；❸ 单击"解压"按钮，稍等片刻后，就可以完成文件的解压了，如下图所示。

14.4 文件同步

思路分析

现在的电子设备十分丰富，可以利用台式电脑、笔记本电脑、手机、平板等设备办公。为了让办公资料实现不同设备间的同步与信息共享，保持数据的完整性和一致性，不影响办公进度，可以通过 OneDrive、百度云、360 云盘等实现文件同步，具体思路如下。

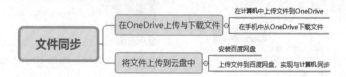

具体的操作步骤及方法如下。

14.4.1 在 OneDrive 上传与下载文件

OneDrive 是 Office 程序自带的一个个人云存储空间，将文件和照片等保存到 OneDrive 后，就可以随时随地从任何设备进行访问了。

1. 在计算机中上传文件到 OneDrive

在 Office 中编辑文档后，可以直接将文件上传到 OneDrive，进行文件备份和共享。例如，要在 Excel 中将当前工作簿上传到 OneDrive 的"文档"文件夹中，具体操作如下。

步骤 01 在 Excel 中，❶ 在"文件"选项卡中，选择"另存为"命令；❷ 选择 OneDrive 命令；❸ 在右侧单击"登录"按钮，如下图所示。

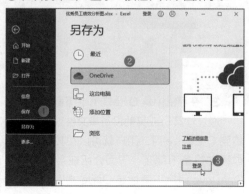

步骤 02 在打开的"登录"界面中，❶ 输入 Office 账号；❷ 单击"下一步"按钮，如下图所示。

小提示

OneDrive 账户是 Office 的通用账户，只要注册后，在所有的 Office 组件中都可以登录。注册 OneDrive 账户的方法为：在"另存为"界面中选择 OneDrive 命令，在右侧单击"注册"超链接，然后根据系统提示逐步操作。

步骤 03 在打开的"输入密码"界面中，❶ 输入 Office 账号对应的密码；❷ 单击"登录"按钮，如下图所示。

步骤 04 在新界面中，可以设置在设备上的任何位置或仅在 Microsoft 中使用此账户，这里直接单击"下一步"按钮，如下图所示。

步骤 05 登录成功后，系统自动返回到"另存

为"界面，双击登录成功后的 OneDrive 个人账号选项，如下图所示。

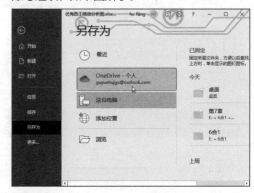

步骤 06 打开"另存为"对话框，❶ 选择"文档"文件夹；❷ 单击"打开"按钮，如下图所示。

步骤 07 单击"保存"按钮，同步上传文件，如下图所示。

2. 在手机中从 OneDrive 下载文件

通过计算机或其他设备将文件或文件夹上传到 OneDrive 后，用户就可以在其他计算机或移动设备下载了。下面介绍在手机中通过 OneDrive 程序下载指定 Office 文件，具体的操作如下。

步骤 01 在手机下载并安装 OneDrive 程序，❶ 在账号文本框中输入 OneDrive 账号；❷ 单击"前往"按钮，如下图左所示。

步骤 02 ❶ 在"输入密码"页面中输入 OneDrive 账号的密码；❷ 单击"登录"按钮，如下图右所示。

步骤 03 选择需要下载的文件，这里选择"产品利润方案（1）"，如下图左所示。

步骤 04 进入预览状态，单击 Excel 图标按钮，如下图右所示。

步骤 05 系统自动从 OneDrive 下载工作簿，如下图左所示。

步骤 06 下载完成后，将自动在 Excel 程序中打开该工作簿，单击 按钮，如下图右所示。

步骤 07 在打开的界面中，❶ 设置工作簿的保存名称；❷ 在"位置"区域中选择工作簿的保存位置，这里选择"iPhone"，如下图左所示。

步骤 08 单击"保存"按钮，系统自动将工作簿保存到手机上，实现工作簿文件从 OneDrive 下载到手机的目的，如下图右所示。

小技巧

　　在手机中浏览到好看的图片时，可以先选择该图片，进入图片显示状态，然后单击页面上方的 按钮，在弹出的下拉列表中选择"下载"选项，即可下载图片。

14.4.2　将文件上传到云盘中

　　云办公时，如果在手机中创建了文档，或是用手机拍摄了照片，还可以将文件传送到云盘中，然后在计算机上进行下载，从而实现手机资料与计算机资料的同步。

手机可以选择安装的云盘客户端有多种。下面以常用的百度网盘为例，介绍上传文件的方法。

步骤 01 在手机中下载并安装百度网盘，选择登录方式，如下图左所示。

步骤 02 进入程序首页，单击页面右下角的"+"按钮，如下图右所示。

步骤 03 在弹出的界面中选择需要进行的操作，这里需要上传文件，所以选择"本地文档"选项，如下图左所示。

步骤 04 ❶ 在文件列表中选择需要上传的文件；❷ 单击"上传"按钮，就可以将选择的文档上传到百度网盘中了。在计算机中启动百度网盘程序，登录网盘账号就可以在计算机中下载和使用成功上传的文件了，如下图右所示。

小提示

在百度网盘中，还可以通过设置实现手机图片、视频、文件夹、音频、文档、微信文件等的自动备份。

14.5 邮件处理

思路分析

邮件是使用最广泛的通信手段之一，通过它可以发送文字、图像、声音等多种形式的内容，同时可以使用邮箱订阅免费的新闻等信息。邮件处理在日常工作和生活中经常遇到，在 PC 端处理邮件很方便，但在室外有邮件需要及时查阅或处理时，就要学会使用移动端邮箱的方法。移动端邮箱的使用思路如下。

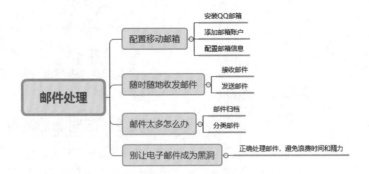

具体的操作步骤及方法如下。

14.5.1　配置移动邮箱

随着智能手机的发展，用手机邮箱也可以实现邮件的绝大部分功能，更加方便用户使用。要想在手机端查看邮件，首先需要安装相应的应用程序。这种程序比较多，下面以比较常用的 QQ 邮箱为例进行介绍。安装好程序后，就可以添加邮箱账户并配置邮箱信息了，具体的方法如下。

步骤01 打开"应用商店"，❶ 在搜索框中输入"邮箱"关键字；❷ 单击"搜索"按钮；❸ 在搜索到的应用中单击需要的应用（这里选择"QQ 邮箱"）后的"安装"按钮，如下图左所示。

步骤02 安装并启动 QQ 邮箱，❶ 单击选中"我已阅读并同意"选项；❷ 单击"确定"按钮，如下图右所示。

步骤03 在弹出的面板中提示该软件需要获取存储空间权限，单击"知道了"按钮，如下图左所示。

步骤04 在弹出的面板中单击"允许"或"禁止"按钮，设置应用的相关权限，完成基本设置，如下图右所示。

步骤05 在弹出的面板中可以选择要添加的账户类型，这里单击"QQ 邮箱"选项，如下图左所示。

步骤06 在弹出的面板中可以选择登录账号的方式，这里单击"手机 QQ 登录"选项，如下图右所示。

步骤 07 因为当前手机中已经登录了 QQ 账号，所以系统自动检测到可以关联的 QQ 账号信息，并询问是否采用快速登录方式进行关联。保持默认设置，单击"登录"按钮即可快速进入当前登录的 QQ 账号的邮箱，如下图左所示。

步骤 08 登录邮箱后，会弹出一个设置页面，方便用户进行邮件接收提醒的设置。单击"前往设置"按钮，即可快速切换到相关的设置页面，如下图右所示。

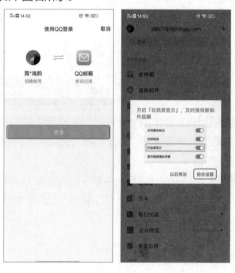

> 如果没有当前登录的微信或 QQ 账号，就需要在登录页面中输入相关账号和对应的密码来登录邮箱。

14.5.2　随时随地收发邮件

在移动端配置邮件信息后，系统会自动接收邮件，用户只需对邮件进行查看即可。也可以在邮箱首页中单击"收件箱"，打开收件箱页面，需要查看哪封邮件就单击相应的选项即可，如下图所示。

如果需要发送邮件，则需要手动进行操作。可以在邮箱首页单击右上角的"+"按钮，在弹出的下拉列表中选择"写邮件"选项，进入邮件编写页面，也可以在"收件箱"页面单击右上角的✎按钮，进入邮件编写页面。编写邮件的方法与在 PC 端的操作相似，即添加收件人信息、邮件主题、邮件内容，然后单击"发送"按钮即可。如果需要添加图片或附件等内容，还可以在邮件内容编辑页面单击下方的✉或↩按钮进行添加，如下图所示。

14.5.3 邮件太多怎么办

对于邮件较多或内容较杂的用户，可以对邮件进行归档和分类，如建立项目类、家庭类、客户类等多个文件夹，每个文件夹下存放一类邮件。具体的操作方法如下。

步骤 01 在查看邮件的页面中，单击右下角的 **•••** 按钮，如下图左所示。

步骤 02 在弹出的面板中可以选择要对该邮件进行的操作，如移动邮件、彻底删除等。❶ 这里选择"归档"选项；❷ 在弹出的提示框中单击"否"按钮，仅将该邮件移动到"归档"文件夹中，如下图右所示。

步骤 03 返回邮箱首页，单击"邮件归档"选项，即可打开"归档"文件夹，在其中可以看到刚刚归档的邮件。❶ 在任意邮件列表页面，按住某个邮件名称一段时间，即可进入邮件管理状态。此时，可以选中邮件名称前的复选框。❷ 单击下方的"标记""删除""移动"或"拒收"按钮，同时对选择的多个邮件进行统一管理。这里单击"移动"按钮，如下图左所示。

步骤 04 进入移动邮件页面，在该页面中可以选择要将所选邮件移至的文件夹，单击下方的"新建文件夹"按钮，还可以根据需要创建更多的管理邮件的文件夹，如下图右所示。

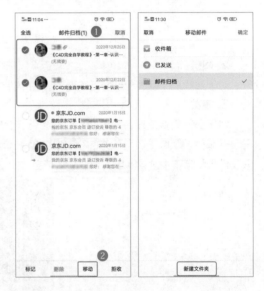

14.5.4 别让电子邮件成为黑洞

正确处理邮件，才不会让接收邮件这等小事浪费过多的时间和精力。收到邮件后，用户可以采取 4 种处理方法：行动或答复、搁置、转发和删除。下面分别进行介绍。

1. 行动

对于邮件中提到的工作或事项，可以立即完成的，应立即采取行动（小于当前工作量的 10%）。如对当前邮件进行答复，方法为：打开并查看邮件后，❶ 单击页面下方的 ↩ 按钮；❷ 在弹出的页面中选择"回复"命令；❸ 在回复邮件页面中输入回复内容；④ 单击"发送"按钮，如下图所示。

2. 搁置

对于那些工作量大于当前工作量 10% 的邮件，可以将其暂时搁置，同时使用 TODO 标记进行提醒。

3. 转发

对于那些需要处理，同时他人处理会更加合适或效率更高的邮件，可以将其转发。❶ 选择并打开目标邮件；❷ 单击页面下方的 ↩ 按钮；❸ 在弹出的界面中选择"转发"命令；❹ 在转发页面中输入收件人邮箱和主题；❺ 单击"发送"按钮，如下图所示。

4. 删除

对于那些只是传达信息的邮件或垃圾邮件，则应将其直接删除。

第15章　思维导图的应用与绘制指南

重点索引

思维导图是一种表达发射性思维的图形工具，它主干分明，形象生动，是一种趣味性比较强的笔记法，可以让自己的思绪尽情舒展，从而帮助梳理思路，将正在思考的内容体系化，转化为更完善的体系。绘制思维导图的过程中，还会迸发出许多原先未曾发现的灵感。思维导图在头脑风暴式的创意活动中得到了广泛的应用。合理地利用思维导图，可以提升个人的综合能力。

知识技能

本章相关案例及知识技能如下图所示。

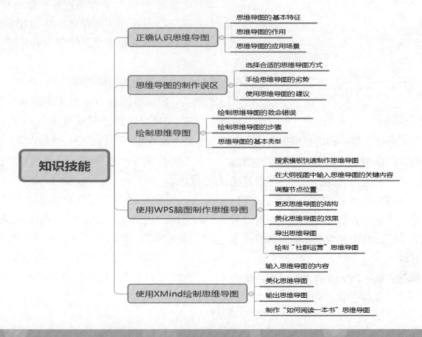

知识技能

- 正确认识思维导图
  - 思维导图的基本特征
  - 思维导图的作用
  - 思维导图的应用场景
- 思维导图的制作误区
  - 选择合适的思维导图方式
  - 手绘思维导图的劣势
  - 使用思维导图的建议
- 绘制思维导图
  - 绘制思维导图的致命错误
  - 绘制思维导图的步骤
  - 思维导图的基本类型
- 使用WPS脑图制作思维导图
  - 搜索模板快速制作思维导图
  - 在大纲视图中输入思维导图的关键内容
  - 调整节点位置
  - 更改思维导图的结构
  - 美化思维导图的效果
  - 导出思维导图
  - 绘制"社群运营"思维导图
- 使用XMind绘制思维导图
  - 输入思维导图的内容
  - 美化思维导图
  - 输出思维导图
  - 制作"如何阅读一本书"思维导图

15.1 正确认识思维导图

思路分析

思维导图，又叫脑图、心智图，是一种实用性的图像式思维工具，主要用于辅助和表达发散性思维。它简单、有效，又很高效。下面将从多个角度来认识思维导图，如下图所示。

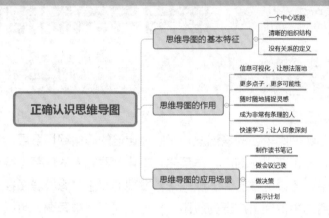

具体的操作步骤及方法如下。

15.1.1 思维导图的基本特征

如下图所示，思维导图看上去较为简单，是最直接的认知图。

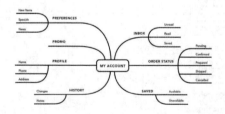

思维导图本质上是一种将思维形象化的工具，而人的大脑是呈现一种发散性思维和爆炸性思考的，每一种进入大脑的资料，不论是感觉、记忆或想法——包括文字、数字、符号、气味、颜色、意象、节奏、音符等，都可以成为一个思考中心，并由此中心向外发散出成千上万的关节点。

思维导图的制作与大脑的思维过程是类似

的，思维导图具备以下3个基本特征。

1. 一个中心话题

思维导图用于帮助组织与单个主题相关的信息集合，并以系统的、有意义的方式对其进行构建。所以，思维导图是只使用一个中心点或中心话题引起形象化的构造和分类的，表现在思维导图中就是位于中心位置的中央关键词。

2. 清晰的组织结构

思维导图都有一个清晰的层次结构和格式，并且它们的创建和使用相对较快。只需要对一个中央关键词或中心话题以辐射线连接所有的代表字词、想法、任务或其他关联项目即可。

思维导图类似于树形结构，它们有明确的流向，从树根流向叶子。中心话题就是树根，其他节点也可以是小一点的主题或思维关键点，它们的主干作为分支从中央的中心话题向四周放射出来。每一个节点代表与中心话题的一个联结，而每一个联结又可以成为另一个中心主题，再向外发散出成千上万的节点，呈现出放射性的立体结构，而这些节点的联结可以视为思维记忆，就如同大脑中的神经元一样互相连接，也就是个人数据库。

3. 没有关系的定义

在思维导图中，分支由一个关键的图形或词语写在产生联想的线条上。比较不重要的话题也以分支形式表现出来，附在较高层次的分支上。

所有节点（除了树根）只有一个"父"节点，每个节点可以有与该概念的子主题对应的子主题，思维导图中的每个概念都可以直接追溯到根主题。但是，节点之间不同类型的关系没有区别——树中的所有主干都以相同的方式表示，并且没有标记。

15.1.2　思维导图的作用

思维导图是既有效又高效的思维模式，应用于记忆、学习、思考等的思维"地图"，有利于人脑的扩散思维的展开。使用思维导图的作用如下。

1. 信息可视化，让想法落地

思维导图的最大作用就是用来梳理思绪，帮助思考。思维导图以跳跃的方式梳理思绪，当需要梳理某个主题时，可以把大脑中所有想到的相关信息记录下来，让模糊的观点具体化，直接切入要害，找出问题本质，最后将抽象的思维变成可执行的计划。跨越想到和做到的巨大鸿沟，让想法真正落地。

从想法的产生到项目执行的各个阶段，思维导图都是信息可视化的绝佳工具。

2. 激发更多点子，提供更多可能性

思考原本就是一个从无到有的过程。从没有思路到有思路，再到思路的完善，在这个过程中，可谓"一切皆有可能"。

在绘制思维导图时，通过头脑风暴的形式梳理出所有的信息关键点，会不断地有新思想、新发现以及新感受，这会激发思维，拓宽思路。

所以，思维导图很适合用来开启新的项目，记录头脑风暴时的点子。

3. 随时随地捕捉灵感

一些工作是需要创意的，但是创意不会突然冒出来，而且常常是越想越头痛，越急越大脑短路，想不出来新点子。

这时用思维导图将脑子里那些零零散散的想法记录下来，同时把左右脑的能力都运用起来，任凭想象力驰骋，寻找各种可能性答案，就算看起来很不可能，但创意也正需要这些。

思维导图在这一过程中就是起记录、联想、整理自己思绪的作用。思维导图有助于思考得更深更远，探索不同的创作途径，同时想着与之有关联的内容，激发更多灵感，捕获更多创意。

4. 有助于成为非常有条理的人

思维导图本身就具有条理性，是很棒的整理术。在绘制思维导图时，将与主题有关联的内容排布在一起，对于一些关联不算非常大的内容放置在不那么重要的位置上（线性笔记是做不到完全的条理性的），这样就能保持清晰的思路。

不管是混乱的思维还是繁杂的文件，只需要一张思维导图就会变得井井有条，提高生产力就是这么简单。

5. 快速学习，让人印象深刻

要记住大量文字是一件很不容易的事情，因为文字记忆方式是先读懂、理解后记忆。而图像记忆是采用相机式的抓拍方式，对细节再采用局部扫描式记忆，所以能记住更多内容。

思维导图运用图文并重的技巧，把各级主题的关系用相互隶属与相关的层级图表现出来，把主题关键词与图像、颜色等建立记忆链接，将知识视觉化、结构化。通过不断地刺激和训练，我们接受新事物的能力也会增强，随之而来的是记忆力的提高和拓展。

实际上，思维导图就是在充分运用左右脑的机能，利用记忆、阅读、思维的规律，协助

人们在科学与艺术、逻辑与想象之间平衡发展，从而开启人类大脑的无限潜能。

15.1.3 思维导图的应用场景

思维导图可以应用在学习、生活、工作的任何领域中，下面列举几个常用的应用场景。

1. 制作读书笔记

运用思维导图，可以记录和总结自己的听课笔记、读书笔记。同时它也有助于梳理自己的思路，将学到的知识体系化，转化为自己的知识体系。

现在有很多人都尝试将一本书的精华做成思维导图，如下图所示。这是一个主动思考的过程，便于将知识转变为智慧，同时方便后期在短时间内就能复习一遍书中的内容。

2. 做会议记录

传统的会议记录中是大篇的文字，内含众多无用的修饰词，不易找出重点内容。用思维导图做会议记录时会将大篇幅内容进行拆分，找到从属关系，缩减文字数量，便于理解与分析。

思维导图尤其适合头脑风暴类的会议，因为这类会议通常分为三个阶段。第一阶段是所有与会成员畅所欲言，这时使用思维导图可以把所有想法都记录下来。第二阶段是评估这些想法，做出取舍。这个过程中可以分析不同想法之间的联系，发现联系就把这两个想法用一条线连接起来——就是这个动作，可以从根本上改变这张图的拓扑结构。第三阶段是形成决议，把讨论中淘汰掉的想法都划掉，剩下的分出主次和执行顺序，然后整理一下照着执行就可以了。

这三个阶段实际上是将众人的发散思维集中起来，分析得出结果的过程，先发扬民主，最后形成集中。这体现了思维导图的本质——为了引导思维而画张图。

3. 做决策

个人思考也和头脑风暴的会议一样，一个人的头脑中可能有不同的声音，同时考虑这些声音大脑内存不够用了，就干脆都先写出来，然后思考整理，自己跟自己开会就行。

小到一些个人决定，大到公司的运营方案的制定，以及国家的政策拟定，都可以通过思维导图的方式来完善。

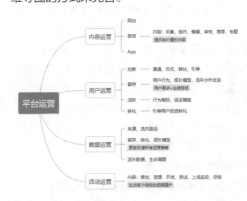

4. 展示计划

思维导图简洁的表述方式可以更快速清晰地传达演讲者的思路，使听众更容易理解演讲者要传递的内容。

思维导图也常应用于计划的制订和展示，

包括工作计划、学习计划、旅游计划，计划可以按照时间或项目划分，将繁杂的日程清晰地整理出来。

此外，思维导图还常用于活动的策划、组织、报告、总结及激发创意等方面。

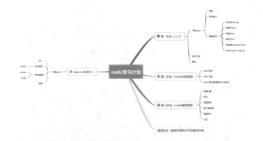

15.2　思维导图的制作要点

思路分析

思维导图已经在全球范围得到广泛应用，很多人都喜欢说思维导图，甚至有的人连思维导图是什么都还没搞懂，上来就开始绘制思维导图。在他们眼里，觉得学思维导图就像学游泳一样，下水试试，熟悉水性后自然就会了。本节列出思维导图的制作要点，如下图所示。

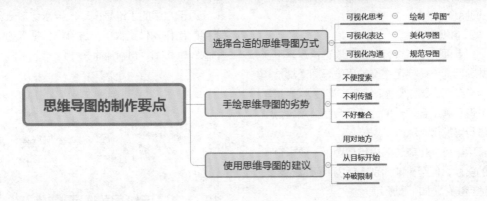

具体的操作步骤及方法如下。

15.2.1　选择合适的思维导图方式

人们大多数的思考过程都是隐蔽而不可见的，采用思维导图可以将头脑中的想法外化出来，这实际上分为三个层次：可视化思考、可视化表达、可视化沟通。

这三个层次也就是思考的顺序，最终是为了沟通与表达问题。但是，可视化思考与表达是不能做到两全的。这就意味着需要根据不同的目的来选择合适的思维导图的方式。

1. 可视化思考

可视化思考实际上就是组织自己思想的一个过程，主要用于组织思路、分析问题、思考解决方案等方面。如果自己事先确定一个中心思想，希望体系化地丰满该思想，就需要围绕该中心，通过发散思维提供各种维度分支的联想、推理和描述。

这个过程中重要的是记录思维中的关键信息，通常不会采用彩绘或者软件来制作，因为这反而会影响到思考。只需要遵循一定的规则在纸上写写画画就可以了，如下图所示。

这就是构思中随便画出来的一幅"草图"，其中的顺序都可能是错的，也会绘制一些标记，可能只有自己才知道代表什么意思。它和思维导图并没有本质的区别，它就是导图。制作的关键不在于形式，而是要让它绝对能跟上你思考的速度。

2. 可视化表达

用草图的内容进行可视化表达肯定是不合适的，因为一张实用主义的思维导图通常是非常潦草杂乱的，上面画满了各种连线、符号等。这种图只是给自己看的，不适合在公众场合用来进行可视化演示。

用于可视化表达的思维导图，不要求有一定的美感，但至少能让别人看懂。所以需要进行适当美化，如下图所示。

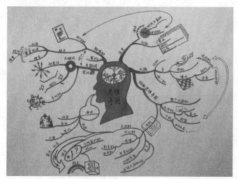

或者使用软件进行绘制，常用工具有视觉笔记、PowerPoint、Keynote 或一些比较注重美感的思维导图制作软件等。

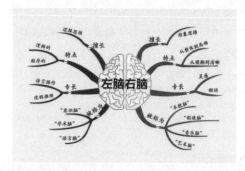

3. 可视化沟通

可视化沟通和可视化表达相同，具有展示作用，同时需要做到及时沟通，通常在各类会议、演讲过程中使用。这时通常需要将别人的思想进行归纳和表达，提取出骨干要点或者结论，并通过这些结论和要点，寻找可以融合到自己的知识体系或组织讨论内容的体系的方面，有点像知识的映射、融合过程。

用于沟通的思维导图一般要求比较规范，常用的制作软件也很多，主流的包括 XMind、MindManager、MindMaster 等。

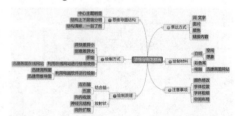

15.2.2　手绘思维导图的劣势

早期的思维导图都是在白纸上手绘的，加上一些手绘的思维导图确实漂亮。所以，很多人误以为制作精美的手绘思维导图才是思维导图。实际上，这是没有掌握思维导图的本质——引导、表达思维。

另外，手绘思维导图主要存在以下 3 个劣势：

- 不便搜索。不能搜索，节点之间不能互相链接，甚至不好保存。
- 不利传播。作为知识产品的输出，手绘图往往只能让人觉得好看，设计精美，但是个性化的表达并不利于传播。

- 不好整合。思维导图需要系统地输出内容，往往在后期需要整合很多张导图的内容。而手绘的思维导图不便于进行拆分然后进行整合，即使通过裁剪粘贴的方法来实现也极其麻烦。

所以，建议使用平板电脑，试试用 OneNote 画图，以及专业的绘制思维导图的软件，如 MindManager、XMind 等。

15.2.3　使用思维导图的建议

通过前面的介绍，我们知道思维导图不仅仅是画图而已，更体现在对一些心理学原理的实操层次的运用。它是知行结合，理论指导实践的典范。

在日常生活中应该如何借助思维导图和它背后的放射性思维来思考、来创造呢？下面给出 3 条有用的建议。

1. 用对地方

因为思维导图很流行，加上大多数的商业宣传都把思维导图过分夸大，所以，无论是读书、学习还是工作，一提到思维导图好多人都把自己当内行人，沐浴在众人膜拜的目光中。但实际上能准确把握思维导图核心的人并不多。

思维导图作为一种思维工具，并不是万能的，它必定有自己擅长的和不擅长的方面。把它用在合适的地方当然有用，如果非要用思维导图来做不擅长的事，就没用。

例如，有的人用思维导图来安排一天的日程，管理任务甚至项目。用思维导图基于 Todo 工具论实现任务管理，纯属策略性失误，因为无论是手绘还是软件制作的思维导图，都无法构成一个自我延展的管理系统。

2. 从目标开始

思维导图是用来解决特定问题的，它的第一大价值是目的导向。所以，使用思维导图来思考，首先要想清楚目标是什么。找张白纸或者足够大的白板，把目标写在正中间。这张纸或者白板要大到不会因为地方不够而将一些觉得不重要的内容省略，以便多留出些空间给其他内容。

3. 冲破限制

思维导图能锻炼思维，有助于打破线性思维的惯性。在使用思维导图实现可视化思考的过程中一定要注意以下阻碍。

- 不要被层次限制。有任何的想法，立刻写在纸上，不必先把第一层穷尽再想第二层。想法的顺序、对错、重要性都不应该是此时需要关注的，随着思考过程自然表达才是关键。
- 不要被逻辑限制。有个想法表达不准确，或者写错层次位置了，不重要！不必擦掉重写，后期再来调整即可。
- 不要被形式限制。图片、颜色、线条都不重要。这个过程中不需要追求美观，否则会忘了真正的重点。

15.3　绘制思维导图

思路分析

思维导图就是给大脑扩充内存的，帮助突破记忆的限制。只有学会正确地绘制思维导图，最终才能有所用途。所以，需要掌握思维导图的绘制步骤和一些常见的错误，避免胡乱使用思维导图。

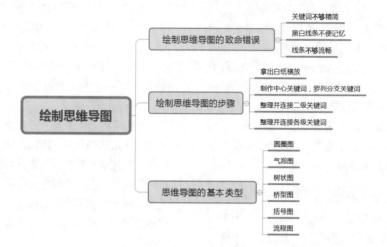

具体的操作步骤及方法如下。

15.3.1　绘制思维导图的致命错误

思维导图的绘制不拘泥于形式，从中心点出发，每有一个关键词就从中心点上分出一个节点，节点数量也没有限制，可以无限延伸。当某一节点需要细分时，以此节点为主节点继续细分，就如同一棵大树的树枝，无限细分、延展。

听起来和做起来好像都很简单，但这个过程中往往容易出现一些错误。在讲解具体的绘制步骤前，先来说说绘制思维导图需要注意哪些问题。

1. 关键词不够精简

思维导图和传统的列大纲类文字记录不同，并不需要很多文字。思维导图上的文字应该是关键字，起检索信息的作用，应该在能提示记忆的前提下尽量精简。

如果对一个内容本身很熟悉，其中的逻辑也就比较了解，思维导图中的内容关键词自然就会减少。所以，不能以一张思维导图上的文字多少来判断思维导图的质量，而要看内容概括是否简洁完整，结构逻辑是否分类清晰。

小提示

单个的词汇更具有力量和灵活性。使用单个关键词时，每个词都更加自由，因此更

有助于新想法的产生。而短语和句子却容易扼杀这种火花。

2. 黑白线条不便记忆

思维导图可以帮助记忆的关键在于提取了关键词，此外还有色彩和图形的运用。所以，除了最初用于可视化思考外，思维导图一般都会有色彩区分，这样就有助信息的区别和分类记忆。

3. 线条不够流畅

思维导图中的线条代表着逻辑关系、关联、思维的方向，具有导航的作用。绘制时，需要注意用连贯、流畅的弧线，从中心开始向外依次连接各个节点。切忌让线条断开，否则就像大脑思路断了一样。

15.3.2　绘制思维导图的步骤

通过前面的介绍已经让思维导图的绘制步骤若隐若现了，下面简单总结一下。

（1）拿出一张白纸，纸张横过来放，这样宽度比较大。从中心开始绘制，周围留出空白。这样，可以将思维向各个方向自由发散，能更自由、更自然地表达整个思路。

（2）在纸的中心，画出能够代表心目中的主体形象的中心图像或写出关键词。再展开联想，依次罗列出能想到的各种分支关键词，这

些都是能创建思维的基本结构。罗列时不用在意层次，也不必做到下笔都是正确的。

（3）把列出的内容做一下分类，从而找到适用的二级关键词，并注意这些关键词尽量不能重复，然后用线条将中心图像或关键词和二级关键词连接起来。每一条线可以使用不同的颜色，这些分支代表关于主题的主要思想。

（4）使用上面的方法，再围绕每一个二级关键词找出三级关键词，并用线条连接起来。继续把四级关键词和三级关键词连接起来，依此类推。直到感觉已经穷尽了要思考的问题的方方面面。

15.3.3　思维导图的基本类型

思维导图的基本类型有圆圈图、气泡图、树状图、桥型图、括号图以及流程图。在此基础上还有很多结构细分，如气泡图中有气泡图和双气泡图之分。

1. 圆圈图

圆圈图由两个或多个不同大小的圆组成，如下图所示。位于中心的内部是一个小圆，定义了要描述的核心主题；外层的圆圈会逐渐增大，用于罗列和这个核心主题相关的所有理解和描述，也就是分支主题。这种图特别适合做头脑风暴，谁想到一点，就直接写在大圆里，简单、直接、明了。

2. 气泡图

气泡图由很多泡泡组成，中间一个主题泡泡描述核心主题，周围的属性泡泡描述关于这个主题的属性，而且每个泡泡都和主题泡泡用一条线相连，如下图所示。这种图通常用于定义事物的属性或相应的联系。

3. 树状图

树状图就如同一棵大树一样，分为树根、枝杈和树叶，树根就是主题，枝杈就是关于这个主题的分类，树叶就是这些分类中具体内容的描述。该思维导图主要适用于对知识点的归纳，这样在后期使用时可以一目了然地展示在面板中。

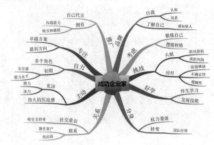

4. 桥型图

桥型图是一种类比图，整个造型和桥梁的水平地方与凸起地方很像，两者又是有相关性的，如下图所示。桥型图常常用来描述事物之间的相似性和关系，在图的最左边定义一个主题，右边分别列出各个相似主题的名称和描述，每个描述之间都用"as"串联。

5. 括号图

括号图与树状图的功能相似，最常使用的地方也是对知识点的归纳中，利用大括号对不同的主题进行详解，通常用于分析一个事物的结构。

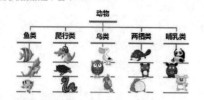

6. 流程图

流程图也是思维导图的一种，它描述了一件事情的各个过程，或解决问题的方法中的每个步骤，并且用箭头将这些环节联系起来，如下图所示。不同于一般的思维导图是围绕中心主题进行搭建的，流程图通过流程图的先后顺序分析事物的发展状况以及内在逻辑，可以很好地培养人的逻辑能力。

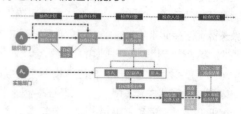

15.4 使用 WPS 脑图制作思维导图

思路分析

除了传统的用纸笔绘制思维导图外，还有很多绘制思维导图的计算机软件。使用纸笔绘制思维导图能让大脑有更深刻的印象，同时把左右脑运用上，缺点是修改比较困难，有时写和画会跟不上思考的速度，甚至会受纸张大小的限制。下面介绍一款比较常用的绘制思维导图软件——WPS Office 脑图，在 WPS Office 2019 中已经可以方便地制作思维导图，具体思路如下图所示。

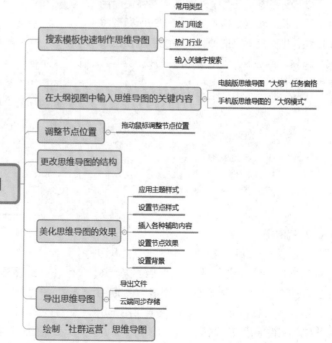

具体的操作步骤及方法如下。

15.4.1　搜索模板快速制作思维导图

从 WPS Office 2019 版本开始软件推出了"脑图"功能。它可以快速地制作思维导图，直观地梳理复杂的工作，科学地整理知识点，有助于更好地进行处理和回顾。

这里推荐使用该软件的另一大原因是，在 WPS Office 中提供了很多精美的思维导图模板，可以直接使用，让文档的美观性得到大大提升。

在 WPS Office 的"新建"界面中可以看到思维导图的入口——脑图，单击该选项卡进入思维导图的创建界面后，在左侧还按"常用类型""热门用途""热门行业"对思维导图进行了分类，方便用户更快地找到合适的思维导图模板，如下图所示。

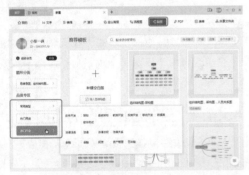

如果有明确的思维导图的创建需求，可以在上方的搜索框中输入关键字，搜索需要的思维导图模板，如下图所示。

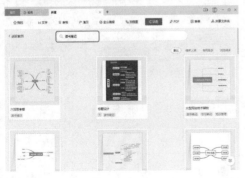

15.4.2　在大纲视图中输入思维导图的关键内容

刚开始使用思维导图的用户，可能还不习惯一边记录思考的内容，一边排布各图形的位置。此时，可以像在文档中一样，使用大纲视图将所有内容先罗列出来，减少图形对思路的阻断。

在 WPS Office 脑图的绘制界面中，单击"开始"选项卡的"大纲"按钮，在窗口左侧显示出"大纲"任务窗格。选择需要定位的层级，按 Enter 键就可以在后方创建一个同级的形状；单击"子主题"按钮，可以快速地创建一个下级子主题，如下图所示；单击"父主题"按钮，可以快速地创建一个上级主题。

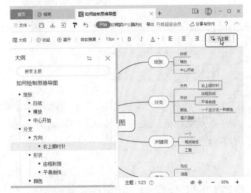

不仅仅是计算机，目前，WPS Office 安卓和 iOS 客户端均已上线。无须再单独下载另外的软件，打开 WPS Office 安卓和 iOS 客户端，就能直接使用和同步文件。

在软件首页中可以看到最近使用的文件，找到并单击即可打开需要的思维导图文件，如下图左所示。

为了能给手机用户提供更加便捷的使用体验，WPS Office 在常见的"导图模式"基础上，专门根据移动场景设计了"大纲模式"。在思维导图的编辑界面，单击右下角的"大纲"按钮，即可一键切换到"大纲模式"，如下图右所示。

🔧 小技巧

如果是新建思维导图文件，单击界面最下方导航栏中的"应用"按钮，就能看到"思维导图"的入口了。

值得一提的是，手机中的"大纲模式"拥有更丰富的编辑工具，如支持自定义字体、插入图片，如下图左所示。制作完成后也支持单击右下角的"脑图"按钮，一键生成传统的脑图形式，如下图右所示。

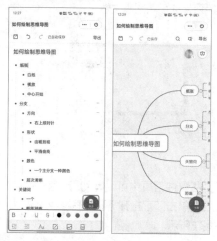

15.4.3 调整节点位置

制作思维导图的过程中，如果发现其中某个图形的位置有错误，可以通过调整节点的位置进行修改。

选择需要调整的节点，按住鼠标左键拖动即可快速改变节点的位置，如下图所示。

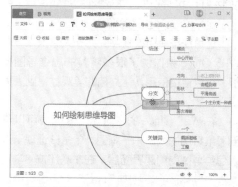

🔧 小提示

拖动鼠标移动节点到另一节点上方时，会出现斜上、水平和斜下3种橘黄色的放置提示。斜上或斜下放置提示，代表将所选节点移动到当前节点的上面或下面，与之形成同级关系的层级图。

15.4.4 更改思维导图的结构

WPS 脑图中制作的思维导图默认采用左右分布的结构，如果要使用其他结构，❶ 单击"样式"选项卡中的"结构"按钮，❷ 在弹出的下拉列表中选择即可，如下图所示。

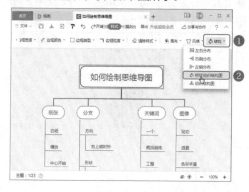

15.4.5 美化思维导图的效果

WPS 脑图中提供了一些主题样式,使用它们可以快速地美化脑图中的所有内容。❶ 单击"样式"选项卡中的"风格"按钮,❷ 在弹出的下拉列表中选择一种主题样式,如下图所示,即可快速应用该主题样式。

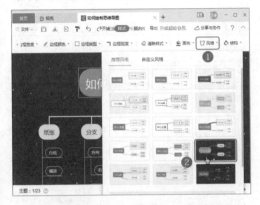

WPS 脑图还提供了可以快速美化单个节点的节点主题,选择需要设置的节点,❶ 单击"样式"选项卡中的"节点样式"按钮,❷ 在弹出的下拉列表中选择一种主题样式即可,如下图所示。

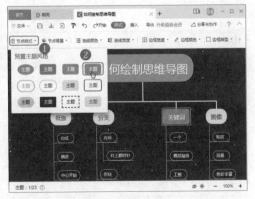

WPS 脑图将制作思维导图时可能出现的各种需求都考虑到了,而且这些操作几乎能一键实现。例如,可以插入关联符号连接有关联的节点,可以插入概要、图片、标签、任务、备注、图标,还能插入超链接。为节点添加图标

的效果,只需要先选择节点,然后单击"插入"选项卡中的 ❶ 图标即可,如下图所示。

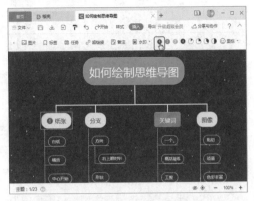

脑图制作完成后,还可以单独为其中的节点和连线设置填充色、边框色、线条效果、文本格式等。只需要选择节点后,单击"样式"选项卡中的"节点背景""连线颜色""连线宽度""边框宽度""边框颜色"等按钮,在弹出的下拉列表中按需选择即可。

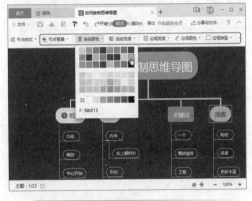

🍃 小技巧

为脑图中的节点设置效果后,单击"样式"选项卡中的"清除样式"按钮,可以清除为该节点自定义的样式,恢复到系统默认的节点效果。

如果对脑图的背景颜色不满意,也可以单击"样式"选项卡中的"画布"按钮,在弹出的下拉列表中进行修改。

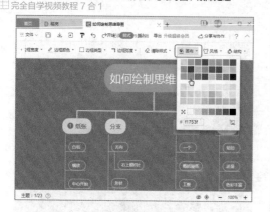

15.4.6 导出思维导图

WPS Office 支持将创建的思维导图导出为图片、文档、PPT、PDF、SVG 等常见的主流格式，让用户在分享和保存思维导图时再也不受限于格式。

单击"文件"按钮，在弹出的下拉菜单中选择"另存为/导出"命令，在弹出的子菜单中可以根据需要选择思维导图的导出格式。

此外，用户使用微信、QQ、钉钉、手机号等任意方式登录 WPS Office 2019 后，还能在设置中开启云端同步存储。这样，脑图文件既能支持多设备同步查看，也大大降低了丢失的风险。创建的思维导图可以保存在云文档中，方便随时插入 WPS 的其他组件中。

15.4.7 实战：绘制"社群运营"思维导图

WPS Office 2019 提供了多种脑图模板，可以快速地创建格式美观的脑图，操作方法也比较简单。下面以制作"社群运营"思维导图为例介绍完整的制作流程，具体的操作方法如下。

步骤 01 启动 WPS Office，单击上方的"新建"按钮 **+**。

步骤 02 在新建页面中，① 单击"脑图"选项卡；② 在左侧单击"热门用途"按钮；③ 在弹出的列表框中选择"用户运营"选项。

步骤 03 展开"用户运营"类的思维导图页面，① 将鼠标指针移动到需要的思维导图选项上；② 单击显示出的"使用该模板"按钮。

🔧 小技巧

直接选择需要使用的思维导图模板，可

以在打开的界面中浏览到该模板的缩略图效果，并可以查看该模板的一些详细信息。

步骤 04 经过上步操作，即可根据选择的模板创建一个思维导图文件。假设要制作的思维导图是这个模板中的部分内容，可以通过删除多余的内容来快速完成制作。❶ 单击"开始"选项卡中的"大纲"按钮；❷ 在左侧显示出"大纲"任务窗格，选择不需要的内容，按 Delete 键删除。

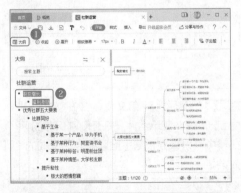

🔧 小技巧

如果脑图中的内容比较多，而且所分层级较为复杂，可以使用分层查看功能来查看脑图中的内容，暂时屏蔽掉一些无用的内容。只需要选择节点后，单击"开始"选项卡中的"收起"按钮，即可隐藏所选节点下的所有子节点内容。单击"展开"按钮，又可以让隐藏的内容展示出来。

步骤 05 所选大纲中的文本内容删除后，思维

导图中对应的形状也就删除了。使用相同的方法，继续将思维导图中多余的内容删除；选择"社群定位"节点，按住鼠标左键拖动，将其移动到"优秀社群五大要素"形状的上方。

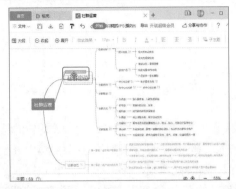

步骤 06 经过上步操作，即可将"社群定位"节点移动到"优秀社群五大要素"节点的上方。❶ 单击"样式"选项卡中的"风格"按钮；❷ 在弹出的下拉列表中选择需要的风格选项，可以改变整个思维导图的风格。

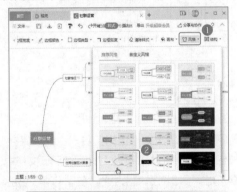

🔧 小提示

本案例中思维导图的部分节点内容后显示有 📄 图标，表示有注释内容。将鼠标指针移动到该节点上，就可以看到具体的注释内容。单击 📄 图标可以显示或隐藏"备注"任务窗格。如果要为节点添加注释，可以单击"插入"选项卡中的"备注"按钮。

步骤 07 ❶ 选择"社群同好"节点；❷ 单击"插入"选项卡中的 ❶ 图标。

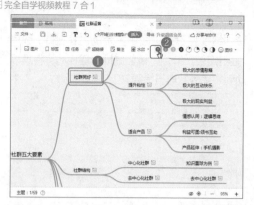

步骤 08 此时即可在所选节点中文字内容的前方插入❶图标。❶使用相同的方法继续为该层级其他节点分别插入❷❸❹图标；❷选择"社群复制"节点；❸单击"插入"选项卡中的"图标"按钮；❹在弹出的下拉列表中选择❺选项。

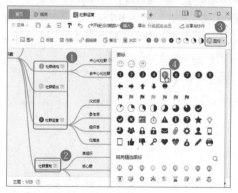

步骤 09 ❶单击快速访问工具栏中的"保存"按钮🖫，将制作好的思维导图保存到云文档中；❷单击"导出"选项卡中的"脑图PPT"按钮。

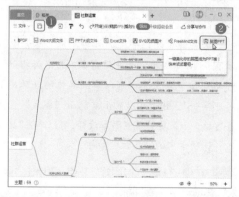

步骤 10 打开"脑图PPT"窗口，单击"保存

PPT"按钮。

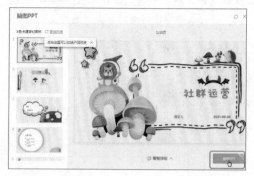

步骤 11 打开"另存为"对话框，❶在地址栏中选择导出的PPT要保存的位置；❷在"文件名"文本框中输入PPT文档的名称；❸单击"保存"按钮。

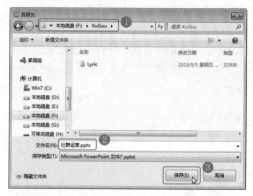

步骤 12 随后将保存文件，并在WPS Office中启动WPS演示组件。打开刚刚保存的PPT，在其中可以看到根据思维导图自动生成的PPT效果。

15.5 使用 XMind 绘制思维导图

思路分析

XMind 是一款非常好用的思维导图制作软件,支持在 Windows、Mac、Linux 等系统上运行,拥有强大的兼容性,而且支持数据的跨平台云同步。对于个人用户,XMind 可以永久免费使用,很多人制作思维导图都使用过这款软件。XMind 不仅可以制作思维导图,还可以制作鱼骨图、二维图、树形图、逻辑图、组织结构图等,这意味着每一张用 XMind 制作的思维导图都可以结合多种不同的结构形式,每一个分支都可以是一个不同的结构,从而可以表达更为复杂的想法。本节着重介绍 XMind 从零开始制作思维导图的方法,具体思路如下图所示。

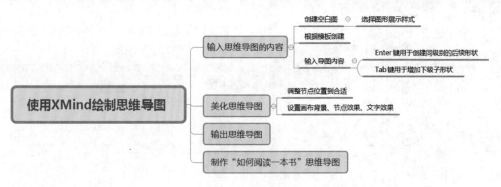

具体的操作步骤及方法如下。

15.5.1 输入思维导图的内容

下载并安装 XMind 后,启动该软件,就可以看到很多种图形展示样式,选择自己喜欢的风格进行创建即可。

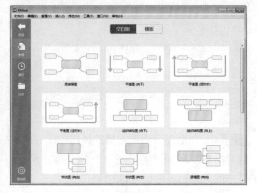

XMind 中提供了很多模板,如下图所示。

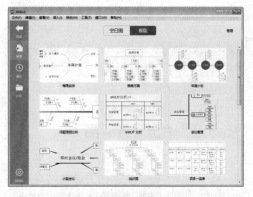

无论是通过选择图形样式从头开始制作思维导图,还是根据模板创建思维导图,第一步是输入或修改思维导图的内容。只需要选择形状后在其上双击,即可让形状变成可编辑状态,输入需要的内容即可。

在创建思维导图的过程中将频繁地用到两个快捷键：Enter 键和 Tab 键。Enter 键用于创建同级别的后续形状；Tab 键用于增加下级子形状。

15.5.2 美化思维导图

不同版本的 XMind 提供的思维导图的美化功能不同，早期的版本只有插入图标进行重点强化的功能，后期的版本可以对画布的背景及思维导图中节点的颜色、形状、文字效果等进行美化。

各个版本的 XMind 都可以对思维导图中的节点位置进行调整。只需要选择不合适的内容，通过鼠标拖动的方法将其移动到合适的位置即可。如果选择了任意一个或者多个子主题，按 Ctrl+Enter 组合键将创建父级主题。

15.5.3 输出思维导图

XMind 制作的文件默认以 .xmind 格式保存，XMind 作为最受欢迎的开源思维导图软件，它可以导出多种不同类型不同格式的文件，包括其他思维导图软件的格式，如 FreeMind、MindManager、XMind；图片类的格式，如 PDF、SVG、图片；文档格式，如 HTML、Word、Txt、PDF、ODT、RTF；演示类文件，

如 PPT、ODP；甘特图 MPP；表格文件，如 CSV、Excel、ODS 等。

通过 XMind 思维导图绘制好导图后，想要导出为其他格式时，单击"文件"菜单，在弹出的下拉菜单中选择"导出"命令，然后根据提示进行操作即可。

15.5.4 实战：绘制"如何阅读一本书"思维导图

根据模板创建思维导图更加容易，下面以绘制"如何阅读一本书"思维导图为例，介绍从零开始创建思维导图的方法，具体的操作步骤如下。

步骤 01 启动 XMind，在"空白图"选项卡中选择"思维导图"选项。

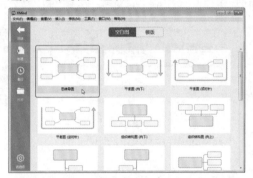

步骤 02 打开"选择风格"窗口，❶ 根据需要选择思维导图的风格；❷ 单击"新建"按钮。

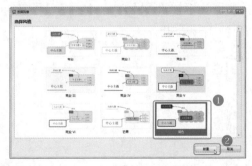

步骤 03 此后就会根据选择的风格创建一个思维导图文件，画布中显示一个"中心主题"形状，双击即可编辑该形状中的内容。

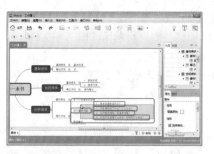

步骤 04 ❶ 重新输入中心主题的内容；❷ 按 Tab 键可以增加子主题。

步骤 08 按住鼠标左键拖动，此时会以红色框提示将要放置的新位置。释放鼠标左键后，即可将选择的所有节点文本框移动到新的位置。

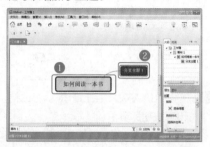

步骤 05 ❶ 在新建的子主题文本框中输入文本内容；❷ 按 Enter 键，在下方的空白处创建同级的主题。

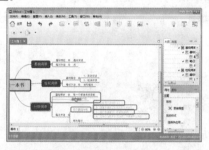

步骤 09 ❶ 选择需要移动的二级子主题形状；❷ 通过鼠标拖动的方式将其移动到中心主题的左侧，即可将该子主题及其以下的所有内容都移动到中心主题的左侧。

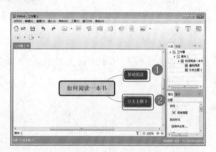

步骤 06 使用相同的方法，继续创建其他主题形状，并输入需要的内容。

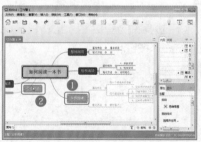

步骤 10 ❶ 选择主题形状；❷ 单击右侧的"图标"选项卡；❸ 在下方选择红色的星星图标。

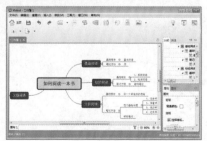

步骤 07 在画布中拖动鼠标框选存在位置错误的文本框。

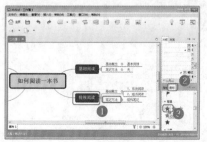

步骤 11 此时即可在所选主题形状的文本内容前添加红色的星星图标。单击"文件"菜单，在弹出的下拉菜单中选择"导出"命令。

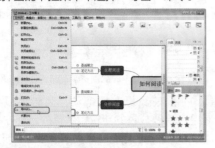

步骤 12 打开"导出"窗口，❶ 展开"图片"栏；❷ 选择"图片"选项；❸ 单击"下一步"按钮。

步骤 13 打开"导出为图片"窗口，❶ 在"至文件"下拉列表中选择放置导出文件的位置；❷ 单击"完成"按钮。

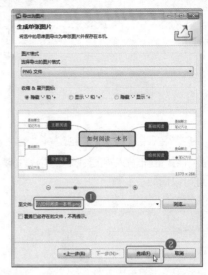

步骤 14 导出成功后，会打开提示对话框，单击"关闭"按钮即可。

小提示

如果思维导图中有多余的主题形状，选择后按 Delete 键即可删除该主题及其所属的所有子主题。

第16章 计算机日常故障的诊断与解决指南

重点
索引

计算机作为日常办公的工具之一，平时需要对其多加爱护，使其使用寿命长一些。不过，任何机器都会有出故障的时候。如果每次出现故障就请一些计算机维修技术人员来解决问题，不但麻烦，而且还浪费时间和金钱。所以，需要了解一些常见的故障，并清楚大致的排除故障的方法。本章从硬件故障、系统故障、网络故障三个方面对日常故障和其解决方法进行介绍。

知识
技能

本章的相关案例及知识技能如下图所示。

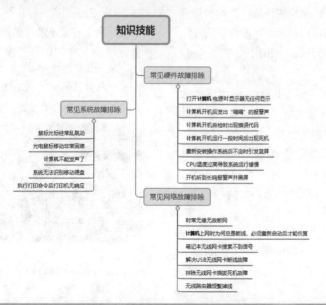

16.1 常见硬件故障排除

思路分析

硬件故障是指计算机的板卡部件及外部设备等出现故障，如硬件电路损坏、性能不良或机械方面不良引起的故障，严重时还常常伴随着发烫、鸣响等现象。要排除故障，对故障产生的原因要有一定的了解。常见硬件故障的排除思路如下图所示。

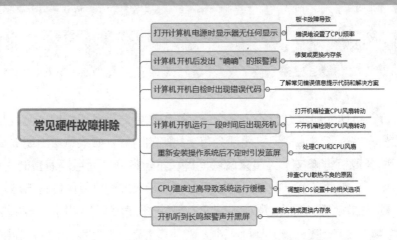

16.1.1 打开计算机电源时显示器无任何显示

故障现象

一段时间未开机使用的计算机，再次开机时显示器屏幕没有任何显示，也没有听到任何报警声；断电后再次开机，故障依旧。

解决办法

出现此类故障一般是因为主板损坏或被CIH病毒破坏BIOS造成的。一般BIOS被病毒破坏后硬盘里的数据将全部丢失，所以可以通过检测硬盘数据是否完好来判断BIOS是否被破坏。

另外，还有两种原因会造成该现象。

1. 板卡故障导致

因为外界的一些原因，造成插在主板上的一些板卡接触不良、有异物覆盖时，就容易导致主板没有响应而无显示；如果是新插入一些有问题的板卡，也容易造成上述故障。

2. 错误地设置了 CPU 频率

一时兴起，在 CMOS 中将 CPU 频率调高后重启，由于当前主板并不支持这种频率范围，也可能会引发显示器不显示的故障。对此，只要清除 CMOS 中保存的设置内容即可解决问题。清除 CMOS 跳线一般在主板的锂电池附近，其默认位置一般为 1、2 短路，只要将其改跳为2、3 短路几秒种即可解决问题，如下图所示。

CMOS 跳线

如果未找到 CMOS 跳线，只要将旁边的 3V 锂电池取下，待开机显示进入 CMOS 设置后关机，再将电池重新安装上去，也可以达到 CMOS 放电、清除 CMOS 设置内容的目的。要注意，不同品牌的主板，CMOS 电池的安装方式是不一样的，要按主板说明来拆卸和安装，如下图所示。

16.1.2　计算机开机后发出"嘀嘀"的报警声

📋 故障现象

为什么计算机无法正常启动，同时机箱内发出"嘀嘀"的报警声？

📋 解决办法

出现这种现象的可能原因是主板内存有问题，内存条上的金手指与主板插槽的簧片接触不良；也有可能是内存条上的金手指，表面的镀金效果不好，在长时间工作中，镀金表面出现了很厚的氧化层或划痕，从而导致内存条接触不良，如下图所示。

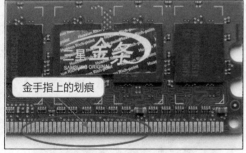

金手指上的划痕

还有一种可能是，内存条的生产工艺不标准，卡上去有点儿薄，这样内存条与插槽始终有一些缝隙，稍微有点振动就可能导致内存条接触不良，从而引发报警现象。解决这类故障比较好的办法是取下内存条，用橡皮擦干净内

存条金手指后再重新插入内存条插槽（最好换一个内存条插槽插入）中，如下图所示。

擦拭内存条金手指

16.1.3　计算机开机自检时出现错误代码

📋 故障现象

计算机开机自检时出现错误代码：CMOS battery failed，每次都要按 F1 键后才会继续自检并进入系统。这行错误代码是什么意思？

📋 解决办法

当计算机开机自检到相应的错误时，会以两种方式给出报告，即在屏幕上显示出错信息或以报警声响次数的方式来指出检测到的故障。CMOS battery failed 的意思是 CMOS 电池失效，这说明 CMOS 电池的电力已经不足，请更换新的电池。

为方便用户快速判断，以下简单列举其他常见的信息提示。

1. Press ESC to skip memory test（内存检查，可按 ESC 键跳过）

如果在 BIOS 内没有设定快速加电自检，开机就会执行内存测试，如果不想等待，可按 ESC 键跳过或将 CMOS 设置中的 Quick Power On Self Test 选项改为 Enabled，如下图所示。

```
CPU L1 & L2 Cache              Enabled
Quick Power On Self Test       Enabled
First Boot Device              Floppy
Second Boot Device             Disabled
Third Boot Device              Disabled
Boot Other Device              Enabled
Swap Floppy Drive              Disabled
Boot Up NumLock Status         On
Gate A20 Option                Fast
Typematic Rate Setting         Disabled
Typematic Rate (Chars/Sec)     6
Typematic Delay (Msec)         250
Security Option                Setup
OS Select For DRAM > 64MB      Non-OS2
```

2. HARD DISK INSTALL FAILURE （硬盘安装失败）

硬盘的电源线、数据线可能未接好或者硬盘跳线不当出现错误，例如一根数据线上的两个硬盘都设为 Master 或 Slave。

3. Hard disk(s) diagnosis fail（执行硬盘诊断时发生错误）

这通常代表硬盘本身的故障。可以先把硬盘接到另一台计算机上试一下，如果问题依旧存在，可能是硬盘已经损坏，只能送修。

4. Memory test fail（内存检测失败）

通常是因为内存不兼容或故障导致的，可用替换法来逐一排查。

5. Press TAB to show POST screen（按 TAB 键可以切换屏幕显示）

有些 OEM 厂商会以自己设计的显示画面来取代 BIOS 预设的开机显示画面，此提示告诉使用者可以按 TAB 键在厂商的自定义画面和 BIOS 预设的开机画面之间切换。

小提示

计算机开机自检时出现的这些提示信息尽管很长，但可以简单地通过一些关键单词来判定故障源，比如 Memory（内存）、Keyboard（键盘）等。

16.1.4 计算机开机运行一段时间后出现死机

故障现象

每次重新启动计算机，一开始都能正常工作，但在几分钟后出现死机，这是什么原因？是什么硬件坏了吗？

解决办法

通常来说，此类故障主要是由 CPU 温度异常导致的。特别是已使用几年的计算机，平常又疏于对机箱除尘的用户，此类故障最容易出现。可通过如下方法予以排查。

1. 打开主机箱检查 CPU 风扇转动

打开主机箱，用手触摸 CPU 散热片，如果感到烫手就不正常，可以初步怀疑是 CPU 芯片或风扇有问题造成的。用手指轻轻拨动 CPU 风扇的扇叶，如果发现扇叶转动比较困难而且接通电源重新开机时，CPU 风扇的转速十分缓慢，就可以断定是 CPU 风扇的问题了。处理方法有清理风扇、检查风扇电源接口以及更换同型号的新风扇等，如下图所示。

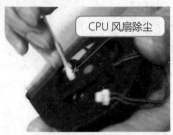

CPU 风扇除尘

检查 CPU 风扇电源

2. 不开机箱检测 CPU 风扇转动

CPU 风扇是 CPU 散热的关键设备，一定要留意它的转速。如果风扇转速太低，就可能导致 CPU 被烧毁。一般来说，在不打开机箱的情况下，可以在 BIOS 设置的 PC Health Status 选项中（不同版本 BIOS 的该选项名称可能不一样，但内容相同）查看 CPU 风扇的转速，也可以在系统中安装一些专门的监控软件，如下图所示。

```
---- PC Health Status ----

CPU Temperature       : 44°C/111°F
System Temperature    : 45°C/113°F
CPU FAN Speed         : 2024 RPM
SYS FAN1 Speed        : 0 RPM
SYS FAN2 Speed        : 0 RPM
CPU Vcore             : 1.248 V
3.3V                  : 3.344 V
5V                    : 5.087 V
12V                   : 11.968 V
5V SB                 : 5.016 V
```

16.1.5　重新安装操作系统后不定时引发蓝屏

故障现象

在保存 Word 文件时死机，重新安装操作系统时总是出现蓝屏错误，而且每次出现蓝屏错误提示的时间都不相同。该如何解决？

解决办法

在安装操作系统的过程中不定时地出现蓝屏错误，导致操作系统无法完成安装，由此可以怀疑是硬件问题。如果使用替换法排查其他硬件无问题后，就可以把问题集中到 CPU 上，排查的重点也应该是 CPU 散热问题。

具体的排查方法是：拆下 CPU 风扇后检测 CPU 的表面温度，如果偏高且表面散热硅胶已经发黑，则基本可以断定是因为散热不良而引发计算机出现故障。解决办法是逐一进行如下操作。

步骤 01 将 CPU 表面和风扇表面的硅胶全部擦掉，同时注意要将主板上不小心溅落的散热硅胶清除，以免造成其他方面的故障。

步骤 02 在 CPU 核心的金属壳表面均匀地涂上薄薄的一层硅胶，注意不要涂得太厚。整个 CPU 金属壳表面都要涂有散热硅胶，以免在 CPU 金属壳表面和散热片之间存在空气间隙而影响 CPU 散热。

步骤 03 重新安装 CPU 风扇时要小心，按拆卸之前的步骤恢复。

16.1.6　CPU 温度过高导致系统运行缓慢

故障现象

开机后检测到 CPU 的温度在 55℃左右，但运行正常；运行一段时间后，CPU 的温度升高至 75℃，系统运行速度变慢，但仍能继续工作，没有出现死机、蓝屏之类的故障。

解决办法

一般刚开机时显示的 CPU 温度与室温接近，而开机温度即使高达 55℃仍能正常工作，则可能是 CPU 的温度检测设备出了故障。

CPU 温度升高至 75℃，系统运行速度变慢，是在主板 BIOS 中设置了 CPU 保护功能所致。当 CPU 温度超过 75℃时，CPU 会自动以一半速率运行，以避免被烧毁。这样就会出现系统运行速度减慢，但仍能正常工作的现象。解决办法是可以从两方面进行操作。

1. 排查 CPU 散热不良的原因

仔细检查和清理 CPU 风扇上的灰尘，使 CPU 风扇能够正常工作。并检查 CPU 表面与风扇表面是否全面接触，尽量排除一切可能影响 CPU 散热的不良因素。

2. 调整 BIOS 设置中的相关选项

CPU 温度在开机和工作一段时间后有变化属于正常现象，只要这一变化在正常范围内就不会出问题。这样处理时，必须禁用 BIOS 设置中有关超过一定温度 CPU 自动降低运行速度的选项，相关设置如下图所示。还要时常查看 CPU 的散热设备以免出错。

CPU 降频等设置项

16.1.7 开机听到长鸣报警声并黑屏

故障现象

最近内存老是出错。开机要么 BIOS 报警声长鸣，要么计算机什么反应都没有，也没有自检画面。要用力插一下内存条才可以正常开机，很麻烦。这是什么原因？要怎样才能解决？

解决办法

长鸣报警声一般都是由内存引起的，这可能是因为计算机使用时间过长，而主机的各个硬件没有进行及时清洁，从而导致内存条与插槽接触不良。因此每次都要用力插一下内存条，使其接触好了才能正常开机。

另外，计算机的使用环境不好，湿度过大，在长时间使用过程中也会造成包括内存条在内的计算机部件的损伤。常见的就是内存条金手指表面氧化，造成内存条金手指与内存条插槽的接触电阻增大，阻碍电流通过而导致内存自检错误。

这类内存故障的现象比较明显，也很容易通过重新安装、替换另外的内存条、使用橡皮擦用力清除金手指氧化层等方法来确认和解决。在取下内存条后，应注意仔细用棉签蘸上无水酒精或其他清洁工具对主板表面及内存条插槽进行清理，如下图所示。

小提示

完成后准备将内存条安装回主板插槽时要注意：不要用手直接接触金手指，因为手上的汗液会附着在金手指上，在使用一段时间后会再次造成金手指氧化，重复出现同样的故障。安装时可以多换几个内存条插槽。同时要仔细观察是否有芯片被烧毁、电路板损坏的痕迹。

16.2 常见系统故障排除

思路分析

除了计算机硬件会出现故障外，操作系统、常规应用软件及外部连接设备也可能出现故障。在处理这方面的故障时，需要适当地了解这些软件以及操作系统的基本工作原理、工作过程、本身的设计缺陷，知道基本的排查方法。常见系统故障的排除思路如下图所示。

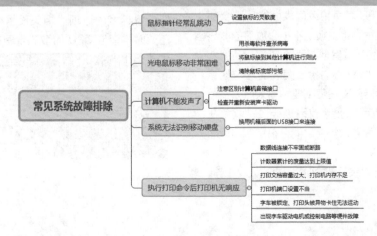

具体的操作步骤及方法如下。

16.2.1 鼠标指针经常乱跳动

📖 故障现象

新购买的无线鼠标经常出现鼠标指针在屏幕上跳动，无法控制。

📖 解决办法

鼠标的灵敏度调得太高就容易造成鼠标指针在屏幕上跳动，原因是调整到了鼠标不支持的灵敏度上。解决办法是在控制面板中调节，具体的操作步骤如下。

步骤 01 打开控制面板，双击"鼠标"选项，如下图所示。

步骤 02 打开"鼠标属性"对话框，❶ 单击"指针选项"选项卡；❷ 取消选中"提高指针精确度"复选框；❸ 单击"确定"按钮，如下图所示。

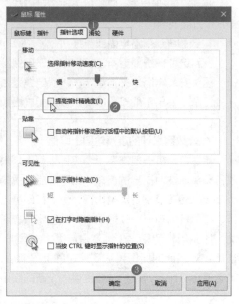

16.2.2 光电鼠标移动非常困难

📖 故障现象

启动计算机后发现鼠标无法使用，但键盘可以正常使用。

📖 解决办法

鼠标不能使用，说明鼠标或鼠标的驱动程序不正常。根据故障现象分析，应首先检查连接方面的原因，然后检查其他方面的原因。

步骤 01 用杀毒软件查杀病毒，未发现病毒。

步骤 02 将鼠标接到其他计算机进行测试，发现依旧无法正常使用，看来鼠标有问题。

步骤 03 打开鼠标外壳检查，发现鼠标底部的透镜通路上沾了污垢，挡住了发光管发出的光。如下图所示，将污垢清理后，故障排除。

16.2.3 计算机不能发声

📖 故障现象

音箱最近不管是播放音乐还是播放电影，总是没有声音，以前都能正常发声，检查桌面右下角有声音图标且未设置为静音；将音箱换到其他计算机上能正常发音。

📖 解决办法

这类故障无外乎以下两个原因：音箱与计算机的连接线问题、声卡驱动问题等。因为音箱在其他计算机上能正常发声，所以可以排除音箱本身的问题。可按如下思路逐一排查。

1. 注意区别计算机音箱接口

在机箱背部面板上有三个音源接口，外接计算机耳机和外接木质音箱时，插入对应的接口才能让相应的设备正常工作。要将音箱插入绿色（蓝色）的接口，才能正常发声。机箱面板的三个音源接口也都有相应的接入提示，请注意检查，如下图所示。

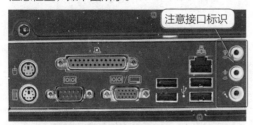

注意接口标识

2. 检查并重新安装声卡驱动

因为病毒破坏或安装的其他硬件驱动的干扰，主板集成声卡的驱动程序如果丢失或运行错误，也会导致外接音源不发声。可以在设备管理器下查询声卡驱动并重新安装，如下图所示（注意准备好主板的驱动光盘）。

检查声卡设备

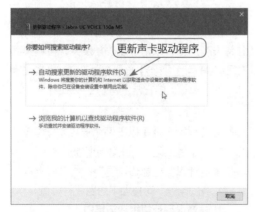

更新声卡驱动程序

16.2.4 系统无法识别移动硬盘

📖 故障现象

新购买的移动硬盘在商家处试机时一切正常，拿回家接在自己的计算机上却不能用。是什么原因导致的呢？

📖 解决办法

此类问题的原因很简单，是因为 USB 接口不同的供电方式造成的。USB 接口支持热插拔，使用方便，并可以对外设提供 5V 电力供应；但要注意的是，主板的供电方式不同，对采用 USB 接口的移动设备提供的电流也有很大差异，这就造成了移动硬盘在某些计算机上使用正常，而在其他计算机上却不能使用。

在分析此类问题时，往往忽视了一点：如果移动外设不能正常使用，通常会归结为兼容性不好，一般不会想到大多是由于 USB 供电电流不足造成的。解决办法是换用机箱后面的 USB 接口来连接，因为通常来说机箱背部的 USB 接口提供的电力要充足一些。

16.2.5 执行打印命令后打印机无响应

📖 故障现象

在编辑软件中完成文档编辑，单击打印命令后却无法启动打印机来打印。这是打印机出现运行故障了吗？该如何解决？

📖 解决办法

遇到打印机无法响应的故障时，可以从以下几个方面找原因。

1. 数据线连接不牢固或断路

遇到这种情况要重新连接数据线，确保接口、插头安装牢固，并检查字车带状电缆是否连接正常。如果不能排除故障，可以尝试更换数据线。

2. 计数器累计的废量达到上限值

喷墨打印机一般都有一个废墨垫，用来吸收打印头清洗时排出的废墨。为了防止废墨垫吸满墨水后滴落到打印机内部，影响打印机工作，打印机内有一个计数器，计数器将每次清洗打印头所耗的墨水（也就是废墨）量叠加。当计数器累计的废墨量达到规定的上限值后，就会停止打印。解决方法是更换一个新的废墨垫，并将废墨计数器清零。

3. 打印文档容量过大、打印机内存不足

喷墨打印机不适合连续地长时间作业，对于连续打印多页文档，建议分时段打印。对于页面内容过于复杂的文件，应当降低打印分辨率和打印速度，不要超过打印机内存的限制。

4. 打印机端口设置不当

在"打印机属性"设置面板中，可以对打印机的数据接口进行设置。LPTI 是打印机端口，单击下方的"配置端口"按钮，可以对当前打印的连接端口进行正确设置。

5. 字车被锁定、打印头被异物卡住无法运动

有些打印机有字车锁定装置，如果上一次关机时字车没有回归到初始位置就切断电源，再次开机时字车锁定装置就不能自动释放，导致字车不能移动。因此，使用打印机之前必须先解除锁定设置。打印机前盖可以随意翻开，难免会掉进异物而阻碍打印头的运动，下达打印指令后，要注意听听打印机的工作声音是否正常。

6. 出现字车驱动电机或控制电路等硬件故障

检查字车驱动电机及其机械传动机构是否出现故障，以及传动齿轮与皮带的啮合、滑轨与字车的结合等是否良好。试着用手推动字车，保证字车滑动自如。

16.3　常见网络故障排除

思路分析

现在网络已经成为人们日常生活、工作和学习的一部分，不管是有线网络，还是无线连接设备以及笔记本电脑的无线移动上网，用户在使用过程中都可能会遇到各种各样的网络故障。因此需要用户掌握一些网络常见故障的判断及处理方法。常见网络故障的排除思路如下图所示。

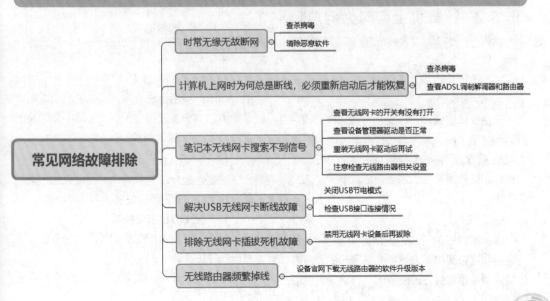

具体的操作步骤及方法如下。

16.3.1　时常无缘无故断网

故障现象

计算机总是自动弹出很多广告网页，一打开新网页就接连弹出几个广告页面，造成打开网页的速度很慢，甚至会时而有网时而无网。

解决办法

根据故障现象分析，此故障是计算机中安装了一些流氓软件引起的。应首先检查病毒方面的原因，再检查其他原因，具体步骤如下。

步骤 01 用杀毒软件查杀病毒，未发现病毒。

步骤 02 安装"360 安全卫士"，然后运行清理恶意软件的工具将恶意广告程序清除掉。

步骤 03 完成后上网测试，发现不再打开广告页面，故障排除。

小提示

目前很多盗版软件在安装时都会附带安装一些流氓软件。如果要避免这些软件的骚扰，最好安装一个专门的清理软件，方便进行清理。

16.3.2　计算机上网时为何总是断线，必须重新启动后才能恢复

故障现象

三台计算机通过一台路由器和 ADSL 调制解调器共享上网，上网时总是断线，而且断线后重启 ADSL 调制解调器和路由器也不行，必须重新启动计算机才能恢复，但过不了多久又会断线。

解决办法

根据故障现象分析，此故障可能是 ADSL 调制解调器、路由器过热或病毒引起的。应首先检查病毒等软件方面的原因，再检查其他原

因。具体步骤如下。

步骤 01 用杀毒软件查杀病毒，未发现病毒。

步骤 02 检查 ADSL 调制解调器和路由器，触摸 ADSL 调制解调器发现有些烫手。

步骤 03 怀疑是由于 ADSL 调制解调器过热引起的断线，接着将 ADSL 调制解调器放到风扇下进行冷却。重新连接后发现断线故障消失。

16.3.3　笔记本的无线网卡搜索不到信号

故障现象

笔记本的无线网卡是内置的，指示灯亮表明无线网卡已启动，但是搜索不到任何无线网络。

解决办法

笔记本的无线网卡搜索不到信号，可以从以下方面予以排查和解决。

- 查看无线网卡的开关有没有打开。
- 查看设备管理器的驱动是否正常。
- 重装无线网卡的驱动后再试。
- 注意检查无线路由器的相关设置。

16.3.4　解决 USB 无线网卡断线故障

故障现象

一台计算机通过无线网卡连接了无线网络，有时开机后无法上网，需要关机后重新启动计算机才恢复正常上网；在上网中有时又出现较频繁的网络掉线问题。

解决办法

这是外接 USB 无线网卡常会碰到的一类问题，注意以下方面予以解决。

1. 关闭 USB 节电模式

只需要将 USB 节电模式关闭，USB 设备就可以恢复正常。

方法是：在"设备管理器"窗口中，双击

打开 "USB Root Hub" 设备名称，在打开的对话框中单击 "电源管理" 选项卡，取消选中 "允许计算机关闭此设备以节约电源" 复选框，如下图所示。

2. 检查 USB 接口连接情况

经过上述操作后仍未解决问题，可以重点查看一下 USB 无线网卡与计算机的接触问题。

一般情况下，当 USB 设备和计算机连接正常后，USB 设备上会有相应的指示灯亮起。如果出现上述问题时，该灯都没有亮，就说明是设备之间的连接问题或 USB 无线网卡的问题了，如下图所示。

USB 无线网卡

16.3.5　排除无线网卡插拔死机故障

📋 故障现象

有时候将无线网卡突然从计算机的相应端口中拔出时，计算机会出现死机故障，而且这种故障发生的频率比较高。

📋 解决办法

之所以会出现插拔死机故障，是因为许多用户都认为 USB 接口的无线网卡都支持热插拔，可以即插即用。但这些用户把即插即用当作了随意插拔，殊不知无线网卡在工作过程中是不能进行插拔的，这样不但容易损坏无线网卡或计算机的相应接口，还容易造成系统死机。

要取下即插即用的无线网卡，最好从系统的 "设备管理器" 窗口中打开网卡的属性设置，然后选择 "禁用设备" 命令将无线网卡设备暂时禁用，再拔除无线网卡就比较安全了，如下图所示。

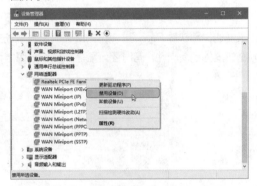

🔧 小提示

遇到类似问题时应先确认是否在网卡工作时进行了插拔操作，如果是的话，那就证明死机现象是由非法插拔无线网卡造成的。

16.3.6　无线路由器频繁掉线

📋 故障现象

在使用无线共享上网的过程中，有时会因为网络设备意外断电等原因导致一些奇怪的故障出现，比较常见的就是频繁掉线。

📋 解决办法

如果用常规办法无法解决这类频繁掉线的问题，可以尝试对无线路由器的控制软件进行版本升级，有时可以解决一些奇怪问题。通过设备官网即可下载相应的升级文件，如下图所示。

	全部	APP	升级软件	驱动程序	说明书	配置工具		
升级软件 共有 1657 个								
					排序方式	下载次数		最近更新
名称						下载次数		最后更新时间
TL-IPC646-DX V1.0升级软件20201019_1.0.4						80		2021/3/10
TL-AP1300GC-PoE/DC V2.0升级软件20191024_1.0.2						67		2021/3/9
TL-AP301C V4.0升级软件20200723_1.1.6						1853		2021/3/8
TL-AP300C-PoE V5.0升级软件20200727_1.1.8						783		2021/3/8
TL-IPC633P-4 V1.0升级软件20200730_1.0.5						610		2021/3/8
TL-XAP1807GC-PoE/DC V1.0升级软件20210204_1.0.2						392		2021/3/3
TL-AP1750GI-PoE V2.0升级软件20200818_1.0.6						1988		2021/3/3
TL-IPC544H(P)-WBX V2.0升级软件20201009_1.0.2						284		2021/3/3
TL-DP1 V2.0升级软件20210105_1.0.4						235		2021/3/2

　　实际上，无论何种品牌的无线路由器都或多或少地存在前期设计过程中留存的技术缺陷，也就是常说的控制软件 Bug，这使得由此类因素导致的故障非常常见。此类问题要从根本上解决就必须升级路由器的控制软件，有时还可能需要多次升级才可以。